開発者とアーキテクトのための コミュニケーションガイド

パターンで学ぶ情報伝達術

Jacqui Read　著

宮澤 明日香、中西 健人、和智 右桂　訳

Communication Patterns
A Guide for Developers and Architects

Jacqui Read

Beijing · Boston · Farnham · Sebastopol · Tokyo

日本語版の内容について、株式会社オライリー・ジャパンは最大限の努力をもって正確を期していますが、本書の内容に基づく運用結果について責任を負いかねますので、ご了承ください。

推薦のことば

この本はソフトウェア開発における最も重要な要素の一つ、いわゆる「ソフトスキル」を取り上げています。皮肉にも「ソフトスキル」は多くの開発者にとって最大の課題となりがちです。本書にはパターンやアドバイスが満載で、読んでみれば当たり前と思えるようなものも中にはあります。しかし、読むまでは見落としがちなものも少なくありません。新人からベテランまであらゆる技術者にとって非常に役に立つので、ぜひお勧めしたい一冊です。

ニール・フォード、ディレクター／ソフトウェアアーキテクト／メーム・ラングラー、
Thoughtworks, Inc.

ジャッキーは、コミュニケーションのスキルが才能のある限られた人たちだけの黒魔術ではなく、学び、練習し、磨き上げることができるものであることを示してくれています。実践的な洞察に満ちたこの包括的なガイドを読めば、誰もがスキルを向上させ、望む成果にたどり着けるようになるでしょう。

キム・ファン・ウィルゲン、カスタマーディレクター、Schuberg Philis

アイデアやソリューションを効果的に伝えることは、ソフトウェア開発者やアーキテクトに欠かせないスキルです。しかし、何を読めば身につくのかはわかりませんでした ——今までは。本書は、言葉、文章、視覚、非言語的なコミュニケーションの複雑さを解きほぐす優れたガイドです。ジャッキーはパターンや実践的なテクニックを通じて、コミュニケーションの複雑な世界を紐解き、人間同士のやりとりの背後にある言語を理解しやすくしてくれます。本書は、この 10 年で最も重要な一冊となることでしょう。あらゆる技術者の本棚に置いておくべき一冊です。

マーク・リチャーズ、ソフトウェアアーキテクト、DeveloperToArchitect.com 創設者

ジャッキー・リードの独自のコミュニケーションアプローチは、力強く、洞察に満ち、実践的な知恵にあふれています。本書は、テック業界でのコミュニケーションスキルを向上させるための決定版ガイドです。

デイビッド・R・オリバー、プリンシパルアーキテクト、Actica Consulting

私たちは皆、技術的な決定や設計、アーキテクチャの伝え方がもっとうまくなれるはずです。この本は、コミュニケーションを改善するために必要なあらゆる要素を、抽象的な概念から実践的な詳細に至るまで網羅しています。

アリステア・ジョーンズ、nifdi.app 創設者

この本は、あらゆる方法で誰に対してもアーキテクチャをより効果的に伝え、描写する手助けをしてくれる素晴らしい本です。ジャッキー・リードが紹介するパターンを身につければ、チーム内でのコミュニケーションとコラボレーションを向上させられるようになります。

ジョナ・アンダーソン、DevOps エンジニアリード、
Microsoft MVP および MCT、『Learning Microsoft Azure』著者

私たちが考え、伝えることが、私たちの作るものを形作ります。私たちのコミュニケーションスキルは、良くも悪くもソフトウェアアーキテクチャを決定づけます。この本を読めば、その両方が改善されるでしょう。

ダイアナ・モンタリオン、システムアーキテクト、Mentrix 創設者

「継続は力なり」と言いますが、続けるだけでは意味がありません。本書は、よくある誤りを取り上げ、より効果的な視覚的、口頭、そして文章でのコミュニケーションへと導いてくれます。

ステファン・ホーファー、『Domain Storytelling』著者、Workplace Solutions（WPS）

コミュニケーションは誰もが持っているスキルですが、極めている人はごくわずかです。この本を読めば、シンプルな概念から高度なスキルまでを段階的に学べるため、エンジニアが卓越したコミュニケーターとなり、鮮明なビジュアルや魅力的なストーリーテリング、明確な論証で観客を魅了できるようになります。

ソーニャ・ナタンゾン、エンタープライズソフトウェアエンジニアリング
シニアディレクター

この本の中でジャッキーは私たちに宝の地図を示してくれます。ジャッキーの本は、私たちの仕事におけるさまざまなレイヤー、コミュニケーションの手法、そしてその微妙なニュアンスを取り上げ、どんな立場の人にとっても役立つ内容となっています。ジャッキーは言葉にし難い課題を見事に描き、名前をつけてくれています。アーキテクトや開発者は彼女の経験が詰まったこの本を通じて、チームや部門、そして組織全体において包容力のある効果的なコミュニケーションを生み出すための知識を活かすことができます。

ジョアン・ローザ、独立コンサルタントおよび
Team Topologies Valued Practitioners（TTVP）、Impactfulness

タイトルには、この本が開発者やアーキテクト向けと書かれていますが、特にリーダーシップの役割にある方は、ぜひ読んでみるべきです。「ソフトスキル」と呼ばれますが、学ぶ機会が少ないため、習得は決して容易ではありません。この本は学習と習得の間にあるギャップを埋め、効果的なコミュニケーションアプローチを解き明かしてくれます。

レベッカ・パーソンズ、CTO エメリタ、Thoughtworks

ジャッキー・リードは、驚くほど納得のいく小さなパターン集を集めており、読んだ人は「なぜこれをもっと早く思いつかなかったのだろう？」と感じることも多いでしょう。この本は、アーキテクト、モデラー、そして開発者にとって非常に優れた一冊です。本書に収められた豊富なパターンを読み進める中で、私は何度も温かいデジャヴの感覚を覚えました。ジャッキーは重要なポイントを的確に指摘し、アーキテクト、モデラー、開発者にとって有益な詳細を加えています。

サンダー・フーフェンドールン、iBOOD.com CTO、国際的なキーノートスピーカー、
『Microteams』『This Is Agile』『Pragmatic Modeling with UML』著者

ついに、開発者の世界でのコミュニケーションについての本が登場しました。複雑なコードと意義ある会話のギャップを埋めてくれます。

セシリア・ウィーレン、シニアデベロッパー、Microsoft MVP

この本でジャッキー・リードは、さまざまなステークホルダーと効果的にコミュニケーションするためのパターンを示すだけでなく、すべての開発者とアーキテクトにとっての羅針盤を提供しています。各章を読むたびに、ステークホルダーと共にソフトウェアを設計するだけでは不十分であり、その提示方法にこそ本当の力があると気付かされます。新しいソフトウェアプロジェクトに取り組むときや、チームやステークホルダーと協力するときには、最適なアプローチや会話の構成方法についてこの本を参考にしています。

ケニー・バース＝シュヴェグラー、ソフトウェアコンサルタントおよび
ソフトウェアアーキテクト、Weave IT b.v.

アイデアを効果的に伝えるスキルは、多くの開発者やアーキテクトが正式に学ぶことがなく、キャリアを通して失敗や試行錯誤で学ぶのが現状です。ジャッキーがこの本でまとめた内容は、志あるソフトウェア開発者にとって基礎知識となるべきものであり、経験豊富な実務者にとっても多くのギャップを埋めてくれるでしょう。

ニック・チューン、プリンシパルコンサルタント、Empathy Software

私はコンピュータに興味を持ってプログラミングの世界に入りました。しかし、プログラミングにおいてはビットやバイトと同じくらい、人間が大事だと学びました。ジャッキーはこの本で、プログラマーが他のプログラマーやドメインエキスパートと、プログラマーにとって親しみやすい方法でコミュニケーションをとる方法を示しています。それは、背後にあるパターンを記述するという手法です。

ヘニング・シュヴェントナー、コーディングストーリーテラー、WPS

はじめに

　コミュニケーションはあらゆる行動の根底にある。たとえば、顔の表情で不満や喜びを示すこと、最新のプロジェクトに関するメール、会議やプレゼンテーションでの発言などもすべてコミュニケーションの一部だ。しかし、そもそもコミュニケーションとは何なのか？　そして、それを成功させる方法とは何か？

　オックスフォード英語辞典によるとコミュニケーション^{communication}とは「考えや感情を表現したり、人々に情報を与えたりする活動や過程」だ。この定義にはコミュニケーションの重要な側面の多くが含まれているが、どうすればうまくコミュニケーションできるのかは教えてくれない。同じ辞書で「コミュニケーションする^{communicate}」を調べると「情報、ニュース、アイデア、感情などを共有したり交換したりすること」と定義されている。こちら説明の方が詳しく書かれているが、コミュニケーションを成功させる方法を考えるにはもう一歩踏み込む必要がある。

　Merriam-Webster Dictionary を見ると定義が少し付け加えられている。コミュニケーションとは「記号、サイン、またはしぐさを通じて行われるもの」と定義しており、共通性という考え方や、どのようにしてアイデアや情報が伝達されるかに言及している。

　ここまでの話をまとめよう。

- アイデアや感情を表現する
- 人に情報を与える
- 情報やニュースなどを共有したり交換したりする
- 記号、サイン、しぐさといった共通の体系を使う

　「コミュニケーションとは何か」についてはこれである程度わかる。一方で、コミュニケーションを成功させる鍵は何だろうか？

　多言語学者のミシェル・トマスは、コミュニケーションの目的は「ボールがネットを越えるようにすること」だと言う（https://oreil.ly/aoO-E）。これまで見てきたどの定義も、ネットを越える術を教えてくれない。

　もう一度定義し直してみよう。

　適切なコミュニケーションはアイデアや情報の共有や交換に関する作法であり科学である。その

際には共通の記号、サイン、しぐさを用いて、共通の理解を得ることを目指す。

　コミュニケーションのすれ違いによって発生する代償は小さくない。時間の浪費が積み上がることもあれば、物事を正しい状態に戻すために苦労することもある。それなのに、なぜコミュニケーションを成功させること、少なくとも改善することが重要視されないのだろうか？ それが本書のテーマである。

　ソフトウェア開発とアーキテクチャには、コードを書いたりシステムアーキテクチャを構想したりする際に適用できる（あるいは認識できる）パターンとアンチパターンがある。パターンとは、問題の解決に効果的であることが示されている、再利用可能なソリューションのことだ。パターンを使うことの最大の利点は、解決策の検討という面倒な仕事はすでに誰かがやってくれているので、あなたはその解決策を自身の特定の状況や問題に適用するだけでいいということだ。

　アンチパターンはパターンの反対ではない。アンチパターンとは、一見問題を解決しているように見えるが、潜在的な利点を上回る悪い結果をもたらす解決策である。アンチパターンについて学べば、設計や既存のシステムにおいてアンチパターンを認識したり、発生しそうな状況を見極めたりすることで、アンチパターンを回避または緩和できるようになる。

　本書はパターンとアンチパターンの概念をコミュニケーションに応用したものである。

　ブライアン・フートとジョセフ・ヨーダーが 1997 年に発表した論文「Big Ball of Mud（巨大な泥の塊）」（https://oreil.ly/LO2bq）はよく引用される（その価値は十分にある）。「優れたアーキテクチャには金がかかると思うなら、悪いアーキテクチャを試してみればいい」 これが意味するところは、優れたアーキテクチャを作るには投資が必要だが、投資をしないと悪いアーキテクチャができてしまい、長期的にはコストがかかるということだ。コミュニケーションにも同じことが言える。良いコミュニケーションが高価だと思うなら、悪いコミュニケーションを試してみればよい。良いコミュニケーション（うまくいかせること）に投資した方が悪いコミュニケーション（失敗すること）のコストを負担するよりも安上がりなのだ。

本書を執筆した理由

　これまでソフトウェア開発やソフトウェア・アーキテクチャの仕事で使ってきた原則やテクニックについて、私は当たり前だと思っていたのだが、どうやら他の人にとってはそうではないらしい。確かに、そうした原則やテクニックは、IT 以外の場所で学んだ知識の応用であったり、自分で編み出したりしたものだった。

　私が活用するパターンやアンチパターンは数多くある。コードやアーキテクチャ向けのものだけではなく、中には図やドキュメントの作成など、多くの人がソフトスキルと表現するようなものに応用できるパターンもある。また、コードやアーキテクチャで使うことを想定して設計されたパターンやアンチパターンを、本来の用途以外でも適用していた。

　やがてこれらのソフトスキルのためのパターンやアンチパターンは、どれもコミュニケーションパターンとして分類できることがわかった。そして私のツールキットが他の人に広く利用されているわけではないことに気づき、もっと使ってもらえるように公開しようと思い立ったのだ。その結

果がこの本であり、私がオライリーを通じて（時には個人的に）提供しているトレーニングコースである（他にもアーキテクチャやコンサルティングに関するコースもある）。

　本書を書いた目的は、技術部門におけるチームや組織のコミュニケーションを改善するためだ。コミュニケーションを改善することで、個人は生産性と満足度を向上させられるし、組織は投資収益率（ROI）を向上させて最終的な収益を改善することができる。

　ソフトスキルに投資すれば、技術力も向上して傑出した技術エースになれるのだ。

　私は学ぶ側として生涯現役でいたいと考えている。そのため、この本で紹介した本書のパターンとアンチパターンを適用したあなたの経験や、同僚とのコミュニケーション方法を最適化するために使っている方法についてぜひ教えてほしい。私のウェブサイト（https://jacquiread.com）、またはソーシャルメディアで連絡してほしい。

想定する読者

　本書は、開発者、エンジニア、あらゆるタイプのアーキテクト（ソリューション、ソフトウェア、データ、エンタープライズなど）を対象としている。本書で紹介するスキルは正式なものでも伝統的に教えられてきたものでもないため、熟練した技術者であっても学びはあるだろう。

　本書のパターンをコミュニケーションにも応用することで、あなたは優秀な技術者であることを超えて、ソフトスキルも兼ね備えた人材として自身を差別化できるようになる。仕事をやり抜く力があって、技術者にも非技術者にもわかりやすく話せる人だと評価されるようになるのだ。ソフトウェア開発者からアーキテクトへ、あるいは上級職や技術リーダーへの転身を目指す人にとって、コミュニケーションを改善することは自分の夢をかなえる一歩になるだろう。

　本書の対象は主に開発者とアーキテクトである。しかし、本書のパターンはソフトウェア業界やテクノロジー業界の人なら誰でも活用できるし、その恩恵にあずかることができる（他の業界にも適用できるだろう）。紹介するパターンやアンチパターンのうちどれが重要かは、あなたの役割によって異なるだろう。

　たとえば、第Ⅰ部はビジネスアナリスト（BA）に役立つし、第Ⅳ部はリモート環境やハイブリッド環境、あるいは別のタイムゾーンの顧客と仕事をする人に役立つだろう。マネージャーやリーダーは、第Ⅱ部、第Ⅲ部、第Ⅳ部から大きな恩恵を受け、さらにそのテクニックや原則を部下やチームに広めることができるようになる。

　本書に登場するパターンや原則の多くはソフトウェアとはまったく別の領域から生まれており、この先ソフトウェア以外の領域に適用できるとしても驚くようなことではない。

本書の読み方

　本書は4部構成になっており、それぞれソフトウェアとテクノロジー領域におけるコミュニケーションの主要な側面を1つずつ取り上げている。あなたが最も有益と思うところや、最も興味をそそられるところから自由に読み始めて構わない。こだわりがなければ第Ⅰ部から始めるのがよいだ

ろう。

第Ⅰ部では図やその他のビジュアルのパターンとアンチパターンを扱う。1章では第Ⅰ部の他の章の土台となる基礎を築く。第Ⅰ部で紹介される他のパターンを学びたければ、1章のパターンを理解して使えるようになっていることを確認してほしい。

第Ⅱ部では、文書、口頭（話し言葉）、非言語コミュニケーションのパターンとテクニックを扱う。これはリモートでのやりとりにも対面でのやりとりにも応用できる。第Ⅲ部では、文書化を含め、ナレッジマネジメントと共有を改善するための原則、実践方法、パターンを扱う。第Ⅳ部では、特にハイブリッド環境やリモート環境において、タイムゾーンや勤務時間が異なる人々とコミュニケーションをとる際に使える戦略やパターンを多数紹介している。

図版と色

本書の図表の中には、カラーのものもある。印刷版では画像はすべてグレースケールなので、カラーで見る必要がある画像についてはカラー版へのリンクを掲載した。すべての画像は付属のウェブサイト（https://communicationpatternsbook.com）にある。

日本語版のカラー図版は、https://github.com/oreilly-japan/communicationpatterns-jp に掲載している。

ソフトウェアツール

本書のパターンやテクニックを実践するうえで、特定のソフトウェアツールを使う必要はないが、さまざまなツールについては触れている。特定の目的に使用できるツールを挙げる場合、通常はよく知られているものを取り上げており、主にオープンソースの選択を推奨している。使用する際は、あなたの状況に応じたライセンスを確認し、利用規約がニーズを満たしているかどうか確認することを忘れないように。

本書に掲載されているオリジナルの図やイラストを作成するために、私は一時期 Diagrams.net として知られていた draw.io（https://drawio.com）を使用した。私が運営するワークショップで演習をこなす際には参加者に draw.io を使うよう勧めている。無料、オープンソース、ログイン不要で、デスクトップアプリケーションとしてもウェブブラウザ経由でも使用できる。draw.io は他のアプリケーションとの統合が多く、デスクトップ版は Windows、macOS、Linux、ChromeOS で利用できる。

ポリグロット・メディア

ポリグロット・メディアは本書の事例を作成するために使っている架空の会社だ。従業員は150人ほどで数カ国にまたがっており、国際的な顧客基盤もある。ポリグロット・メディアは、さまざまなデジタルメディア（電子書籍、オーディオブック、ビデオ）へのアクセスを定額制・従量制で

顧客に提供しており、書籍のハードコピーも提供している。一部のメディアは社内で保管されているが、一部パートナーから提供されているものもある。ポリグロット・メディアのシステムは著者が発行物を更新・作成したり、編集者（ポリグロット・メディアが雇用）が著者の発行物にアクセスして編集したりする際にも利用される。

例

ポリグロット・メディアの例

　本書の全体を通して、私はポリグロット・メディアを例に使った。図の多くがポリグロット・メディアのシステムに基づいており、他の例もこのような四角の枠の中で紹介している。例はすべて架空のものだが、私自身や他の人の経験や学習に基づいている。

本書で使用される凡例

本書では表記について以下の規則を用いている。

太字

　　新しい用語や強調する単語、パターンまたはアンチパターン名を示す。

`constant width`（等幅）

　　プログラムコードの表示に使用する。また、本文中で変数名、関数名、データベース、データ型、環境変数、プログラムの文、キーワードなどのプログラム要素を参照する際にも使用する。

このアイコンはヒントや提案を意味する。

このアイコンは一般的な注釈を意味する。

このアイコンは警告や注意を意味する。

コードサンプルの使用

補足資料（コード例、練習問題など）は https://communicationpatternsbook.com からダウンロードできる。

技術的な質問やコード例の使用に関する問題がある場合は、電子メール（英文）で、bookquestions@oreilly.com 宛に連絡してほしい。

本書は、あなたの仕事を助けるためにある。一般的に、本書に付属するサンプルコードは、あなたのプログラムやドキュメントで自由に使用できる。コードの大部分を複製する場合を除いて、許可を得るために私たちに連絡を取る必要はない。たとえば、書籍からいくつかのコードを使ってプログラムを書く場合は、許可は必要ない。書籍からの例を販売または配布する場合は許可が必要である。本書を引用して質問に答え、サンプルコードを引用する場合は許可は必要ない。ただし、本書からのサンプルコードをプロダクトのドキュメンテーションに大量に取り入れる場合は許可が必要である。

必須ではないが、出展の掲載はありがたい。引用元には通常、タイトル、著者、出版社、ISBN が含まれる。例えば、「『開発者とアーキテクトのためのコミュニケーションガイド』Jacqui Read 著、オライリー・ジャパン、978-4-8144-0105-5」といった形である。

もしコード例を使用する際に、公正な使用や上記で与えられた許可の範囲外であると感じた場合は、permissions@oreilly.com まで英語にてお気軽に連絡いただきたい。

オライリー学習プラットフォーム

オライリーはフォーチュン 100 のうち 60 社以上から信頼されている。オライリー学習プラットフォームには、6 万冊以上の書籍と 3 万時間以上の動画が用意されている。さらに、業界エキスパートによるライブイベント、インタラクティブなシナリオとサンドボックスを使った実践的な学習、公式認定試験対策資料など、多様なコンテンツを提供している。

https://www.oreilly.co.jp/online-learning/

また以下のページでは、オライリー学習プラットフォームに関するよくある質問とその回答を紹介している。

https://www.oreilly.co.jp/online-learning/learning-platform-faq.html

お問い合わせ

本書に関する意見、質問等は、オライリー・ジャパンまでお寄せいただきたい。

株式会社オライリー・ジャパン
電子メール japan@oreilly.co.jp

本書の Web ページには、正誤表やコード例などの追加情報が掲載されている。

https://oreil.ly/communication-patterns（原書）
https://www.oreilly.co.jp/books/9784814401055（和書）

この本に関する技術的な質問や意見は、次の宛先に電子メール（英文）を送っていただきたい。

bookquestions@oreilly.com

オライリーに関するその他の情報については、次のオライリーの Web サイトを参照していただきたい。

https://www.oreilly.co.jp
https://www.oreilly.com（英語）

謝辞

夫のスティーブの助けと不朽のスタミナがなければ、この本は決して書けなかっただろう。夫の絶え間ないサポートのおかげで、技術書を書くという冒険に繰り出すがができた。応援や技術的な校正からはじまり、本当に美味しい食事の用意、フルタイムの仕事をしながらの家の切り盛り、さらに神経多様性を持つ 2 人の子供の子育てをほぼ一人でこなすことまで、彼は私に本書を書く時間と場所を与えてくれた。そして良いアイデアも提供してくれた。スティーブ、あなたの信念と、私の背中を押してくれた努力に感謝する。

本書は多大な労力を費やして草稿を読み、貴重なフィードバックを与えてくれた技術レビュアーの方々に大いに助けられた。エミリー・バッチ、アリ・グリーン、アリステア・ジョーンズ、デビッド・R・オリバー、そしてスティーブ・リード（そう、また夫だ）に感謝する。また、10 章と 11 章に意見を寄せてくれたデビッド・J・オリバーにも感謝したい。万が一本書に間違いがあれば、その責任は私にある。

多くの人々が、会話やブログ記事、カンファレンスでの講演、書籍、その他の交流を通じて、間接的にこの本に貢献してくれた。私のこれまでの旅路に寄り添い、イベントや出版物を通じて経験を共有してくれたすべての人に感謝する。また、私が講演したり参加したりした会議やイベントを企画してくれた方々、そこで出会ったスピーカーや作家仲間たち、私を仲間として受け入れてくれ

たすべての友人にも感謝する。

　出版前からこの本を支持し、応援してくださったすべての方々に感謝する。ソーシャルメディアやカンファレンスで、出版予定だった本書やプレリリースの話をした際に、多くの親切で力強いコメントや反応をいただいた。これらのメッセージのおかげで、私の書いたものを読みたいと思ってくれる人がいることを実感でき、大変な編集作業の励みになった。

　また、オライリーで共に働いたすべての人たち、特にルイーズ・コリガンとメリッサ・ダフィールドには、私の提案、執筆、トレーニングコースを信じて後押ししてくれたことに感謝する。そしてコービン・コリンズの素晴らしい校正と、私がどれだけ多くのカンマを見落としていたかを指摘してくれたことにも感謝する。ケイティ・トーザーとケイト・ダルレアは、特に私の図表を印刷用に整える際に辛抱強く協力してくれた。

　私がオライリーと仕事をするようになったのは、2021 年秋にチームを率いてソフトウェア・アーキテクチャ・カタ[†1]で優勝したときからだ。ニール・フォードとマーク・リチャーズには、スキルを磨き、自分の力を発揮する機会を与えていただいたことに感謝する。彼は「この経験が君のキャリアを変えるだろう」と言ったが、その通りになった。マーク、あのときの励ましと、それ以来の指導と友情に感謝する。

　最後に、私の子供たち、マチルダとヒューゴに感謝したい。2 人の年齢ではまったく興味のない本をママがオフィスにこもって書いている間、辛抱強く支えてくれた。ママが「お仕事」している間がまんさせてごめんね。これからは一緒に遊びに行けるよ。

[†1] 私の GitHub レポ（https://oreil.ly/doiQ_）では、過去のカタの最終候補作品（私の作品「The Archangels」を含む）をすべて見ることができる。

目 次

第I部　視覚的コミュニケーション　　　　1

1章　コミュニケーションの基礎　　　3

2章　ごちゃごちゃをすっきりと　　　17

3章　アクセシビリティ　　　29

第I部
視覚的コミュニケーション

ソフトウェアアーキテクチャとデザインにおける視覚的要素は、重要な情報を伝達する役割を果たす。受け手の目は自然とその要素に引き寄せられ、場合によってはそこだけが詳細にみられることもある。それにもかかわらず、図や視覚表現の作成に関するガイダンスやトレーニングはほとんど存在しない（ArchiMate のような表記法に特化したコースを除く）。特に、受け手にメッセージを効果的に、確実に伝えるための教育は不足している。

ビジュアルリテラシー、つまり視覚情報を理解して作成する能力は、アーキテクトやソフトウェアのトレーニングコースで扱われることがない。この知識のギャップを埋めるために、私は第 I 部を書いた。これらのパターンとアンチパターンを活用すれば受け手の要望に応えつつ、自分の望む結果を生み出す図を作成できるようになる。第 I 部では必要な情報をわかりやすく伝える術を学ぶ。

作成する図や視覚表現が何であれ、第 I 部で紹介するパターンを適用すれば、受け手にメッセージを伝えて必要な見返りを得られるようになる。

1章
コミュニケーションの基礎

本章では、このあと第Ⅰ部で紹介するパターンを使いこなすための土台を紹介する。まずパターンとアンチパターンの意味について説明しよう。

パターン

なんらかの問題を解決できることがわかっている再利用可能なソリューション。

アンチパターン

推奨されないソリューション。ある問題を解決するための正しい方法のように見えるが、実際には生み出される悪影響が利点を上回ってしまう。

本章にあるパターンとアンチパターンについては、他のパターンと組み合わせる前に一つ一つを確実に使いこなしておくことを強くお勧めする。ビルの建築と同じように考えてほしい。壁、床、屋根を作る前に土台を整えておく必要があるのだ。建物を砂の上に建て始めてはいけない。まずはきちんと土台作りをしよう。

1.1　相手を知る

相手を知るパターンは**顧客を理解する**としても知られている。図を作成、編集する際に留意すべき重要な要素の一つは、それを見たり読んだりする相手である。図の目的は受け手とうまくコミュニケーションをとることだ。相手を知り、ニーズに合わせた図を設計することが肝要だ。

あなたの図を見る人のロールとしては次に挙げるものが考えられる。

- 開発者（フルスタック、フロントエンド、バックエンドなど）
- アーキテクト（テクニカル、ソリューション、セキュリティなど）
- ビジネスアナリスト
- プロダクトオーナー
- プロジェクトマネージャー
- 顧客

● サポートチーム

 図を見るロールのリストを作成し、作成する図のタイプに基づいてロールをグループ化しよう。図によって受け手の構成が異なることがわかるだろう。このリストは本節の最後にある質問と一緒に使用してほしい。

次の図はさまざまな受け手に向けて作成されたもので、図の種類や表記は読者に合わせて選択されている。

図1-1 は、開発者、アーキテクト、データベース管理者など、技術者向けに UML（統一モデリング言語）で描かれたクラス図だ。プロジェクトオーナーやプロジェクトマネージャーがこの図の情報を必要とすることはほぼないし、手助けがないと理解するのも難しいだろう。

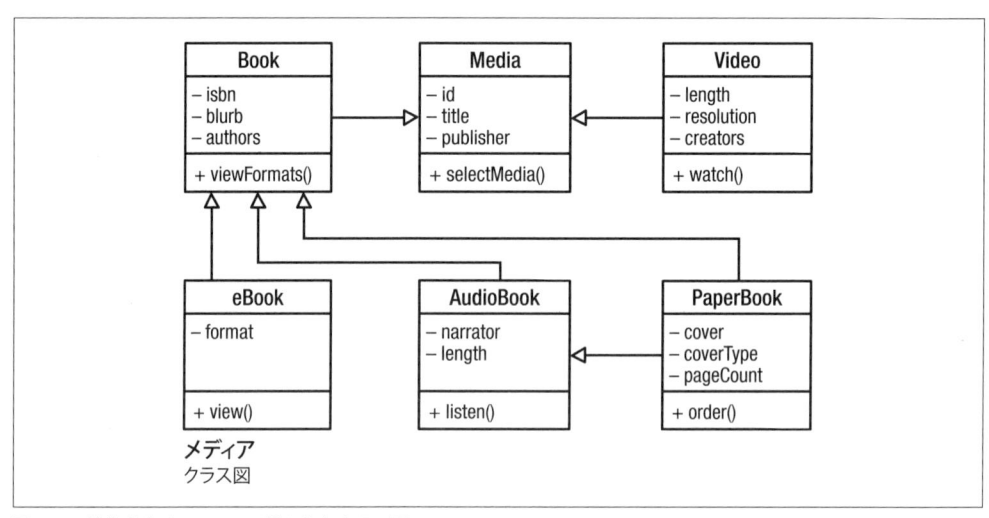

図1-1 技術者向けに UML で描かれたクラス図

図1-2 は、C4 のコンテキスト図である。これは汎用的な図であり、技術者にとってもビジネス関係者にとってもシステムの概要を把握するのに役立つ。また、プロダクトオーナー、プロジェクトマネージャー、アーキテクト、開発者、ビジネス・アナリストといった人にとってもわかりやすい。

図1-3 に示す**業務シナリオ**の対象として想定される受け手はビジネス寄りだが、ビジネスニーズを技術的なソリューションに変換する技術者も対象としている。ドメインストーリーの目的は、ビジネスステークホルダーと技術者の間のコミュニケーションを改善し、ソリューションがビジネスとユーザーのニーズを満たせるようにすることにある。業務シナリオの作成と検証には対象ドメインや該当テーマの専門家（SME：subject matter experts）はもちろん、プロダクトオーナー、ビジネスアナリスト、アーキテクトといったロールも巻き込むことになるだろう。

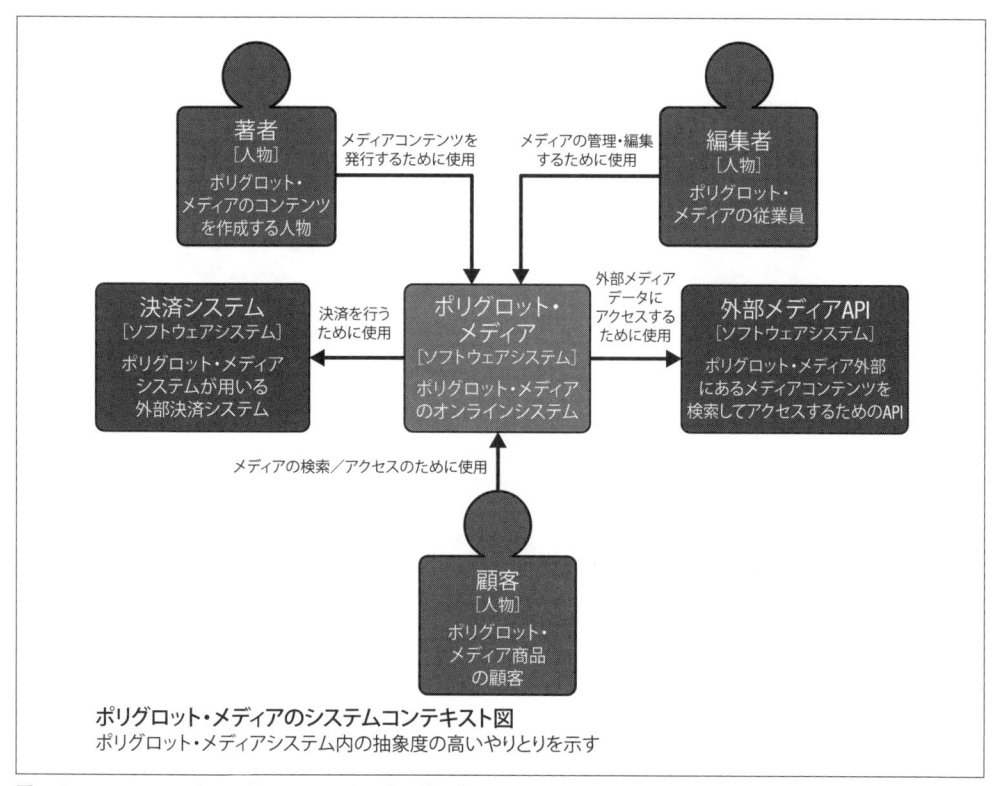

図1-2　C4 のコンテキスト図。ほとんどの受け手に読みやすい

受け手を見定めたら、次のように自問しよう。

受け手はあなたに何を求めているのか？

受け手の期待とニーズを考えてみよう。相手のニーズを満たすことがコミュニケーションを成功させる鍵だ。受け手が求めているのは具体的な情報で、決断を下したり誰かに報告するために使うのだろうか？ 受け手に満足してもらえるように、必要な情報を提供して理解を促すようにしよう。

あなたは受け手に何を求めているか？

受け手に何を求めるか、という質問は見落とされやすい。自分の設計判断に同意や許可が必要なのか？ その図を見て意思決定をしてほしいのか？ あなたがいつまでに何をしてほしいと考えているのかを、相手にしっかり理解してもらい、その期待に応えるために必要なものがすべてそろっていることを確認しよう。

受け手はどのくらい技術を理解しているか？

受け手がどのくらい技術的な話が理解できるかによって、どのような図が受け手の役に立つ

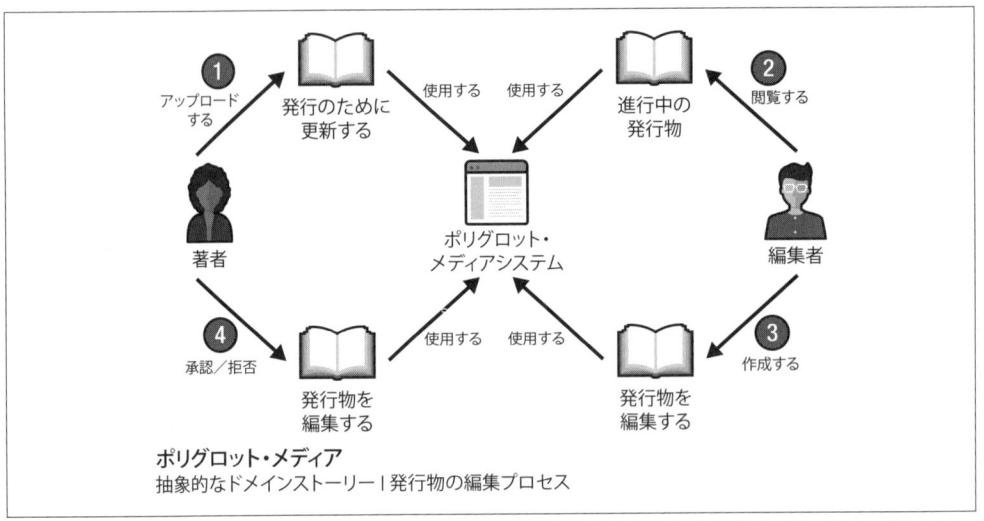

図1-3 アーキテクトやビジネスアナリストなど、ビジネスの役割や技術的な翻訳者の役割を対象とした業務シナリオ図

かが決まる。プロジェクトマネージャーはどのくらい技術の話が理解できるだろうか？ プロダクトオーナーは要素技術の選択について知りたいのか、それとも選択した技術がどれだけ要件を満たしているかだけ知りたいのだろうか？

どの程度まで詳細化する必要があるか？

内容が技術的かどうかにかかわらず、適切な詳細度を検討する必要がある。この図は詳細な説明を期待するアーキテクチャレビュー委員会のためのものだろうか？ 開発チームは実装の詳細を必要としているのか、あるいはその詳細を決めることが開発チームの役割なのか[†1]。会社から提示されたガイドラインや暗黙のルールに従うのではなく、チームが何を望んでいるかを尋ねよう。ルールがチームのニーズに合わない場合は、適切な担当者にそのことを相談しよう。

これらの質問に加えて、受け手の母国語があなたの使っている言語とは違ったり、文化的背景が異なったりする可能性も考慮しよう（「7.1 言葉はシンプルに」を参照）。

受け手とそのニーズを見定めたら、いよいよ図を書き始めよう。

1.2 抽象度の混在

抽象度の混在はコーディングの世界にも通じるアンチパターンである。コーディングをしたこと

[†1] 開発チームに渡す設計の詳細度はしばしば議論の的になり、開発チームと設計チームの衝突につながることがある。

がある人なら、**抽象度の混在**が**罪**であり、**コードの怪しい臭い**[†2]であるとわかるだろう。必要とするすべての情報を 1 つの図にまとめることは適切なように思えるかもしれないが、受け手からすると混乱の元になる。

> 「抽象度」とは、図で示す情報の粒度や普遍性のことだ。抽象度には幅があり、システムの主要コンポーネントとその相互関係を示す抽象的な図もあれば、コード構造の詳細を示す具体的な図もある。
> 複数の図で抽象度を使い分けることによって、受け手に適切な情報を伝えつつ、関連する情報をすべて確実に把握できる。

　すべてのソフトウェアは抽象的な存在だが、本質的には抽象度を使い分けることによって抽象的な概念から具体的な詳細を隠すことができる。開発者は 1 と 0（バイナリまたはマシンコード）を使ってソフトウェアを書くのではなく、マシンコードにはじまるあらゆるレベル（インタープリタ、コンパイラなど）の複雑さをラップした高水準言語で開発する。

　図1-4 を見てみよう。「出勤する」を最も高い抽象度と考えると、一段具体化した抽象度には、「起床する」「シャワーを浴びる」「着替える」「朝食を食べる」「家を出る」などの概念が含まれる。「起床する」の次の抽象度は、「布団をめくる」「体を起こす」「立ち上がる」だ。これで 3 つの抽象度（「出勤する」「起床する」「布団をめくる」）ができたことになる。しかし、ソフトウェア的には混乱や不必要な複雑さを避けて可読性を高めるために、（メソッドやクラスなどを）すべて別々にしておくべきである。

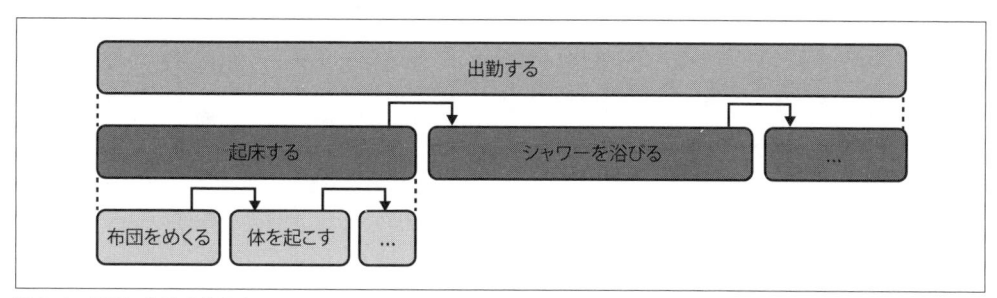

図1-4　日常における抽象度

　抽象度を使いこなすべし、という原則はソフトウェアアーキテクチャや図にも同じように適用される。コードではこの原則がメソッド、クラス、レイヤ化アプリケーションの各レイヤ（プレゼンテーション層、ビジネスロジック、永続化層、データストアなど）などに適用されるように、図やソフトウェアアーキテクチャでは、図の内容やサービス、マイクロサービスなどの構造に適用される。

[†2]　より根深い問題があることを示すコードの兆候。

C4 モデル（https://c4model.com）は抽象度の階層である。C4 モデルは**抽象度第一主義**（抽象度を優先し、それを軸に他のすべてを構築する）を採用している。コアとなる図は 4 つの抽象度レイヤによって定義されている[†3]。

1. **システムコンテキスト**ではシステムの概要と環境との適合度（システムと他のエンティティのやりとりを含む）が表現される。
2. **コンテナ**レベルではスコープ内のソフトウェアシステムにクローズアップされ、抽象的なコンポーネント（構成要素）とコンポーネント同士の相互作用と外部エンティティとの相互作用が表現される。
3. **コンポーネント**レベルでは個々のコンテナがさらにクローズアップされる。この抽象度では、コンテナ内のコンポーネント同士の相互作用と外部エンティティとの相互作用が表現される。
4. **コード**レベルではコンポーネントがさらにクローズアップされ、そのコンポーネントがどのように実装されているかが表現される（ここまでの詳細が求められることはあまりない）。

これらの 4 つのレベルは抽象から具体をズームする地図と考えられる。C4 の抽象化レイヤはさまざまな詳細レベルのニーズを表現できる。

図1-5 はコンテキスト図でもコンテナ図でもない。2 つの抽象度が混在してしまっている。図をよく見ても、意味がわからない。描かれているシステム（ポリグロット・メディアのソフトウェアシステム）は複数のコンテナに分割されているように見えるが、ソフトウェアシステムとコンテナの関係が間違っている。それぞれ概念レベルが異なるからだ。現実には、ソフトウェアシステムに内包されるコンテナが図中のコンテナと連携することになる。

図1-6 は**図1-5** のコンテキスト図のあるべき姿を示している。ここでは注目すべきソフトウェアシステム（ポリグロット・メディア）の関連する外部システムやアクターの関連が提示されている。

図1-7 は**図1-5** のコンテナレベルの情報を C4 のコンテナ図にどのように表示するかを示している。対象システム（ポリグロット・メディア）は破線のボックスで示され、その中にコンテナが配置されている。

C4 モデルは、抽象度の階層に基づいて構成されているため、図における抽象度のレベルを混在させない必要性を示す、優れた例である。ただし、この「抽象度の分離」のルールは、すべての種類の図に当てはまる。シーケンス図やデータフロー図、正式な表記法を用いない図など、あらゆる形式の図に適用しよう。どの図に対してもこのルールを守ることが、効果的なコミュニケーションには欠かせないのだ。

抽象度が混在した図を分割してそれぞれが 1 つの抽象度しか持たないようにしたら、次に進み、図を読みやすくする方法について見ていこう。

[†3]　C4 にはデプロイメント図などの補足もある。

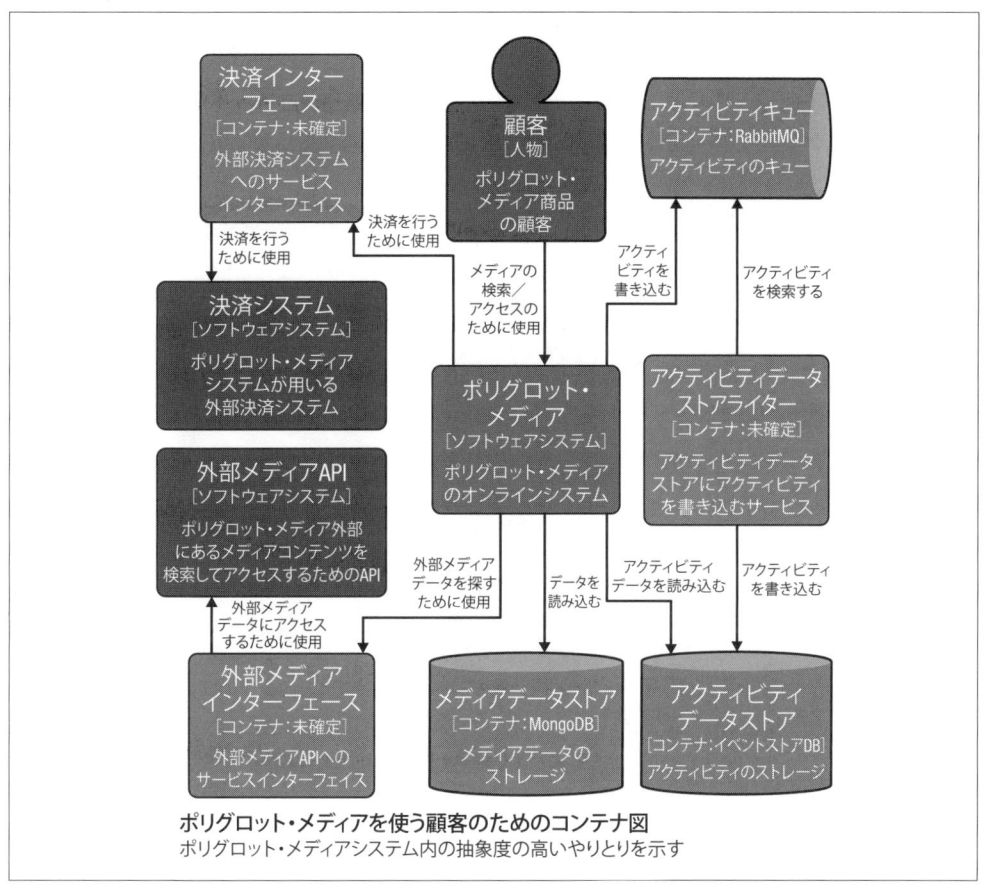

ポリグロット・メディアを使う顧客のためのコンテナ図
ポリグロット・メディアシステム内の抽象度の高いやりとりを示す

図1-5　コンテキストとコンテナの両方の抽象度を示す C4 図（アンチパターン）

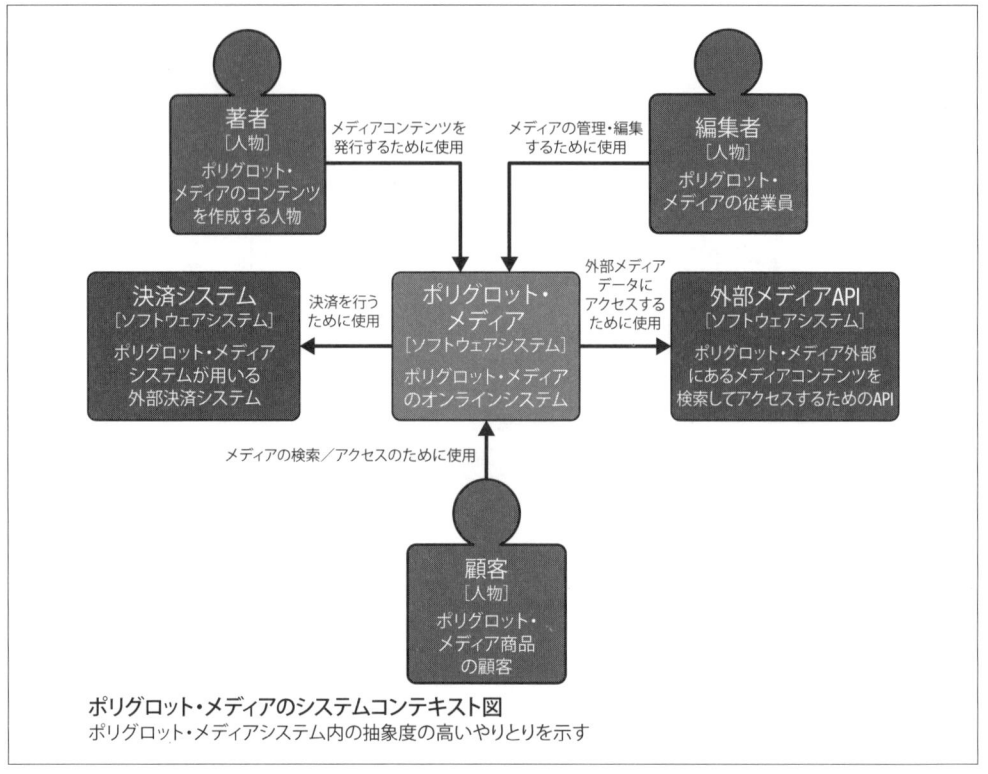

ポリグロット・メディアのシステムコンテキスト図
ポリグロット・メディアシステム内の抽象度の高いやりとりを示す

図1-6　C4 のコンテキスト図

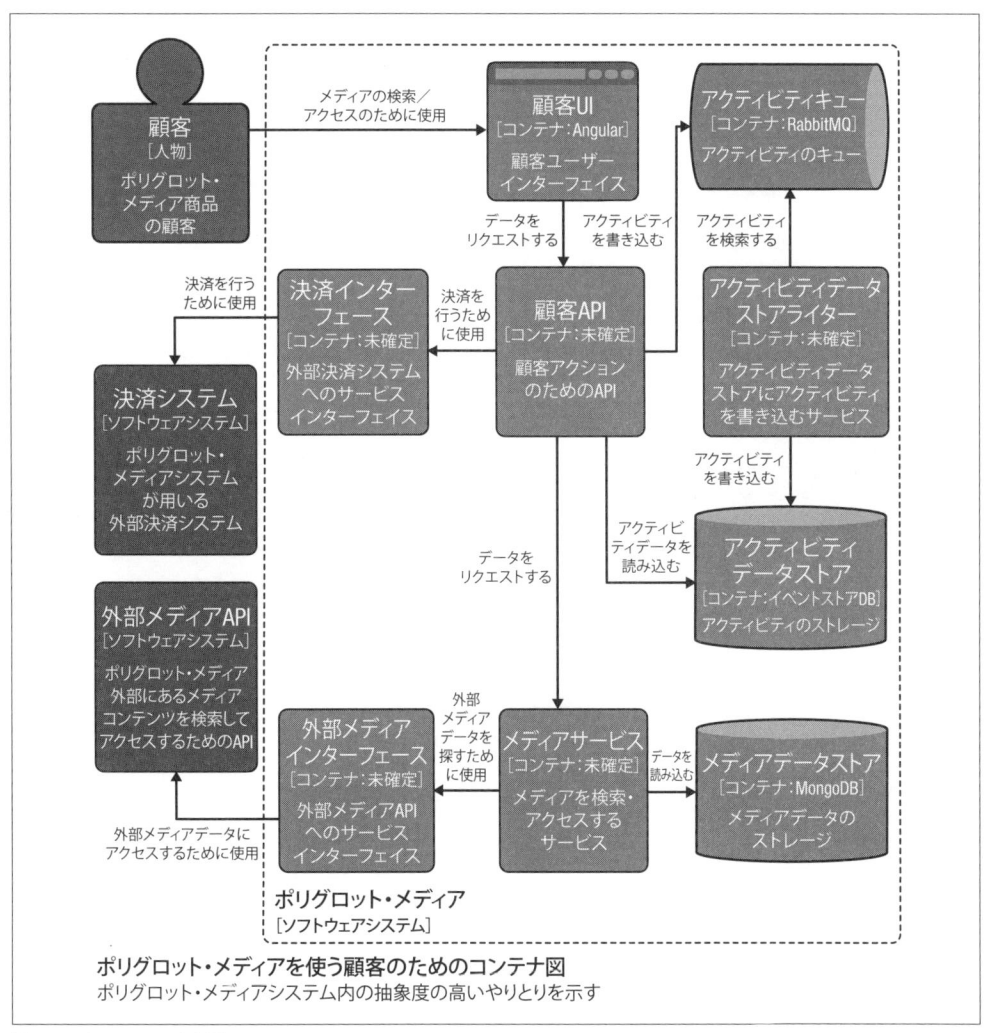

ポリグロット・メディアを使う顧客のためのコンテナ図
ポリグロット・メディアシステム内の抽象度の高いやりとりを示す

図1-7 C4 のコンテナ図

1.3 表現の一貫性

表現の一貫性パターンは抽象度を分離した次のステップになる。つまり、複数の図を見比べたときに、受け手が迷子にならないよう関連性を明確にするのだ。図同士の関連は、受け手にとってわかりやすくあるべきだ。受け手が図（それぞれの抽象度）同士の関係を理解するために、あれこれ考えたり細々としたことを思い出したりしていると、コミュニケーションがうまくいかなくなる危険性があるからだ。

C4 やデータフロー図など、多くの記法には**表現の一貫性**を伝えるための正規の記法がはっきりと定められている。前述のように、C4 には明示的な抽象度（コンテキスト、コンテナ、コンポー

ネント、コード）もある。**図1-8** を見てほしい。図の中央に対象システム（ポリグロット・メディア）が記載されている。このコンテキスト図は C4 の中で最も抽象度が高い。

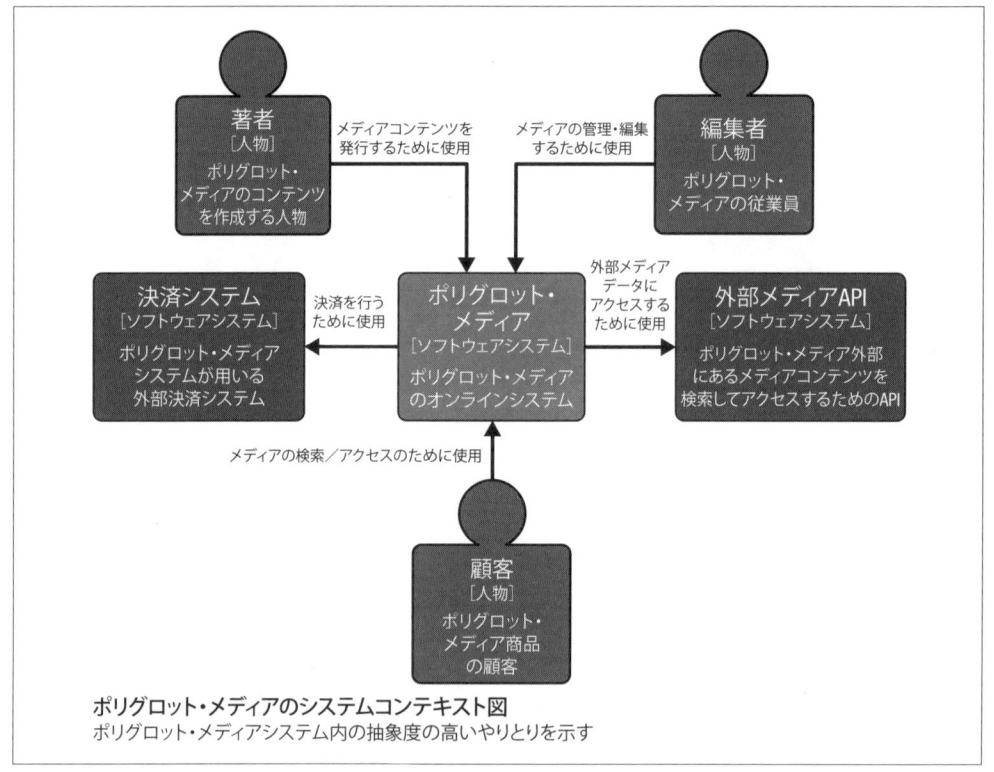

図1-8　C4 コンテキスト図

　その次のレベルは C4 の**コンテナ図**だ（**図1-9**）。2つの図を紐づけているのは**図1-9** の破線のボックスで、**図1-8** の中央のボックス（ポリグロット・メディア）と同じラベル（左下）が貼られている。このおかげで受け手はどちらを先に見たとしても、2つの図の紐づきを読み取れる。

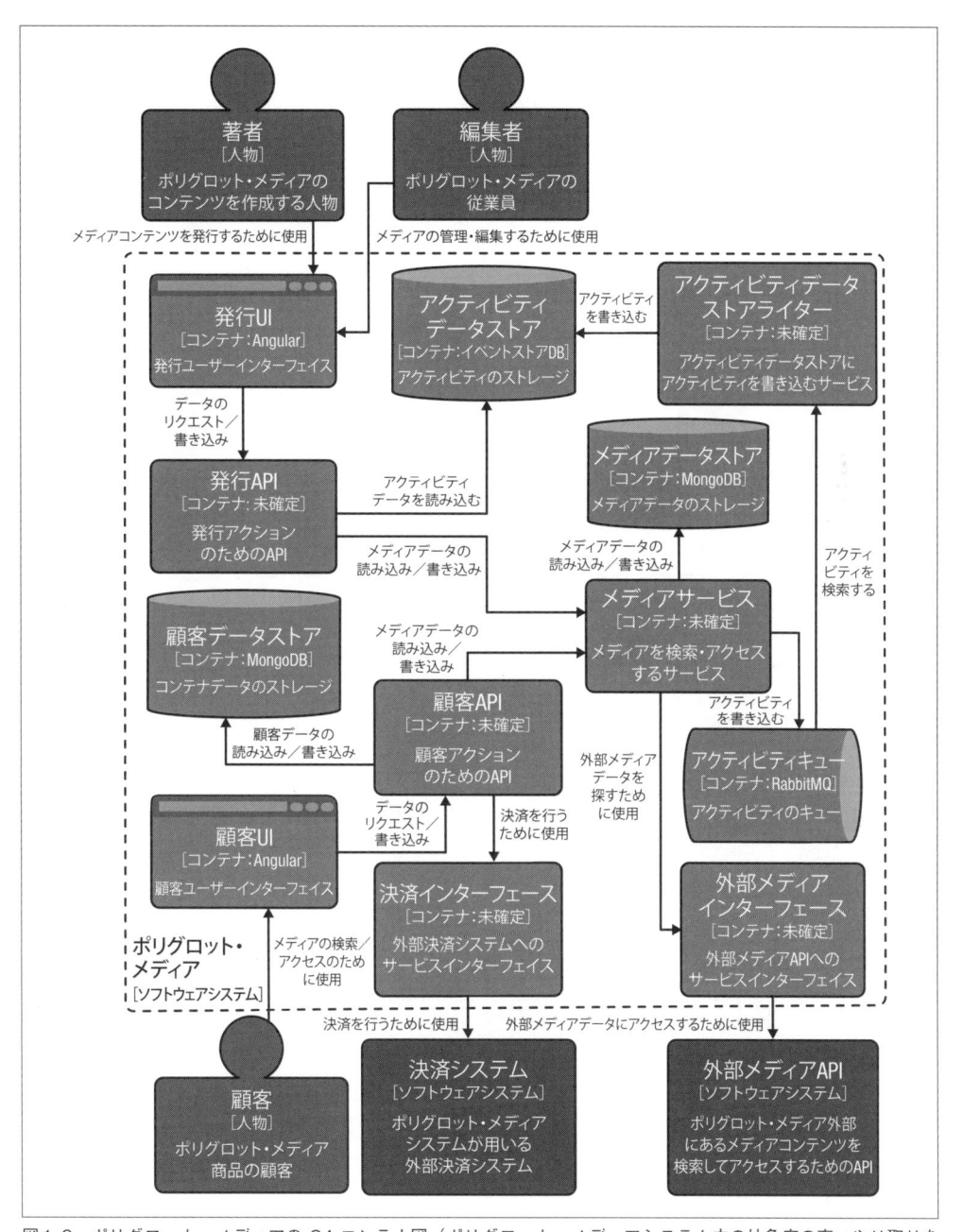

図1-9　ポリグロット・メディアの C4 コンテナ図（ポリグロット・メディアシステム内の抽象度の高いやり取りを示す）

　データフロー図では数字と文字によって要素を識別する。したがって、同じ数字と文字を使えば異なる抽象度（別の図で表現する）でも紐づけが理解できる。例えば、**図1-10** ではプロセスの順序を示すために 1 から 3 までの番号が振られていて、各プロセスが別の図でさらに分割されている場合はその番号で識別できる。

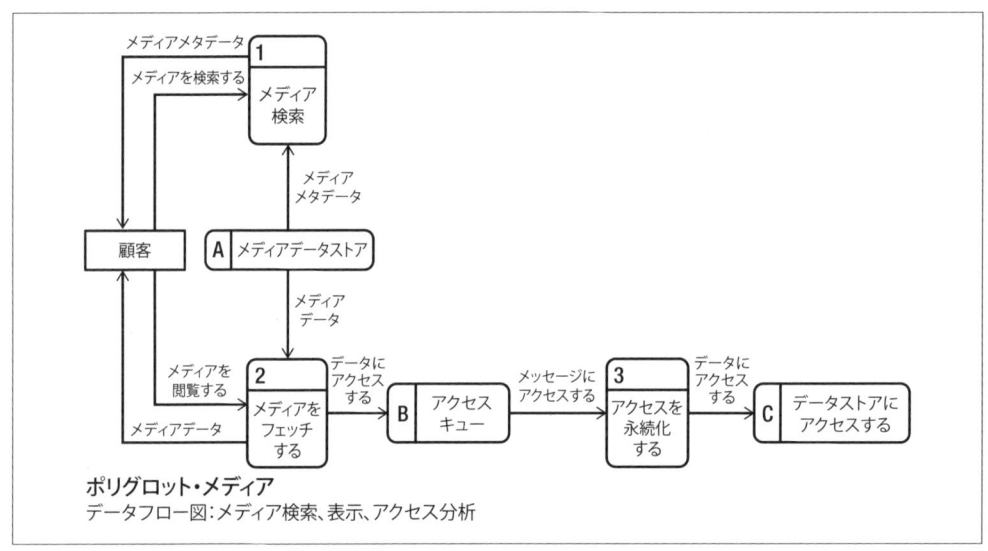

図1-10　データフロー図（レベル1）

　図1-11 では、**図1-10** のプロセス 2 が 3 つのサブプロセスに分割されている。これは「2.1」から「2.3」まで番号が振られていることからわかる。各プロセスは並び替えられているが、**図1-10** のより抽象的な図と対応づけられている。

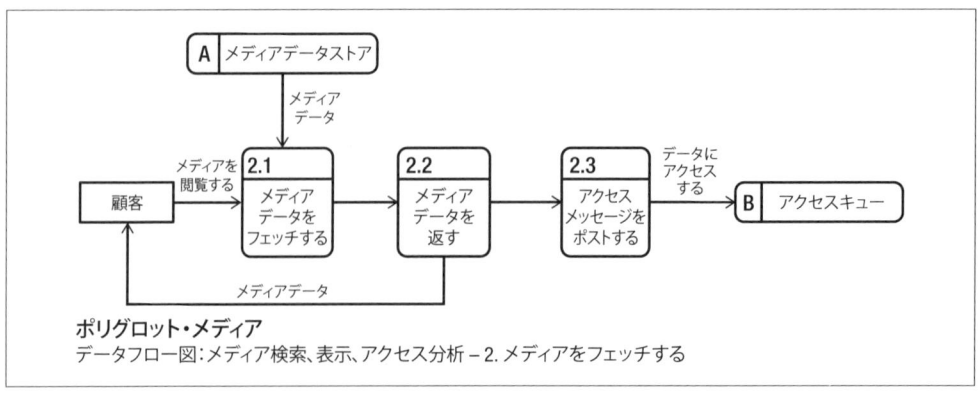

図1-11　データフロー図（レベル2）

　図1-10と**図1-11**のデータストアを見比べれば、**図1-10**でＡとＢと表示されたデータストアが**図1-11**でも同じID で表示されていることがわかるだろう[†4]。

　使用している記法に図同士を紐づける正式な方法がない場合は自分で明示する必要がある。例えば、**図1-12**は、**図1-10**のプロセス2（メディアをフェッチする）と**図1-11**のサブプロセス2.1〜2.3を、C4図（**図1-9**で前述）と同様の方法で紐づけたものだ。同じやり方は他の多くの図でも使える。

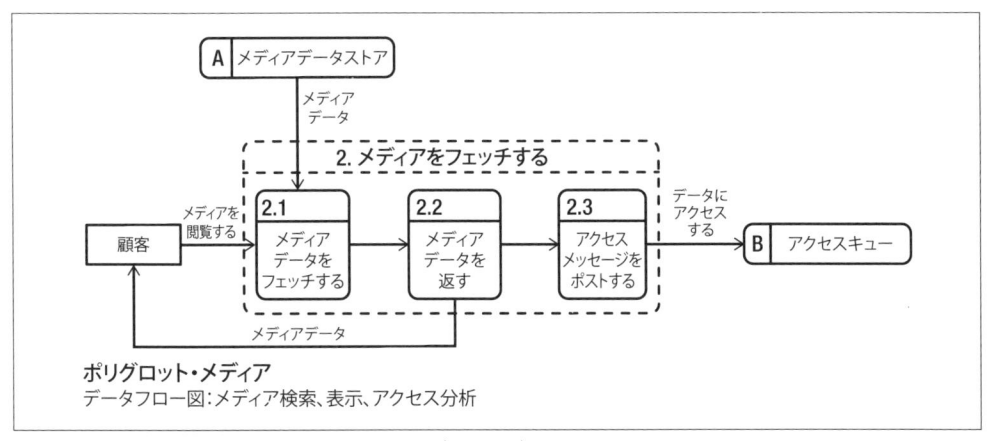

図1-12　表現の一貫性を明示したデータフロー図（レベル2）

 文章の中に図が登場する場合は、本文中で図を参照すること。可能であればハイパーリンクを使用し、図にラベルを付けて（例：「図1　システムＸのコンテキスト図」）、そのラベルを明示的に参照しよう。

　図や文書で**表現の一貫性**を保てば、受け手の認知的負荷[†5]を軽減できる。

1.4　まとめ

　本章では、視覚的コミュニケーションのエッセンスをカバーし、このあと第Ⅰ部で紹介するパターンやアンチパターンを使いこなすための土台を紹介した。本書を読み進めながら、これらのエッセンスと探求された他のパターンやアンチパターンをどのように適用できるか考えてみよう。

　受け手があなたの図に何を求めているかを考えた後は、図で提示する情報量を検討しよう。メッセージを伝えるための情報を必要最低限に抑えることによって、受け手の理解を深めることができるのだ。

---

†4　データストアの識別子（Ａ、Ｂ など）は、図のフローの中でデータストアがアクセスされるのと同じ順序で並んでいることに注意。

†5　認知的負荷とは人が何かを推論したり考えたりするために費やさなければならない努力の量。

2章
ごちゃごちゃをすっきりと

　受け手がメッセージを理解するのに苦労するようでは、コミュニケーションがうまくいくことはまずないだろう。この章では受け手の認知的負荷を軽減するのに役立つパターンとアンチパターンを探る。図のメッセージがわかりにくい原因を明らかにして対処し、必要に応じて複数の図にメッセージを分割しよう。

2.1　色の使いすぎ

　色の使いすぎのアンチパターンについて話すとき、私は**ユニコーンの爆発**に喩えることが多い[†1]。ほとんどの場合、図で使われる色はまったく考慮されていない。多くの色を使いすぎると、受け手は（たとえ凡例があっても）かなり頭を働かせないと色の意味がわからなくなる。さらに悪いことに、無意味に色を使うことで、受け手は意図されたメッセージとは関係ないところで頭を酷使してしまう。

　通常このアンチパターンは、図の作成者が色に無頓着であったり、視覚的コミュニケーションにおける色の重要性を軽視していることが原因だ。色の決定に時間をかけることなく、手間が惜しいとかいつも通りという理由で、デフォルトの色や適当に選択した色を使っているのだろう。

　視覚的プレゼンテーションで色を考慮しないことは「安物買いの銭失い」のいい例だ。図を作成する時間は節約できるかもしれないが、後でもう一度受け手に説明したり図を書き直したり、あるいはコミュニケーションのすれ違いから生じた混乱を片付けたりするために、より多くの時間（ひいてはお金）を費やすことになるのだ。コードのバグを早期に修正することが、長い目で見ればお金と時間の節約になるのと同じように、早いうちからコミュニケーションを正しく行うことも重要だ。

　このアンチパターンは図に限らず、純粋な白黒（つまり白と黒のみで、グレースケールもふくまない）以外のすべての視覚表現に当てはまる。しかし、単純に視覚表現すべて白黒で作成すればい

[†1]　訳注：ユニコーンは色とファンタジーの象徴とされており、それの「爆発」と表現することで色が多すぎて管理しきれないカオスになっている状態を指している。

いとは思わないでほしい。このアンチパターンに対抗する方法は、色をきちんと考えて使いコミュニケーションを図ることだ。

本書を印刷物で読んでいるなら、画像はすべてグレースケールだ。色が重要な場合は画像のキャプションにこの本のウェブサイト（https://communicationpatternsbook.com）[†2]へのリンクが含まれており、そこにはカラー版がすべて掲載されている。

図2-1 では鮮やかな色の圧倒的な配列することで、図中の各コンポーネントが異なっていることを示しているが、それ以上の詳細を伝えるための配慮はまったくなされていない。次に進む前に、あなたならどう修正するか考えてみてほしい。

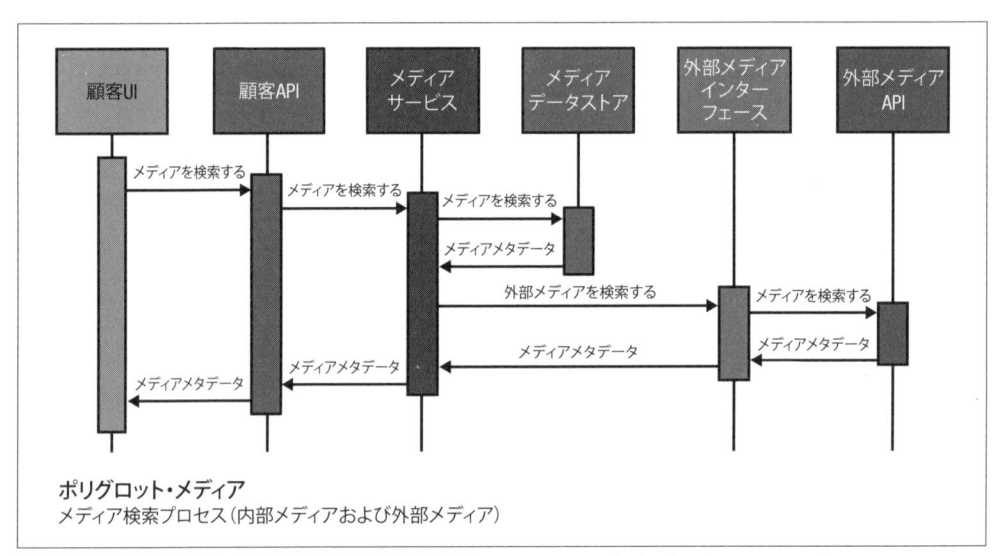

図2-1　7色のシーケンス図（https://communicationpatternsbook.com）（日本語版のカラー図版は https://github.com/oreilly-japan/communicationpatterns-jp）

図2-1 を修正するには、まずカラーパレットを最小限にし、メッセージを伝えるのに必要な色数だけを使おう。すべてのコンポーネントに異なる色を使う必要はない。色を選ぶときには色の相性（並べて違和感がない）や明度も考慮すること。明るい色ばかり並べると受け手は目がチカチカしてしまう。

次に、選んだ色を通して受け手に何を伝えようとしているのかを考えよう。機能やタイプなどコンポーネントの属性を伝えるために、各カテゴリに対して同じ色を使うことができる。例えば、**図2-2** では、UI、データストア、API、サービスを区別するために4色を使い、凡例で色の意味を

---

†2　編集注：日本語版のカラー図版は、https://github.com/oreilly-japan/communicationpatterns-jp に掲載している。

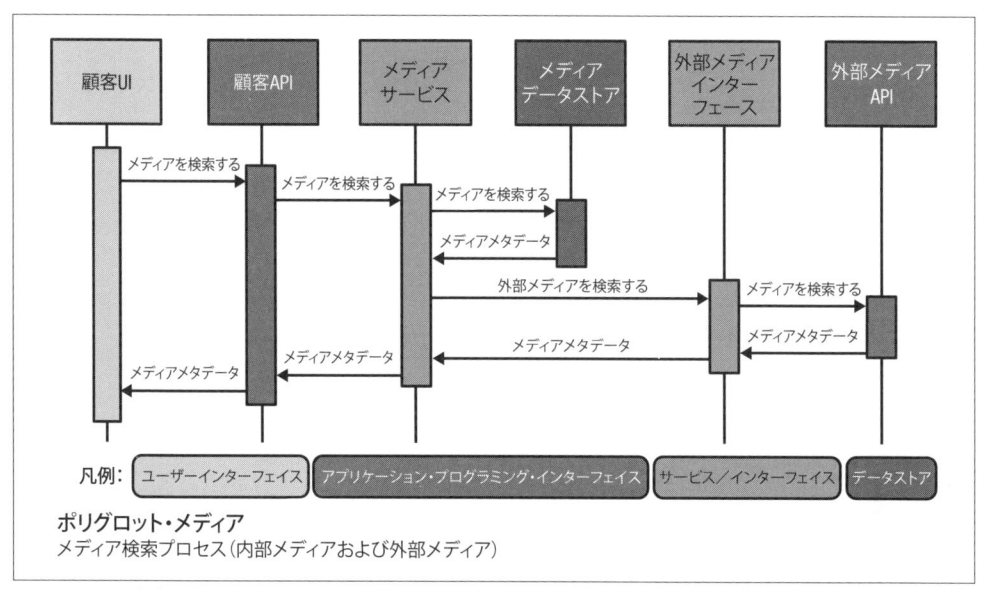

ポリグロット・メディア
メディア検索プロセス（内部メディアおよび外部メディア）

図2-2　タイプごとのグループを色で表現（https://communicationpatternsbook.com）（日本語版のカラー図版は https://github.com/oreilly-japan/communicationpatterns-jp）

伝えている。

　タイプ別に色をまとめる以外にも**図2-1**を改善する方法はあるが、色をまとめれば図のメッセージに集中できるようになる。メッセージに集中させることはコミュニケーションを成功させる鍵だ。

2.2　多重の入れ子

　箱の表記は、図内のコンポーネントの位置（概念的、論理的、物理的に…）と、コンポーネントのグループ化を伝えるために使われる。箱の数が多すぎると、多数の線が重なってしまうため受け手はどの線がどの箱のものかを読み解くのに集中力を持って行かれてしまう。箱がたくさんある図を読みやすくするためには余白を広くとる必要があり、結果として実際に伝えたいことを書く場所が少なくなってしまう。

　多重の入れ子のアンチパターンが現れてしまうのは、図の作者が異なる意味の表現に、同じ形式の区切り線を使ってしまうせいだ。作者は異なる意味を表現する他の方法を知らないか、「**いつもこうやっている」的思考**に囚われてしまっているのだろう。

余白も図の内容と同様に重要だ。目を休めて認知的負荷を軽減できるだけでなく、図の視認性が向上して読みやすくなる。

　どんな理由であれ、このアンチパターンはコミュニケーションを妨げ、時間やお金の無駄に繋がる。図が読みにくければ、受け手はうんざりして読む努力をしないか、たとえ努力してくれたとしてもメッセージは伝わらないだろう。

　どんな種類の図でもこのアンチパターンの餌食になる可能性があるが、特に状況や場所（例えば論理的な場所）を伝える静的な図が犠牲になりやすい。例えばデータフロー図やシーケンス図では線と四角が近くなりがちだが、本節の解決策を当てはめることができる。

 背景色は境界線やテキストに使用する色に比べて控えめにすること。受け手が図のすべてを明確に区別できるように、図の要素と背景のコントラストを高める必要がある。

　図2-3 はクラウドのリソース図で、仮想ネットワーク境界、ストレージアカウント、ポリシーアプリケーションなど、様々な論理構成要素を破線の四角で表している。四角とリレーションシップの間の線の種類を分けている（破線と実線）のは良いが、他にもこの図をより読みやすくする方法がある。それでは**図2-3** を改善するにはどうすればよいだろうか？

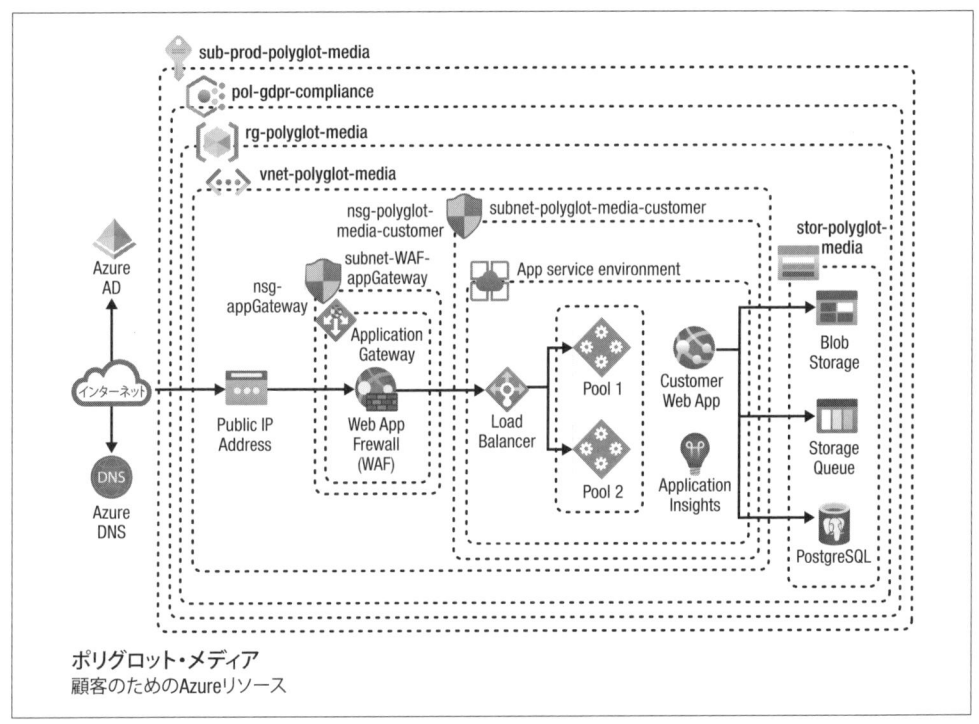

図2-3　クラウドのリソース図における多重の入れ子

図を作成する際には四角以外の記法を検討しよう[†3]。コンポーネントにラベルを付けるのはいい考えだ。四角を使用する場合は、アウトラインと背景の両方の色とパターンを使用して四角同士を区別する。不要な詳細を削除したり複数の図に分割したりするのも良いだろう。

図2-4 は**図2-3** の改善案の一例だ。

- 一部の四角はラベルを注釈に置き換え、四角の持つ意味の数を減らした。
- メッセージを伝えるために分ける必要のない四角は統合した。
- 残された四角は色とパターン（実線と陰影のある背景）を使って区別した。

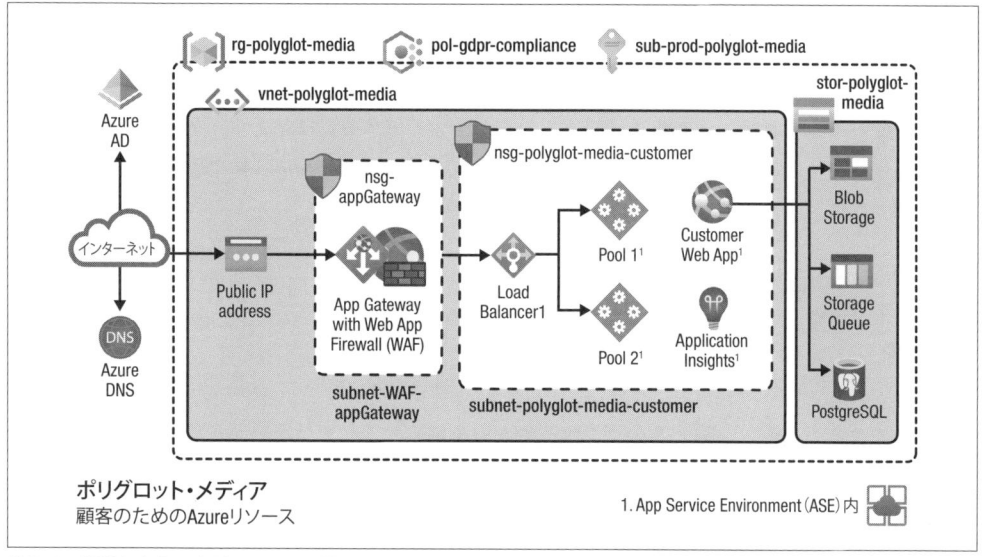

図2-4　整理したクラウドのリソース図

四角は図で意味を伝えるための一手段に過ぎず、四角の入れ子は視覚的に混乱を招きやすいことを覚えておいてほしい。そして、他の記法と合わせて余白も使いこなそう。

2.3　関係性のクモの巣

通常、図内の連携（または関連）は線で示されるが、その線のスタイルや配置を工夫すれば関連がよりわかりやすくなる。

線が交差していたり他のコンポーネントと重なっていたりすると、クモの巣のようになって混乱する。この交差に意味があるのかどうかがわからないからだ。また関連にラベルが付けられている場合でも、線が多すぎてラベルがどの線に対応しているのかが不明瞭になる。そんな図にクモが住

[†3]　四角が単独で使われているのを見ると Windows3.1 時代を思い出す。画面に表示できる色数がはるかに少なかった時代の産物だ。

んでいたら、居心地がいいだろうし、おいしい夕食を捕ることもできるだろう。

関係性のクモの巣のようなアンチパターンは、図内のコンポーネントのレイアウトや関連についてあまり考慮されていない場合によく起きる。作図アプリケーションの中には、デフォルトの矢印を使うと交差した線がわかりにくくなってしまうものもある。しかし、諺にもあるように「なんとかとハサミは使いよう」だ。デフォルトを変更するか、使用するツールを変えよう[†4]。

関連を示す図はどれでもこのアンチパターンに悩まされる可能性があるが、静的な図は動的な図よりもその可能性が高い。図の作成において多くのグッドプラクティスを促進するC4図でさえ、**関係性のクモの巣**に陥る可能性がある。

図2-5では関連が互いに交差しているだけでなくコンテナの上でも交差しているため、受け手の精神的負荷が増している。ラベルがどの関連に紐づくのかわかりづらく、一層読みにくい。

図2-6に**図2-5**の改善例を示す。矢印（関連）は直線ではなく**直角線**（斜めが直角で表現される）にした。そうすれば、より簡単に関連をわかりやすくできる。ひとまず、それぞれの関連にどのラベルが紐づくかはわかりやすくなった。さらに改善するのであれば、柄や色を使って異なるタイプの関連を区別することもできる。

関連に付けるラベルの位置は図の中で統一しよう（例えば、関連の始まりの近くや線の中央など）。ラベルを移動した方が関連やラベルがわかりやすくなるなら、このルールを無理に適用しなくてもいい。

図2-6を作成する際に、**図2-5**のコンポーネントを削除する必要はないが、ロギングサービスなどのより具体的なコンポーネントが存在する場合は別の図に移動して、そちらで関連を明確にすればよい。

図の中で2本の線が交差している場合、それが直角なのか直線なのかが曖昧になる。**ラインジャンプ**（通常、交差する線をジャンプする円弧）を使って、交差していないことを明確にしよう。**図2-6**ではラインジャンプは必要ないが**図15-2**にはラインジャンプがある。

図を書くのはタダだ、ということを覚えておこう。だからこそ、メッセージを効果的に伝えるために必要なだけ多く使用すべきだ。複数の目的を持つ1つの図よりも、それぞれが単一の目的に特化した複数の図の方がはるかに効果的である（「1.2 抽象度の混在」で説明している）。

[†4] ほとんどの図作成アプリケーションは更新されたデフォルト設定を記憶しているので、デフォルトを設定する必要があるのは一度だけだ。

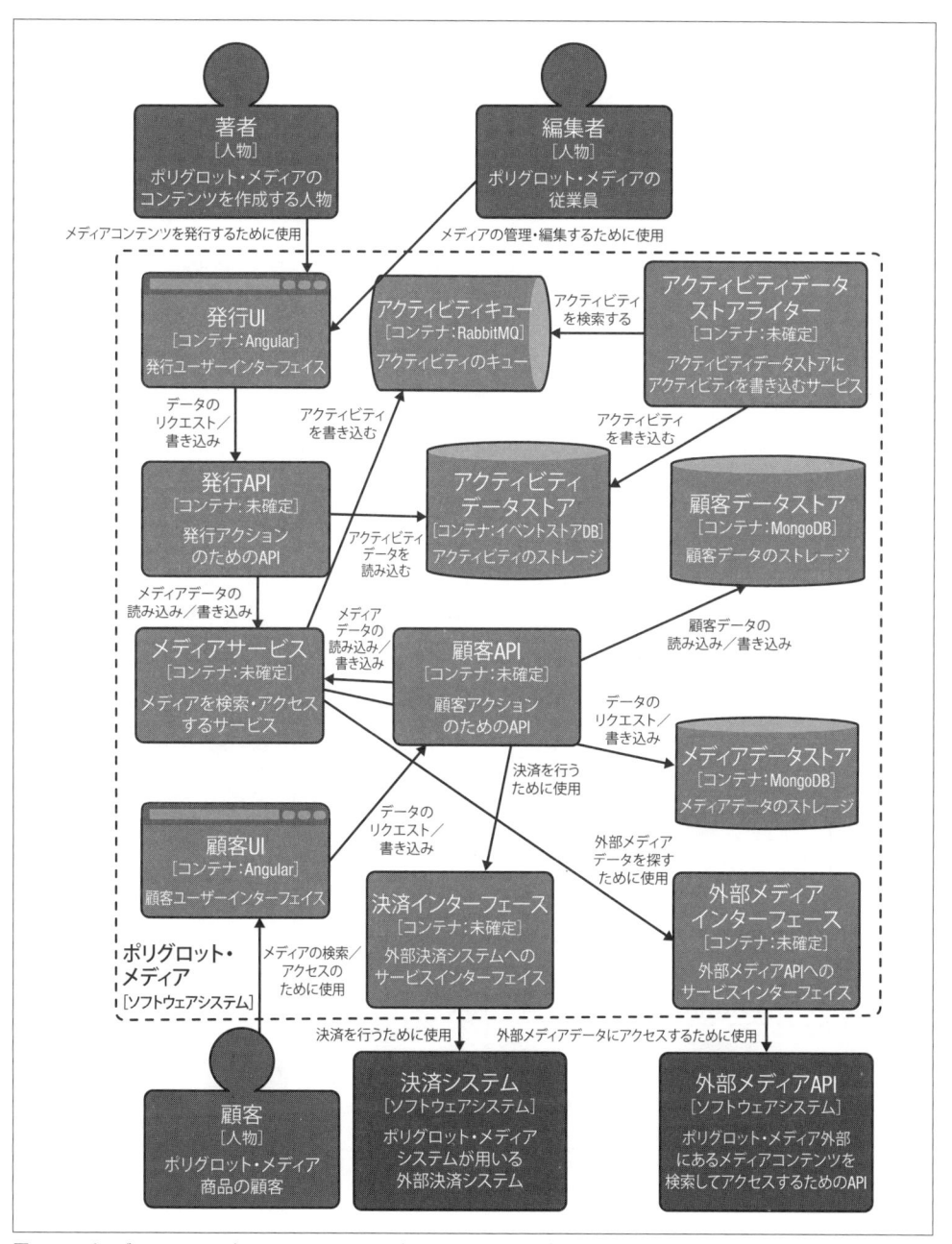

図2-5 ポリグロット・メディアのためのクモの巣 C4 コンテナ図（アンチパターン）

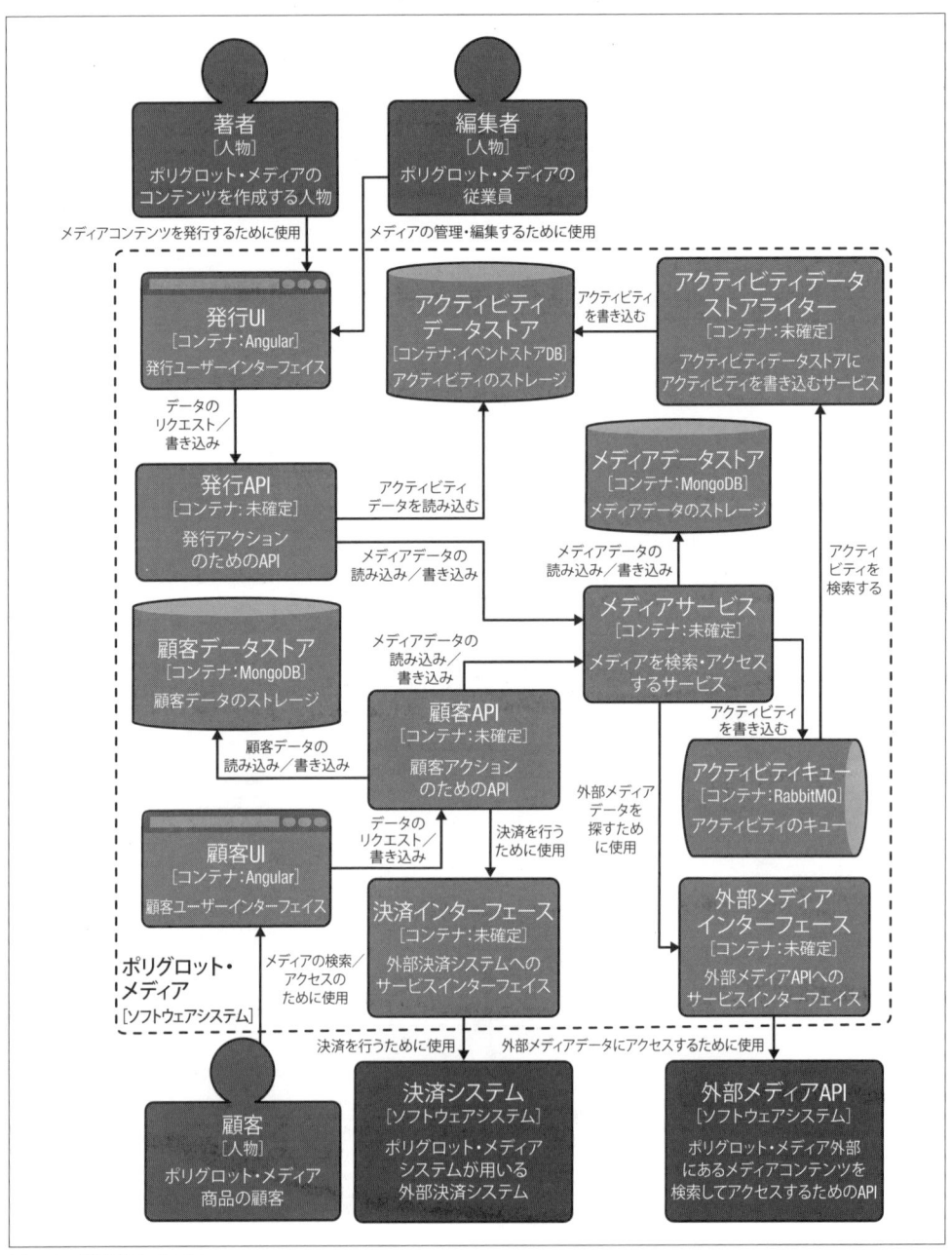

図2-6　整理後の C4 図

2.4　**テキストのバランス**

　図内の情報が多すぎると、伝えたいメッセージが曖昧になってしまう。しかし、場合によっては
メッセージを完全に伝えるために追加情報が必要なこともある。そういう時は**テキストのバラン
ス**パターンを適用しよう。メッセージを理解するのに十分な情報を提供する一方で、情報過多に
よってメッセージが見失われたり、部分的にしか理解されなかったりしないように、情報量のバラ
ンスをとるのだ。

　図に表示しなくてもよい情報は、図とは別のテキストや表形式にすべきだ。文章として書かれ
るような情報は、図中では要約するなり削除するなりして別のテキストにするのがよい。関係
性を表すデータは表形式にすることを検討しよう。

　表記法や図の種類（たとえばフロー図）によっては、情報を追加する方法 (視覚的に混乱するこ
となくテキストを追加する標準的なフォーマット) が組み込まれている。そうではない場合でも、
ノートや注釈を用いることで、メインのコンテンツを乱すことなくより多くの情報を追加できる。

　ノートを使用する場合には、（例えば、図の脇にテキストとして記載するなど）図とノートを完
全に切り離してしまわないように注意しよう。ノートが消えてしまったり、ノートなしで図を
見た場合に誤解を招く可能性があるからだ。

　図2-7 のフロー図はテキストが多すぎる。図の左下のサブタイトルで記載した「顧客」という単
語が図中の箱の中で不必要に繰り返されている。
　テキストの一部はフローチャートに収まりきってすらいない。

　一般論として、図に、注釈やノートなどの追加情報を加える場合には、既存の慣例に従った方
がよい。例外はあるものの、馴染みのあるいつものアプローチを使った方が受け手は理解しや
すい。

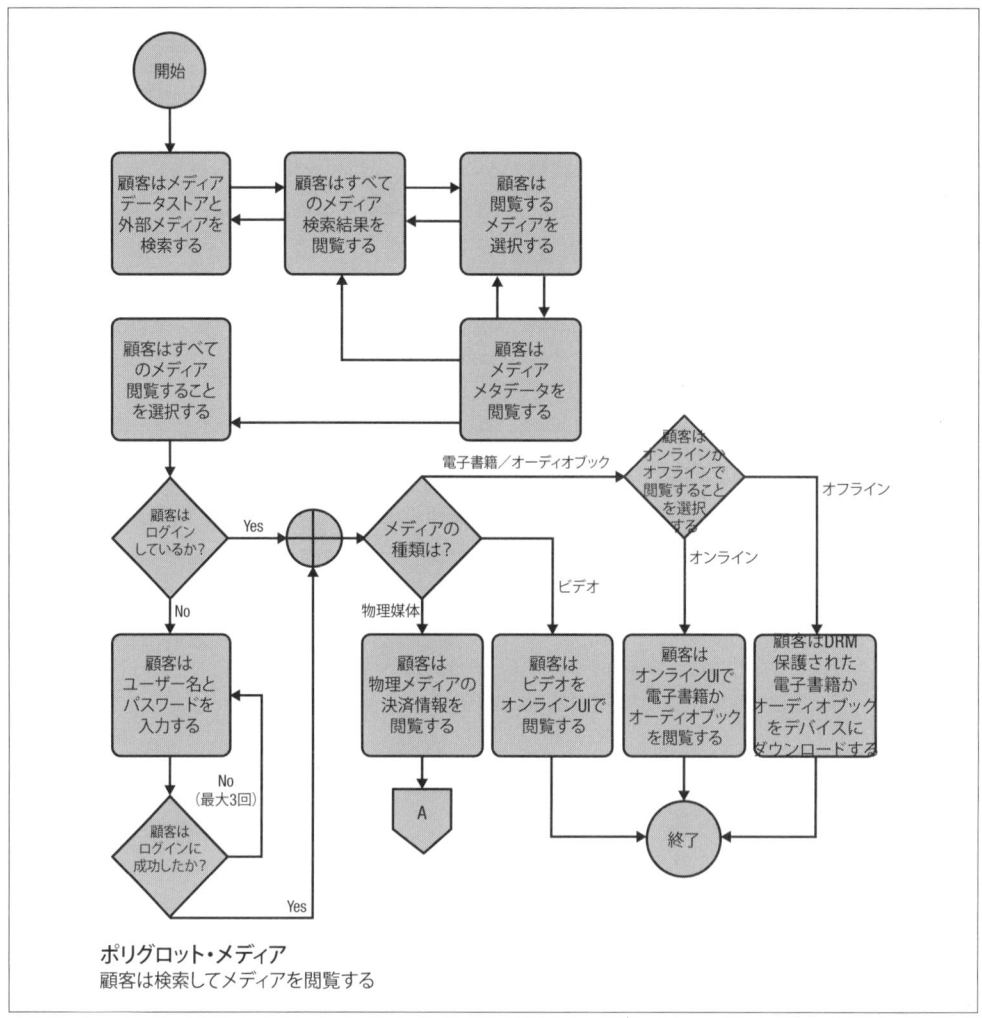

図2-7　テキストが多すぎるフロー図（アンチパターン）

　図2-8 に、このパターンの適用例と図にテキストを追加する方法を2つ示す（通常は1つで十分だがここでは説明のため2つ示しておく）。繰り返し登場する「顧客」のような余分なテキストは完全に削除するか短くする。必要な情報は、フローチャートの注釈（「モードを選択する」の説明）と4つの番号付きノート（図上部の番号付きの参照）に入れ、主要な流れをわかりやすくした。

　繰り返し登場する「顧客」という単語は削除され、文章はより短いフレーズに変更されている。「顧客」が主語であることはタイトルと文脈から推測できる。図の構造を見れば推測できる情報は繰り返さない方が良い。

　メインの図から切り離された情報をどのように表示するかは、図の種類、メッセージ、提供する形式（プレゼンテーション、文書、その他の形式）によって異なる。

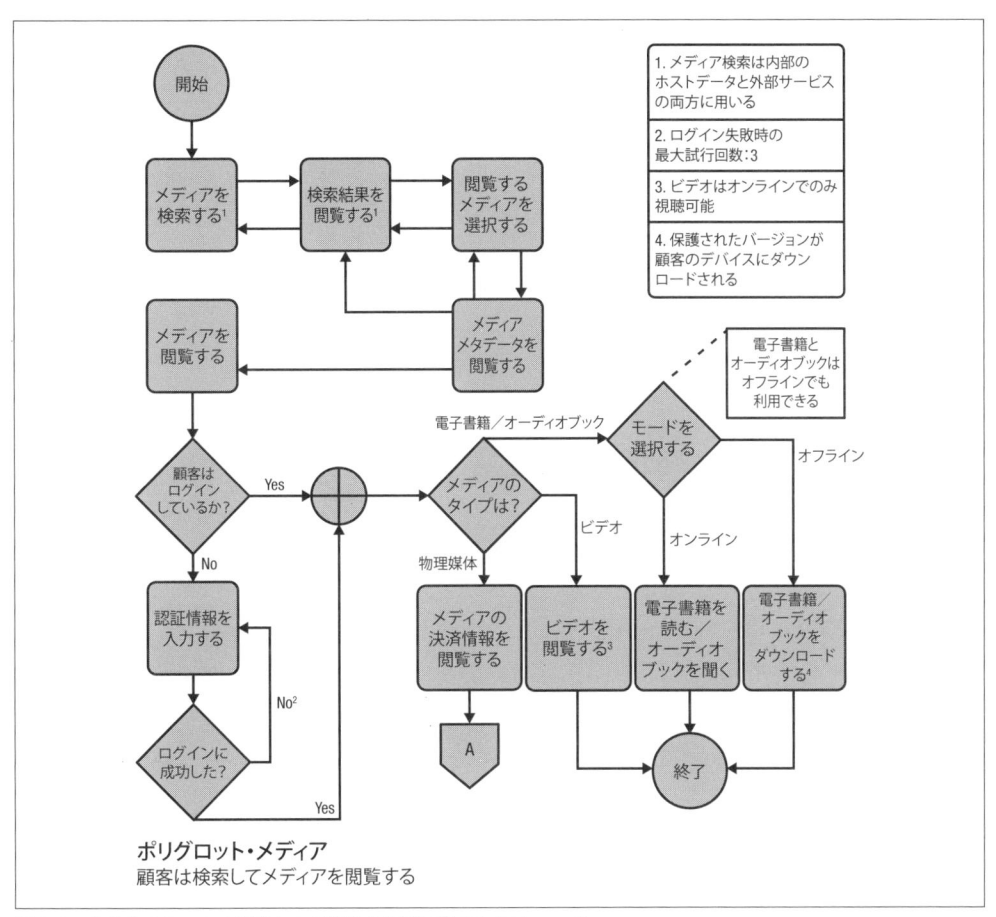

図2-8　余分なテキストを削除したり注釈や参照に移動したフロー図

　余分な情報をすべてノートや注釈に移したくなるかもしれないが、それでは問題を別の場所に移したに過ぎない。余分な情報に飲まれて受け手が苦しむことに変わりはない。メッセージを伝えるのに必要のない情報は必ず削除しよう。必要な情報であれば別の図に移そう。

2.5　まとめ

　本章を読んだあなたの図はすっきりして目的が絞られるようになっただろう。図の目的が複数になり、**スコープの肥大化**（図のスコープがどんどん広がっていくこと）に陥らないように注意しよう。スコープの肥大化が起きると、せっかくの整理が台無しになってしまう。メッセージを明確にするために、恐れずに図を複数に分割しよう。

　図を極める旅の次の目的地はアクセシビリティだ。次の章ではデフォルトや一般的な慣習を採用してしまうせいで、一部の受け手の理解が妨げられてしまうことについて説明する。本章でこれま

で学んできた図の断捨離が、アクセシビリティを向上させるプロセスの始まりであることに気づくはずだ。

3章
アクセシビリティ

多くの人は、ソフトウェアの世界でアクセシビリティという言葉を聞くと、すぐにスクリーンリーダー（目の見えない人や視力の弱い人のためのもの）を思い浮かべるが、それ以上のことは考えない。しかし、テクノロジー分野におけるアクセシビリティはそれ以上のものを含んでいる。

図を作成する際には、受け手がその図を完全に読めるかどうかを考慮する必要がある。ステークホルダーがあなたのメッセージを十分に理解できなければ、お互いに損をすることになるからだ。

アクセシビリティは、障がい（一時的であれ永続的であれ）や特別なニーズを持つ人のためだけのものではない。図や視覚表現は、受け手の知識や担当する業務、プロダクトや対象業務への習熟度などがバラバラであっても理解できるようにしなければならない。受け手の使用している画面サイズや読解にかけられる時間など、受け手環境も図のアクセスしやすさに影響を与える。

本章を読めばスクリーンリーダー以外のアクセシビリティを考慮し、より多くの人がアクセスできる図を作成できるようになる。

誰もが障がい者になる可能性がある。そこで問題になるのは周りの環境だ。目標にすべきはすべての人を平等な立場に置くことだ。

3.1　色に頼る

色だけを使って意味を表す場合（例えば、図の更新を表すために箱の色を変える）、色に依存して情報を伝えていることになる。**色に頼る**アンチパターンのもっとも典型的で一般的な形は、色だけでポジティブとネガティブを表現し、判例などの意味を示す他の手段を提供しないことだ。例えば、緑は「良い」「進め」を表し、赤は「悪い」「止まれ」を表す。信号機では、少なくとも位置を使って色の意味を示しているが、図ではこの種の手がかりさえなしに赤と緑が使われることが多い。

一方で、赤と緑だけの色を使うのはやめようという動きもある。例えば、GitHub の UI の diff では、追加された箇所は**プラス記号付き**の緑で、削除された箇所は**マイナス記号付き**の赤で表示さ

れる[†1]。しかし、他の色はそうなっておらず、図やその他の視覚表現のアクセシビリティに影響を
与えている。

イベントストーミング（共同モデリング技法）では色のついた付箋紙を使ってさまざまな要素
を表現する。また、要素間の違いが誰にでもわかるように付箋の形も異なる。

　色の見え方が誰でも同じとは限らない。全人口の 4.5％が何らかの色盲（色覚異常）を持ってい
る。色盲は女性（200 人に 1 人）よりも男性（12 人に 1 人）に多く見られる。（残念なことに）技
術業界は依然として男性社会なので、受け手の 4.5％以上が視覚表現に含まれる 2 色以上の色の違
いを知覚できない可能性が高いのだ。

　色覚異常の他に、コントラストが低いと見えにくい人もいる。また、羞明（しゅうめい）、円錐角膜、緑内障
など、図を見る人の視力や色彩に影響を与える疾患もある[†2]。色だけではなく、コントラストも考
慮する必要がある。

コントラスト

　すべての受け手が図の内容を簡単に認識できる必要がある。テキストだけではなく、矢印、
アイコン、パターンにも十分なコントラストが必要だ。

　コントラスト比を求めれば、前景と背景の色の輝度の差がわかる。例えば、白い背景上の純
粋な赤（16 進数値#FF0000）のコントラスト比は 1:4 だ。この比率は、前景色と背景色が入
れ替わっても変わらない。必要な比率は、テキスト、アイコン、パターンなどのサイズによっ
て変わる（小さいほど比率が高くなる）。WhoCanUse（https://www.whocanuse.com）は
2 色のコントラスト比をチェックするのに使えるツールの一つだ。

　ウェブ・コンテンツ・アクセシビリティ・ガイドライン（WCAG）は、障がい者がデジタル
コンテンツにアクセスできるようにするためのベストプラクティスと要件を基準とともに提供
している。詳細については、WCAG のウェブサイト（https://wcag.com）および WebAIM
（https://oreil.ly/9agAc）を参照してほしい。

　フォーマットも色の見え方に影響を与える。受け手が使っているモニターやプロジェクターの
キャリブレーション[†3]は、図が作成されたモニターとはまったく違うかもしれない。同じような

[†1]　diff とは元のファイルと更新されたファイルまたはファイルのリストの差分を視覚化したものだ。
[†2]　羞明は光に対する不耐症である。円錐角膜は角膜の障がいである。緑内障は視神経に起こる障がいで、通常は眼内の房水の
　　　蓄積が原因である。
[†3]　訳注：「キャリブレーション（calibration）」とは、機器やシステムが正確な結果を得られるように基準に合わせて調整する
　　　こと。特に、測定機器やセンサーなどが正確な値を出すために、あらかじめ定められた標準や基準に対して調整されるプロ
　　　セスを意味する。

色でも環境が異なれば、見えづらくなったりまったく見分けがつかなくなったりすることがある。例えば、受け手には緑色が黄色に見えるのに、「緑色」のコンポーネントについて言及されると受け手は混乱するだろう。

図を複数の媒体（例えば Wiki/ウェブページやプロジェクターを使ったプレゼンテーション）で使用する場合には使用するカラーパレットを分けることを考えよう。背景色がメディア間で異なる場合（例えば、ウェブページでは白、スライドでは黒）には特にそうだ。受け手がどのように色を認識するか、また背景色のせいで要素やラベルのコントラスト比がどのように変わるかを考慮しよう。

図や視覚表現は文書（紙、パンフレットなど）や本などは印刷され、グレースケールになる可能性がある（特に本はその可能性が高い）。グレースケールではすべての色が失われ、彩度（明暗）だけが残る。この場合、図のすべての色が同じ色合いのグレーに見える可能性がある。

　色の区別がつかなければ、そこに込められた意味も失われてしまう。凡例を書いても受け手が色を見分けられなければ意味がない。図がカラーであろうとグレースケールであろうと、色で構成要素を特定して話すと、受け手の一部はどの構成要素を指しているのか見分けられない可能性が高い。見栄えをよくしたからと言って、受け手にメッセージがうまく伝わると思わないこと。

　色に頼るアンチパターンを避け、受け手に色以外の手がかりを与えるにはいくつか選択肢がある。一つは模様を使う方法だ。**図3-1** に示すような適度にコントラストのある模様を使うことで、グレースケールでは似たような色に見える場合や色覚異常の人が読む場合でも簡単に区別できる。これは、図のカラーパレットを変えることができない場合に有効なテクニックだ。

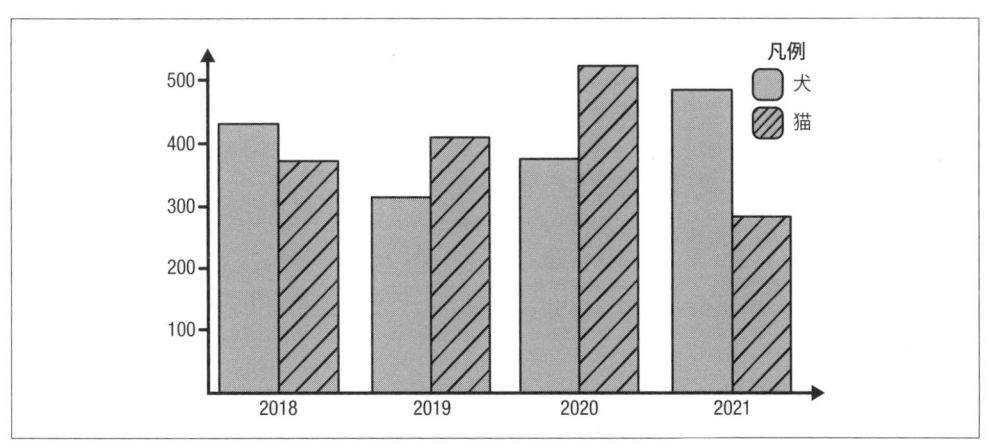

図3-1　グレースケールでも模様があれば 2 色を区別できる

　話す時でも書く時でも、「図の赤い箱は…」のように、色だけを基準にして図の構成要素に言及するのはやめよう。模様を使えば解決できる。「破線の枠で囲まれた赤い箱は…を示しています。」

コンポーネントや色を区別するためのもう一つの便利な方法は、シンボルを使うことだ。シンボルは単独でも使えるし、色と一緒に使えばさらにメッセージを明確にできる。例えば、赤、黄、緑をステータスに使う場合、緑には＋（プラス）を、赤には−（マイナス）をつけると良いだろう。

 色や記号を図で使用する前に、特に文化的背景における色や記号の意味を考えよう。意図するメッセージが正しく伝わり、混乱や不快感を与えないようにしよう。

アクセシブルなカラーパレットを作成するのもいいだろう。カラーパレットがアクセシブルかどうかをチェックするには、ツールを使うのが一番簡単だ。インターネットブラウザの拡張機能としてインストールできるものもあり、特にウェブサイトのパレットをチェックするのに便利だ。

色覚障がいのためのデザインツール

アクセシブルなカラーパレットを作成するのに役立つお勧めのツールをいくつか紹介しよう。

- Color Oracle（https://colororacle.org）は Windows、Mac、Linux 用の無料アプリケーションで、4 種類の色覚異常（グレースケール／単色症を含む）を再現できる。
- Coblis（https://oreil.ly/SFkO2）は、画像をアップロードして 8 種類の色覚異常を再現できる無料のオンラインツールだ。
- Sim Daltonism（https://oreil.ly/3l4Iy）は、8 種類の色覚異常を再現できる。Mac ではウィンドウをドラッグしてサイズ変更できるため、Mac や iPhone ユーザーの場合は Color Oracle よりもこちらの方がよいだろう。
- Chromatic Vision Simulator（https://oreil.ly/UCeqZ）は Android と iOS 用の無料アプリケーションで、ウェブ版もある。携帯電話のカメラ（または保存された写真や画像）を使って、最大 3 種類の色覚異常をライブで再現できる。
- Viz Palette（https://oreil.ly/j_H8U）は、データやその他のビジュアライゼーション用のカラーパレットを選択するための無料ツールだ。混同しやすい色を強調するカラーレポートを作成し、JavaScript のコピー＆ペーストに最適化されている。

図3-2 は無料の図描画アプリケーションである draw.io（https://drawio.com）の標準色の一部だ。本書を紙で読んでいる人には、**図3-2** の要素はグレースケールで同じ色合いに見える。デジタル版を読んでいる人にとってはすべてパステル調で明度はほとんど同じである。これはカラーパレットでアクセシビリティが考慮されていない証拠だ。draw.io にはいくつかのパレットがあり、自分で色を選択することができる。デフォルトのパレットがアクセシビリティが考慮されていると思い込んでしまうと、一部の読者を排除することになりかねない。

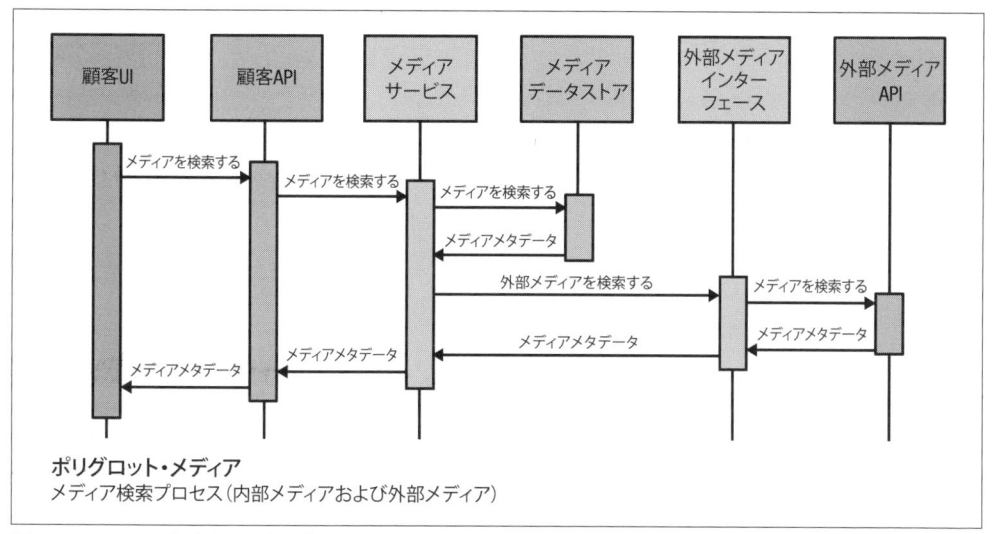

図3-2　draw.io の標準色の一部を使ったフロー図（https://communicationpatternsbook.com）（日本語版のカラー図版は https://github.com/oreilly-japan/communicationpatterns-jp）

図3-3 は**図3-2** を緑色覚異常（緑を知覚できない色覚異常の一種）を持つ人からの見え方を再現したものだ。元の図には 4 色あるが、**図3-3** では（少なくともよく見ないと）3 色しかないように見える。**図3-3** の顧客 UI と顧客 API の色はほとんど同じに見える。

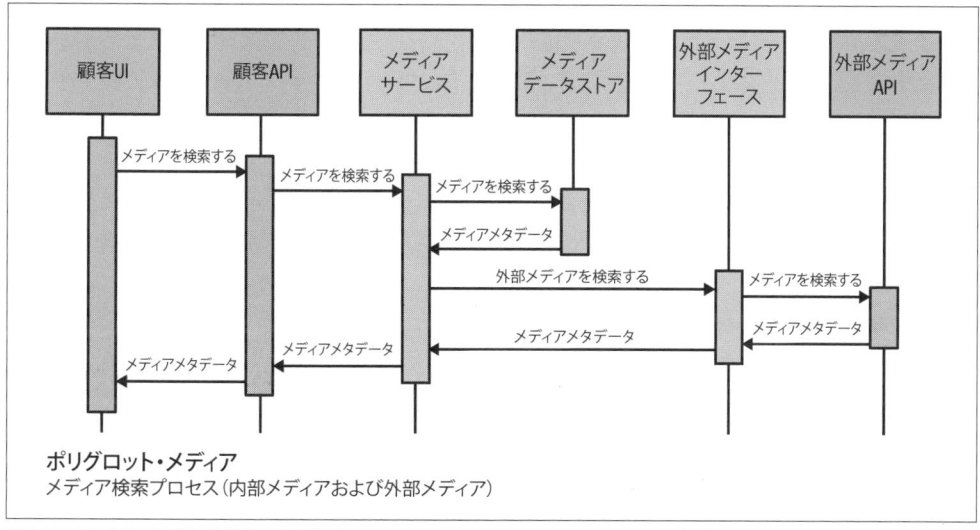

図3-3　図 3-2 の緑色覚異常の再現（https://communicationpatternsbook.com）（日本語版のカラー図版は https://github.com/oreilly-japan/communicationpatterns-jp）

カラーパレットを検討する際には再現ツールで確認するだけではなく、彩度の異なる色を含める

ようにしよう。色と色の間のコントラストを高めれば、高いコントラストを必要とする人や色盲の人にも見やすくなる。

　図描画アプリケーションのパレットや企業のカラースキームが、グレースケールや色覚異常に対応できていると信用してはならない。デザイナーや企業（特に予算が潤沢な大企業）が、公式パレットやアプリのデフォルトカラーに選ぶ色はアクセシビリティを考慮していてほしいものだが、実際はそうでもない。企業のカラーパレットやよく使う図描画アプリのデフォルトカラーを色覚異常再現ツールを使ってテストしてみよう。良いことでも悪いことでも、発見したことは必ずフィードバックしよう！

 **代替テキスト**（alt テキスト）は、画像や図についてテキストで説明する。特にパブリックなコンテンツ（ユーザー向けのドキュメントなど）では、図やその他の視覚表現の代替テキストを慎重に作成する必要がある。

　特に色覚異常や障がいのある人に図のフィードバックを依頼し、そのフィードバックを図や視覚表現に反映させよう。

3.2　凡例を含める

　図に凡例を含めることは、コミュニケーションを成功に導く貴重なテクニックだ。凡例を含めないことは、受け手が特定の知識（表記法の完全な理解、図内のすべての用語や頭字語[†4]の知識、図に含まれるすべてのシンボルやアイコンの知識など）を持っていることを前提としてしまう。受け手がこのような知識を持っていることを期待し、図のメッセージがうまく伝わらなくなってしまうリスクを冒すのは避けよう。

　ただし、これはバランスの問題だ。すべての人を常に満足させられないのは当たり前である。しかし、必要な人のためにガイドを入れつつ、そうではない人の邪魔をしないことはできる。このバランスがコミュニケーションを成功させる鍵だ。スロープと階段を凡例に例えて考えてみよう（**図3-4** 参照）。スロープが必要な人はスロープを使えば良いし、そうではない人は階段を選べば良い。

　凡例は常に必要というわけではないし、時には凡例を入れることで**散らかり放題**のアンチパターンに陥ってしまうこともある。凡例は、図のメッセージを明確にするためにある。散らからないようにするためには、凡例をリンクにすることでスペースが節約できる。例えば、ウェブページでは凡例の表示／非表示を切り替えられる（**図3-5** 参照）。ただし、リンクはわかりやすくしておこう。また、ページの上部に複数の図用の凡例を置いておいてもいい。

---

†4　訳注：「頭字語（acronym）」とは、複数の単語の頭文字を組み合わせて作られた略語を指す。例えば、"NASA"（National Aeronautics and Space Administration）は「国立航空宇宙局」の頭文字を取った頭字語だ。

図3-4　スロープを使いたい人にはスロープを、階段を使いたい人には階段を

凡例の代わりにラベルを使った方が簡単なケースもある。チャートやグラフでは列や線のラベルを読む方が、凡例を参照するよりもずっと簡単なことが多い。

　図3-6 のような凡例は、UML を読む受け手にとって特に役に立つ。UML 記法を知らなかったり、細かいことをすべて覚えていなかったりする人の方が多いからだ。このような網羅的な凡例はスペースを取りすぎるため、説明する図に関連する部分のみを示した部分的な凡例を含めるか、前述のように凡例へのリンクを含めるとよい（**図3-5** 参照）。

伝えたいことははっきり書いた方がいい。ほとんどの図は凡例があった方が便利だ。もし凡例を書かないのであれば、十分な理由が必要だ（例えば、非常に単純な図や表の場合はラベルの方が良い）。

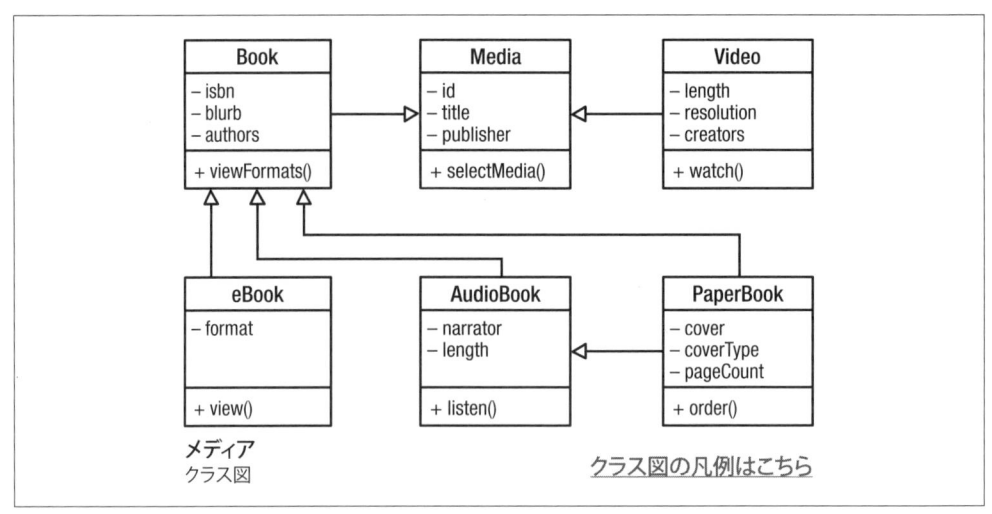

図3-5 ウェブページや文書に凡例へのリンクを含める

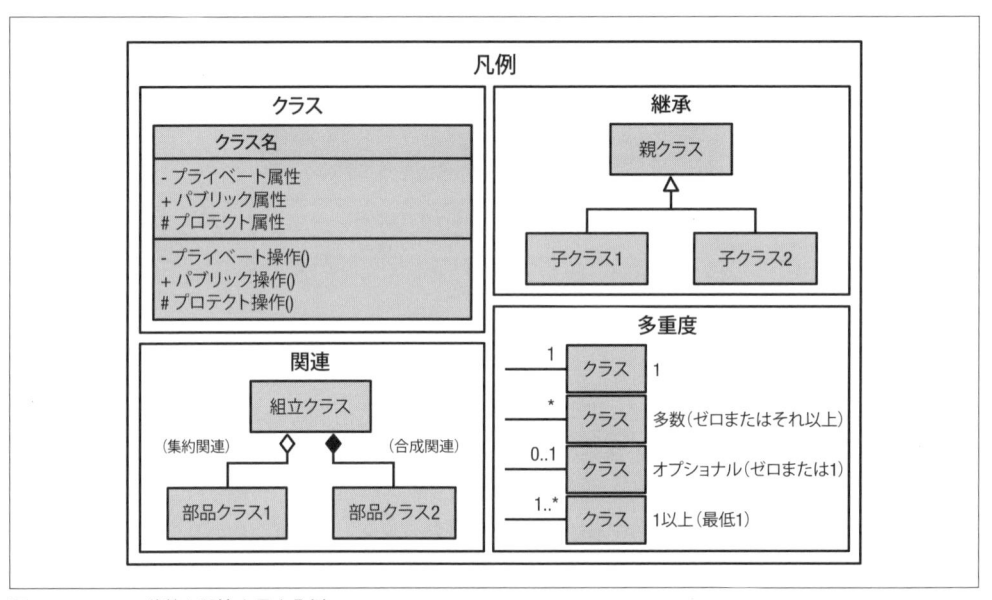

図3-6 UML の独特な記法を示す凡例

3.3 適切なラベル付け

図を作成を作成する際には、書かれていることと同じくらい、書かれていないことが重要であることを忘れないように。油断すると情報の過不足が発生したり、まったく間違った情報が混ざったりしてしまう。**適切なラベル付け**パターンとは、テキストとラベルを使ってメッセージを明確に伝えるようにすることだ。

テキストの内容だけではなく、どこに配置するかも考慮すべきだ。ラベルを貼る構成要素や関連の近くにテキスト配置しながら、余白も利用して構成要素とテキストのバランスをとろう。図のメッセージが明らかになるように、内容と配置に留意しよう。

興味深いことに、コーダーはコードを書く際に命名と構造化を深く考えて、**コメント**（プログラムの一部ではない説明文）を可能な限り不要にするように努めることがある。一方、図はメッセージをわかりやすく伝えることが重要で、そのために構成（配置）やコンポーネントの選択、ラベルやその他のテキストに気を配る。コードとは異なり図の主な目的はコミュニケーションなので、メッセージを十分に伝えるために、（コードにおけるコメントのように）説明を含める場合が少なくない[5]。

図を作成する技術には、伝える必要のある情報をすべて含めることと、わかりやすくすることという相反する要素のバランスをとることが含まれる。

---

[5] さらにそれはコードの主な目的ではない。もっとも優れたコードは意図が伝わりやすい。

　図3-7はラベルや説明文が不十分なC4コンテキスト図だ。この図を見れば、意味を理解するのに十分な情報が与えられていない図を見たときの受け手の気持ちがわかる。このコンテキスト図には、十分なコンテキストが示されていないのだ！

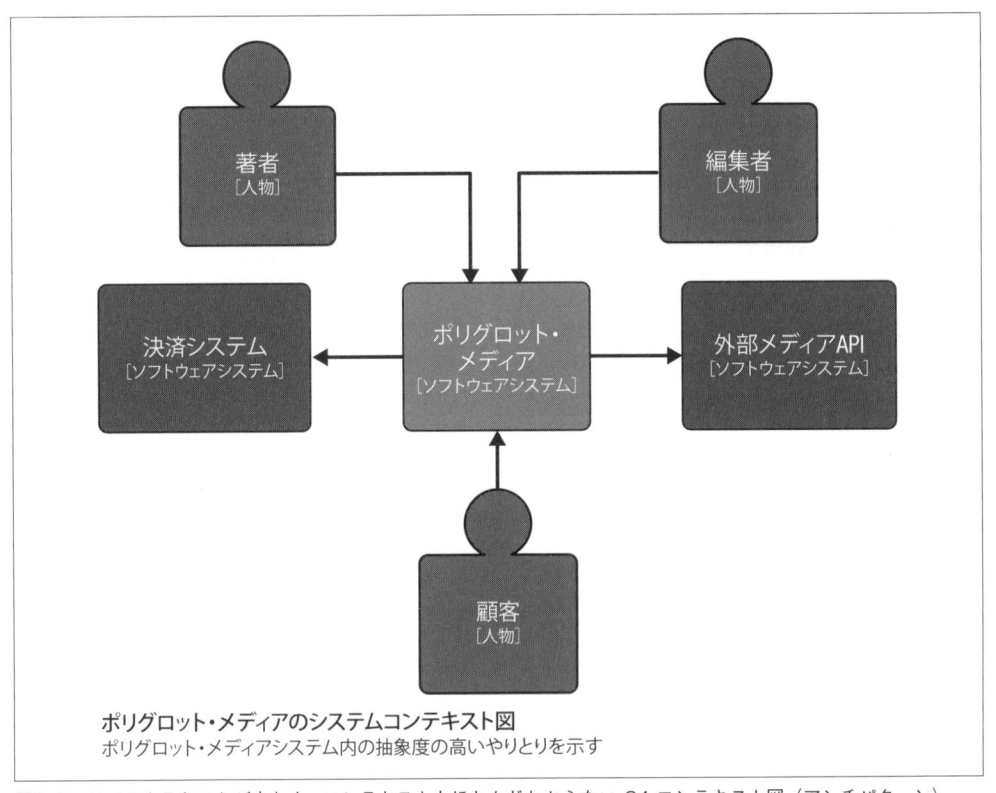

図3-7　ラベルやテキストが少なく、コンテキストもほとんどわからないC4コンテキスト図（アンチパターン）

　図3-8は図のコンポーネントに説明テキストを、関係に説明ラベルを追加したものだ。情報が多すぎたりラベルの配置が悪かったりする点を改善し、メッセージを混乱させることなく、図示したシステムのコンテキストをうまく伝えることができるようになった。

　どのような図でも、各コンポーネント（システム、人など）が何であるか、何をしているか、どんな関係かを明確に記述することが重要だ。記述するための方法やどこまで細かく記述するかは、どんな受け手に対して図で何を伝えたいのかに応じて変わる。

　図のフォントを選ぶ際には、できるだけ多くの受け手が読みやすいものにしよう。大きさは12pt以上にすること。Atkinson Hyperlegible（https://oreil.ly/2n9se）は、弱視の読者が読みやすいようにアメリカ点字協会がデザインしたフリーフォントだ。

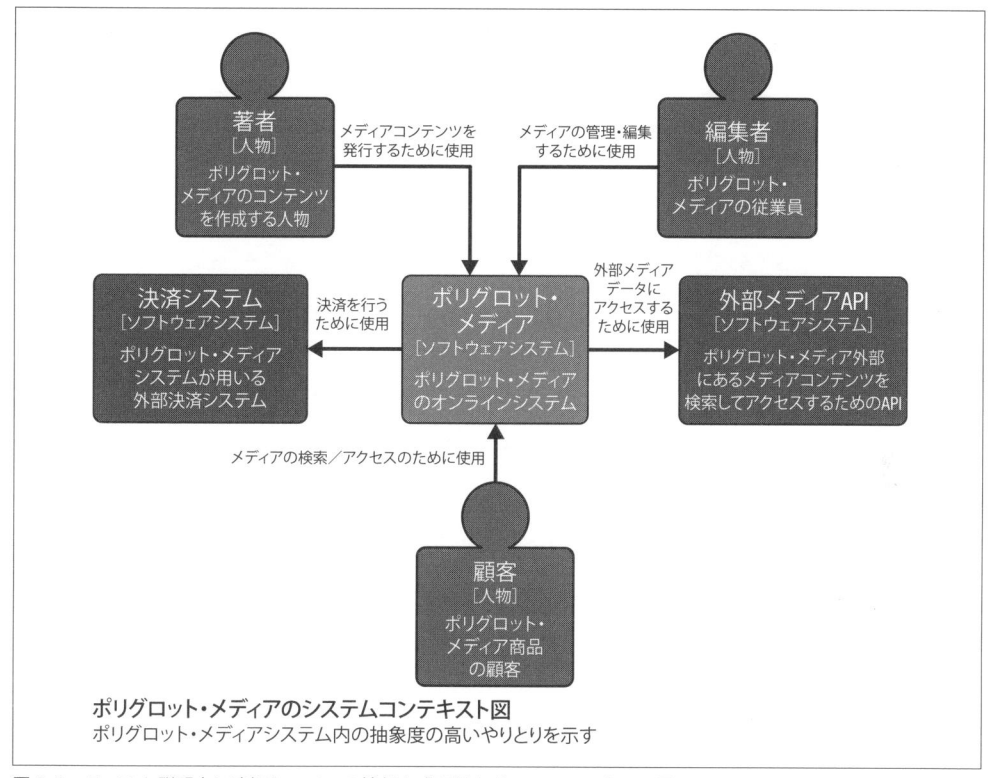

ポリグロット・メディアのシステムコンテキスト図
ポリグロット・メディアシステム内の抽象度の高いやりとりを示す

図3-8　ラベルと説明文に適切なレベルの情報を盛り込んだ C4 コンテキスト図

　図でテキストが不足していたり、テキストが多すぎたり、テキストやラベルの位置がずれていたりすると、受け手は理解に苦労する。図を理解するために受け手に苦労をかけるようではいけない。

3.4　まとめ

　単に読み上げソフトがあればいいというわけではないのだ！ アクセシビリティに関しては考慮すべきことがたくさんあり、常にうまくいくとは限らない。図をよりアクセシブルにするために行うささいなことの一つ一つが、想像以上に大きな違いを生み出すのだ。アクセシビリティが考慮されていない図を読むのは想像よりはるかに大変で、常日頃からそうしなければならない人にとっては特に重い負担になる。障がいやその他の症状を持つ人々にとって、このような負担が軽減されて配慮を感じられることは安心につながる。

　次の章ではナラティブを取り上げ、ナラティブによって図のアクセシビリティをさらに向上させる方法について紹介する。

4章
ナラティブ

食事、住まい、仲間に次いで、物語は私たちが生きるうえで欠かせないものだ。
—— フィリップ・プルマン

ナラティブと聞くと英文学の授業を思い出すかもしれないが、ナラティブは社会的な絆、問題解決、娯楽など、文学以外にも多くの手段として機能している。人間というものは物語で成長するのだ。

第Ⅰ部の他の章では、コミュニケーションを成功させるために受け手に**何を**見せるかについて詳しく説明している。それに対して本章は、受け手への**伝え方**を扱っている。本章を読めば、あなたのメッセージを伝えるためにストーリーを活用できるようになる。

4.1　まずは概要から

レゴの箱を見ても中にどんなブロックが入っているかはわからない。描かれているのはわくわくするような完成品で、それが本物そっくりの海賊の入り江に置かれ、そこには断崖やサメが登場するのだ。
—— グレガー・ホーペ、『The Software Architect Elevator』

図は単独で存在するものではなく、ナラティブの一部である。そして**まずは概要から**パターンは、そのナラティブを秩序立てるのに役立つ。ほとんどの図はナラティブの始まりではなく、設計の詳細を説明している。

たとえ受け手の興味が細部に向いていたとしても、最初にそこを見せるべきではない。受け手はまず文脈を理解し、あなたのナラティブに引き込まれる必要がある。全体像がわからないまま詳細を見せられても混乱するし、退屈してしまう。「1.2　抽象度の混在」で説明した抽象度は、意味が通るように順序よく並べる必要がある。自分がプロジェクトの詳細を深く掘り下げているとき、受け手に対しまず文脈を示し、目的を説明すべきということを忘れがちだ。

オンラインでメディアを利用する顧客に関するプレゼンテーションや文書を作成しているとしよう。**図4-1**と**図4-2**のどちらから始めるだろうか？

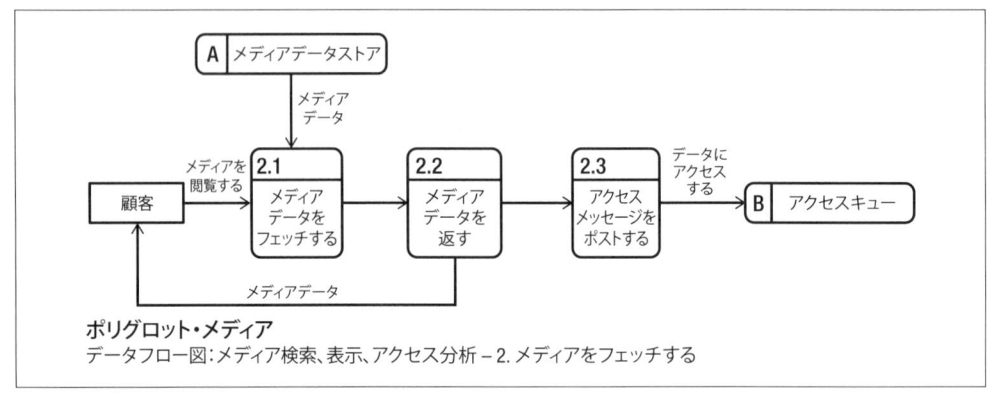

図4-1　データフロー図 — レベル2

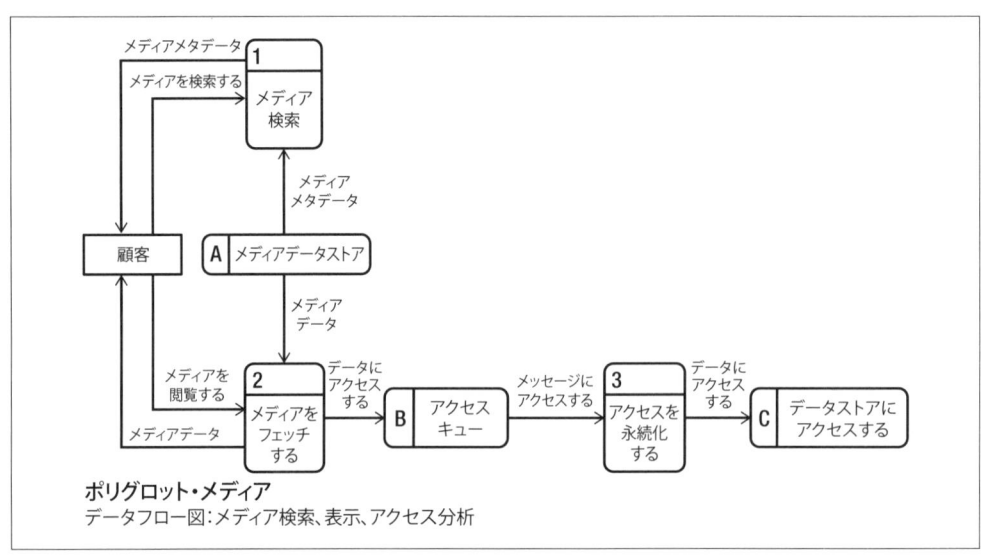

図4-2　データフロー図 — レベル1

　図4-1 はメディアを利用する際の詳細なプロセスを示している。最終的にはこのくらい詳細に考えたいが、文書やプレゼンテーションの始めに置くものではない。

　レベル2のデータフロー図に進む前に、**図4-2** のようなレベル1のデータフロー図を示す必要がある[†1]。

---

†1　こうした抽象度の考え方については、「1.2　抽象度の混在」の**図1-10**、**図1-11**、**図1-12** を参照。

データフロー図

データフロー図のレベル1は、レベル0に続く2番目の抽象度であり、きわめて抽象的なシステムの全体像を示したり、外部システムとのフローを示したりする（C4コンテキスト図に似たビューだ）。レベル1ではシステムをより詳細に表示し、重要なプロセスを分解する。レベル2はさらに詳細なビューを提供する。レベル3はデータフロー図の最も詳細なレベルだ。

レベル2とレベル3では、（1つ上のレベルの）プロセスごとに図を1つ作成する。システムの規模や複雑さによっては、4つのレベルすべてを使用する必要はないかもしれないが、システムの規模が大きかったり複雑だったりするときには、同じレベルで複数の図の作成を検討する必要がある。これは最も抽象的なレベル1でも変わらない。

レベル1から始めるのは考え方としては正しいが、文脈を提供できていない。まずは**図4-3**のような抽象的なアーキテクチャ図やコンテキスト図から始めるのがよい。また、事業の背景やプロジェクトの利点など、他の補足資料（少なくとも要約と文書やプレゼンテーションの付録の完全版へのリンク）も提供しよう。

議論のテーマや図表の背景や構成に、多くの時間を費やす必要はないかもしれない。どのくらい時間をかけて詳細化するかは受け手とその知識によって変わる。

データフロー図に移る前に、必要であればC4コンテナ図のような図について言及し、受け手に次の概念的なつながりを説明することもできる。図を通して受け手にストーリーを伝え、各抽象度で理解を深めていくのだ。

何の文脈も示さないと受け手は離れてしまい、期待する反応が得られにくくなる。図や補足資料（要件、ビジネスの背景、ビジネス上の利点など）は、全体像（グレガーのレゴの例で出てきたサメのいる海賊湾のようなもの）から始めて、ナラティブを作り出す必要がある。

すべての図をナラティブに従って並べよう。落とし穴はないだろうか？ 人前で落とし穴にはまる前に、穴を埋めておこう。

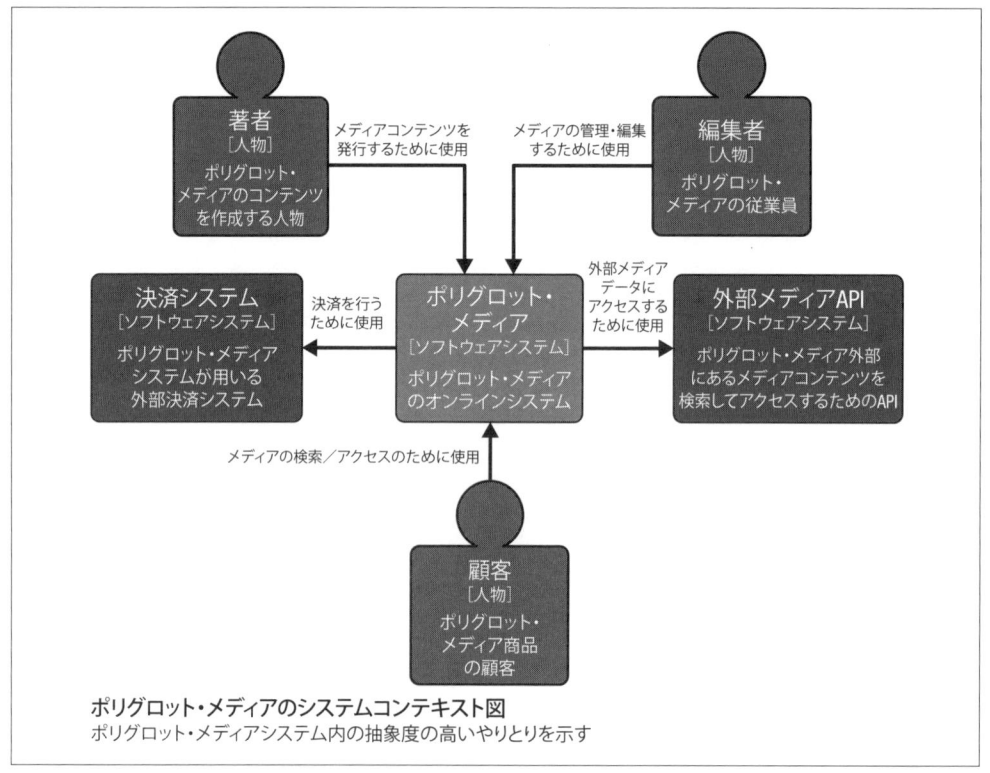

図4-3　C4 コンテキスト図

4.2　図の流れを想定通りにする

　図の流れを想定通りにするパターンを使えば、最初から最後まで受け手が読みやすい図を作成できる。多くの人は受け手がどのように図を読むかを考えずに作成してしまう。しかし、すべての図には情報の流れがあり、それが構造を伝えるものであれ、動作を伝えるものであれ、できる限り受け手の期待に沿った形で表現することが重要である。図に何を書いて何を書かないかの指針となるパターンについてはすでに説明した。それに対してこのパターンは、受け手が納得するような方法で構成要素を並べることにより物語を順序立てて説明する方法を示す。

　本を読む時、文章は左上から始まり右下（右から左へ読む言語なら右上から左下）で終わると思うだろう。では、なぜ図ではそうならないのか？ コミュニケーションを成功させるためには、あなたと受け手の間にある障壁をできる限り取り除く必要がある。

　図の流れは本ほど単純ではないが、左上かその近く、あるいは左中間に焦点や図の開始点を置くことは、左から右に読む言語を使用する人にとって他の場所から**開始する**よりもはるかに理にかなっている。受け手が図のメッセージを理解しやすくするために、上から下へ、左から右へという一般的な流れに従おう。

 特に並べ替えができない図では、受け手がどこから読み始めるべきかを示すラベルや記号を追加するのもよい。「開始」、または矢印、指差しマーク、再生ボタンなどのシンボルを検討しよう。番号ラベルを使用すれば、正しい順序で図を読むように受け手を誘導することもできる。

　図4-4 は受け手の読み方を考慮しなかったデータフロー図が迎える結末を示している。いったいどこから読み始めればいいというのだろう。通常スタート地点は左上だが、実際には右下の「顧客」ボックスの近くだ。すると流れは右から左、下から上となり、受け手の期待に反してしまう。

 物語と同じように、図には、始まり（受け手が読み始めるべき場所）、中間（適切な順序で書かれた中身）、そして終わり（受け手に導き出してほしい結論）があるべきだ。

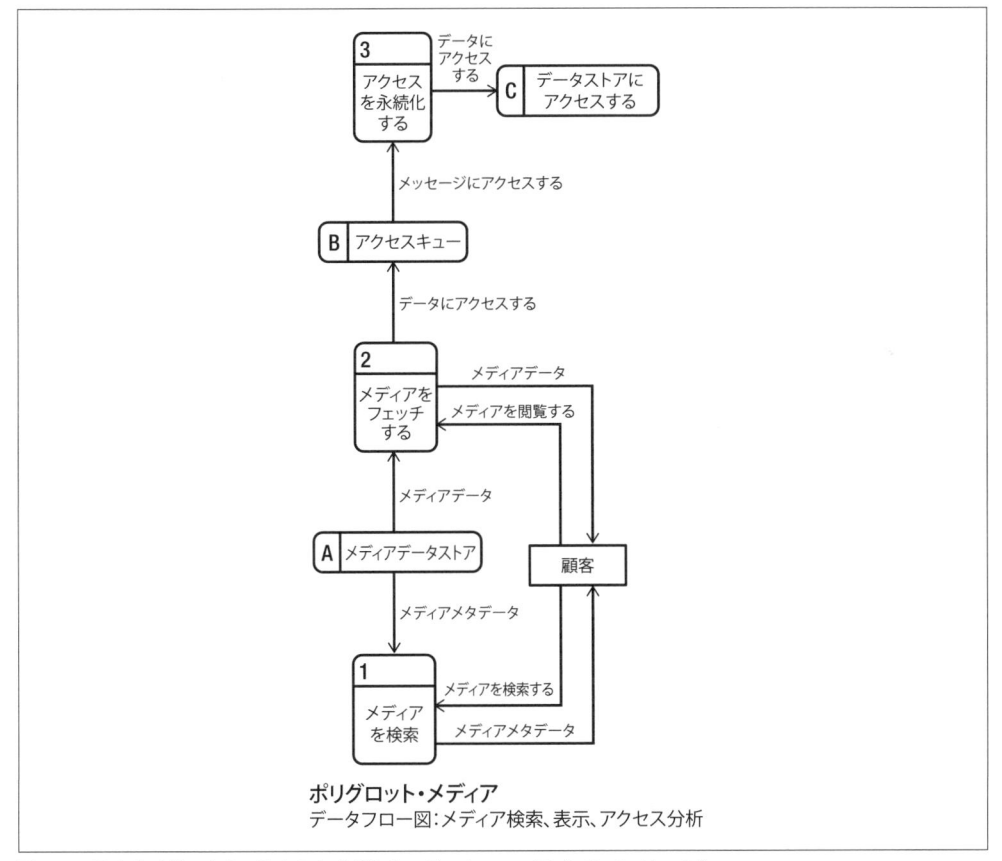

図4-4　受け手がどのように読むかを考慮しないデータフロー図（アンチパターン）

　図4-5は**図4-4**を並べ替えて、流れの方向をわかりやすくしたものだ。どれほど読みやすくなったか流れを追ってみてほしい。左側（顧客）から始まり、リクエストは左から右へ、レスポンスは右から左へ流れる。データに作用する番号付きイベントはデータベースの識別子（A〜C）と合わせて、上から下、左から右へと流れる。

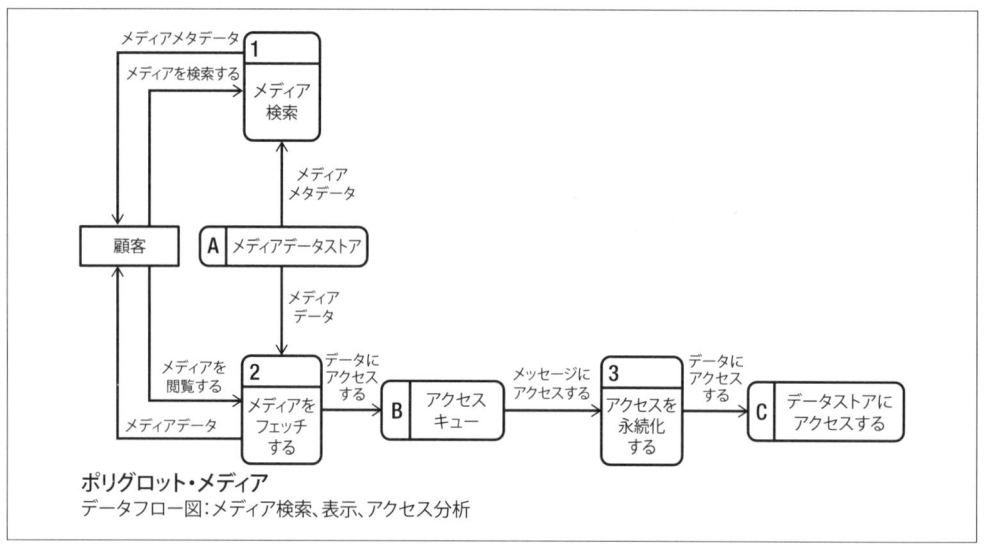

図4-5　英語と同じく左から右、上から下に流れるデータフロー図

　視覚表現の流れで考慮すべきもう1つの要素は、相互作用だ（例えば、関連を表すラベル付き矢印）。リクエストはテキストと同じ方向（英語では左から右）、レスポンスは逆の方向に流れるようにしよう。

コンポーネントからのレスポンスが必ずリクエストと反対の方向に向かうようにしよう。相互作用のタイプを視覚的に区別することで、受け手にとって図がよりわかりやすくなる。

　シーケンス図を正しい流れで書くのは簡単だ。左上から始め、リクエストは左から右へ、レスポンスは右から左へ流れるようにする。**図4-6**は、受け手の期待に応えた流れに従うシーケンス図を示している。左から右、そして右から左という流れを作るにはコンポーネントの配置が重要だ。

誰か（ラバーダック相手でもいい）に図を説明して、自分の説明が図をスムーズに流れているか、あちこち飛んでいないかを確認しよう。

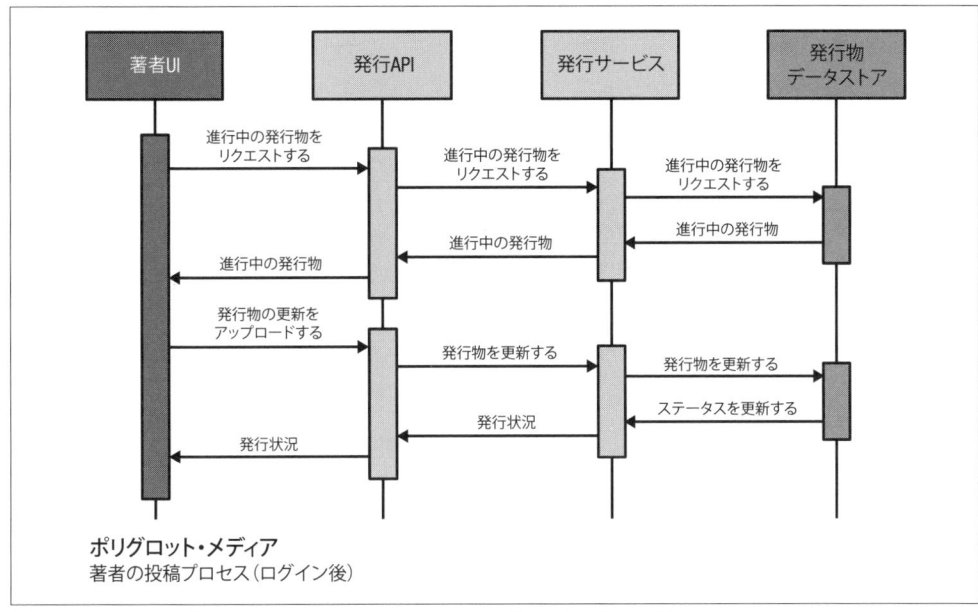

図4-6 リクエストが左から右へ、レスポンスは右から左へ流れるシーケンス図

　静的な図にも同様の情報の流れがあるはずだが、他にも気をつけるべきことがある。データベースのようなインフラを含む図を書く場合、インフラの要素は図の下部に配置し、その上にシステムやコンテナなどの要素を配置し、さらにその上にアクターやユーザーなどの要素を配置するというのが一般的な考え方だ。これは厳密なルールではないが、アンチパターンに抵触しない限りは従うべきだ。

　例えば、レイヤ化アーキテクチャを示す論理図は、左から右、上から下の流れに従うべきだが、レイヤも考慮に入れなければならない。他の静的な図と同様に、レイヤは上から下へ論理的に配置し、ユーザー向けのレイヤ（ユーザーインターフェイスやAPIレイヤなど）を最上位にする。特定のレイヤの中では、左から右に要素をレイアウトする最も論理的な方法を検討しよう。

 　ヘキサゴナルアーキテクチャでは、レイアウトの期待値が少し異なる。図を時計の文字盤のように考えてみてほしい。始めるのは左上にしよう。人の視線は自然にそこに集まるからだ。色を使ったり、文字を太く大きくしたり、線を太くしたりして、視線をスタート地点に集め、図の要素を時計回りに論理的に配置しよう。

4.3　明確な関連

　図を構成する主要な要素は2つある。それが構成要素（コンテナ、プロセスなど）と構成要素同士の関連（矢印、グループ化など）だ。どちらも図のメッセージにとって重要だが、関連性が受け手をストーリーへと導いていく。だからこそ、**明確な関連**パターンが重要なのだ。

　明確な関連がなければ、メッセージは曖昧になったり、誤って伝わったりする。その結果どうなるだろう。

- 開発者に伝えた設計が思い通りに実装されない。
- システムに加えたい変更について予算の承認が得られない。主要なステークホルダーがその変更によってどう価値が高まるかを理解していなかったからだ。

　関連は単方向（一方向）であることが望ましく、2つの構成要素を結ぶ矢印のラベルは示された方向の関係を記述すべきである。両端に矢印のある線は、同じプロセスが両方向に同時に発生する場合にのみ使用すべきだ。そして、そんなことは滅多にない。

　関連を明確にするためには模様や色を使うこともできる。例えば、矢印やボックスの点線や破線などだ[2]。そのうえで凡例も入れる必要がある[3]。

　図4-7 に示されるシーケンス図は、一方向の関連や流れを示す好例だ。**図4-8** のように、各々の一方向の関連を双方向の関連にまとめてしまうようなシーケンス図の作成は避けよう。**図4-7** と**図4-8** のラベルを比較すると、どれほど多くの情報が失われているかがわかる。関連が双方向だと、図のメッセージが不明瞭になるし、ラベルの情報が多すぎると空白が少なくなって見通しが悪くなる。

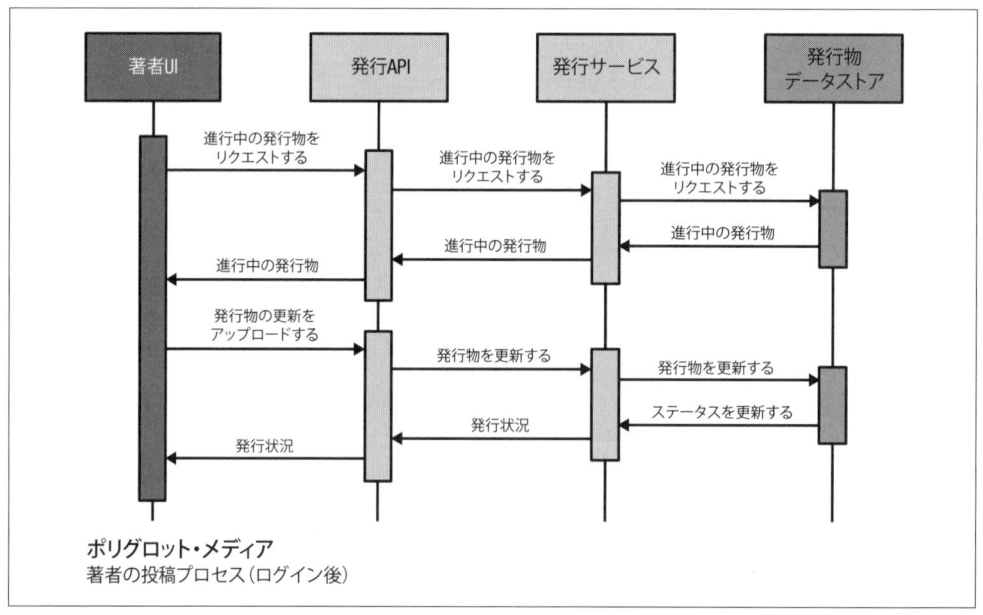

図4-7　関連が一方向のシーケンス図

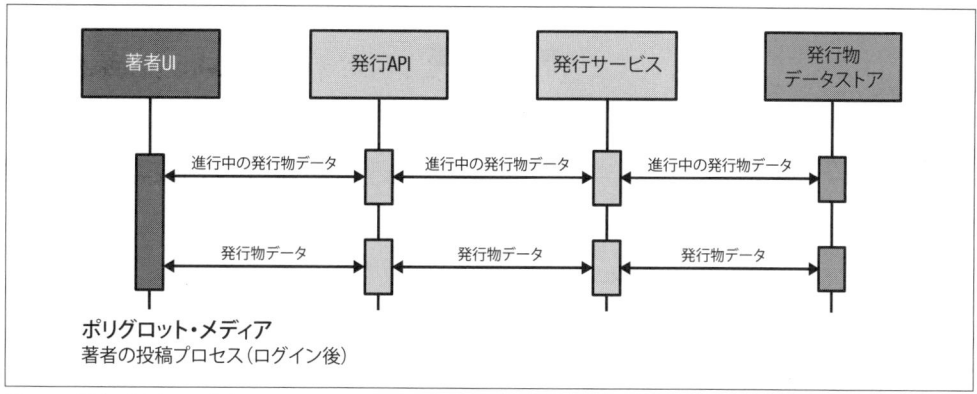

図4-8 関連が曖昧な双方向のシーケンス図（アンチパターン）

エンタープライズ・アーキテクチャのためのオープンなモデリング言語である **ArchiMate**（https://oreil.ly/AZlW0）は、様々なパターンと図形の組み合わせによって多様な関連を定義する。この表記法は、限られた紙幅で大量の情報を伝えるのに適しているが、受け手がこの表記法に慣れていなかったり、細部まで覚えていなかったりするかもしれないので、凡例が必要だ。

図4-9 は ArchiMate の関連の種類を示す凡例だ。ArchiMate 図を作成するときは必ず関連の種類（少なくとも図で使用しているもの）を示す凡例を含める必要がある。

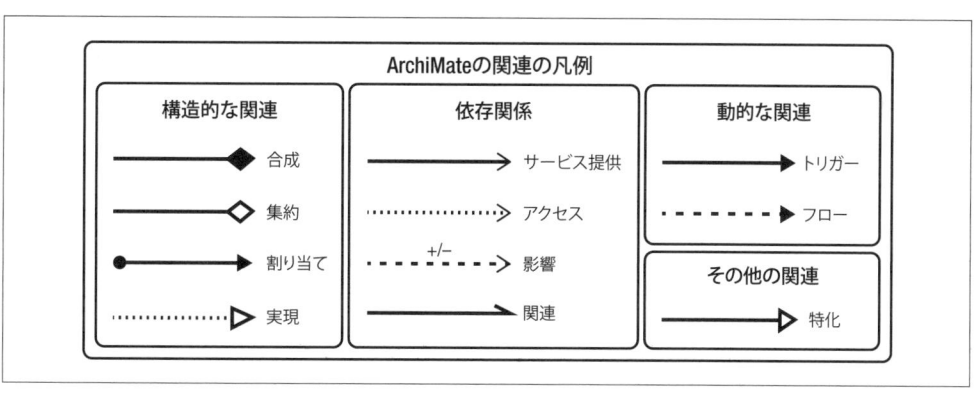

図4-9 ArchiMate の関連の凡例

ArchiMate は実に役立つ表記法だが、受け手のニーズを考えておこう。C4 のような別の表記法であれば、キーがなくてももっとシンプルにメッセージを伝えられる（ただし、キーを含めることはほとんどの場合良いアイデアだ）。表記法に関するトレードオフについては、5 章で詳しく説明する。関連が語るストーリーを受け手にとって明確で理解しやすいものにしよう。

関連の種類

　視覚表現を通して様々な種類の関連を伝えることができる。ここでは、重要な関連を 5 種紹介する。

階層

　　要素間の親子関係を表す。組織構造や分類体系を表すことが多い。例えば、組織図、家系図、分類法などがある。

シーケンシャル

　　直線的な進行や一連のステップを表現する。伝えようとしているのは従うべき順序やプロセスだ。例えば、フローチャート、タイムライン、ステップバイステップのガイドなどがある。

因果関係

　　ある要素が別の要素につながったり、影響を与えたりするといった原因と結果を表す。この種の関係はフローチャート、システム図、デシジョンツリーなどによく見られる。

比例

　　要素の相対的な大きさ、量、またはスケールを互いに比較して図示する。例えば、棒グラフ、円グラフ、ツリーマップなどがある。

位置関係

　　要素の物理的な配置や相対的な位置を示す。この種の関連は、地図、見取り図、ネットワーク図などによく見られる。

4.4　まとめ

　この章を通して、受け手の理解を深めて注意を引きつけるために、図に流れを持たせてナラティブを作り出すテクニックを学んできた。前章までのパターン・アンチパターンとともに、図を作成する際の重要なテクニックを身につけたが、まだ追加すべきものがある。

　この章では図の表記法（図を作成してメッセージを伝えるために使用する記号の体系）を紹介した。次の章では、現在使われている一般的な表記法を適用すべき場合と、そうではない場合を見分けるためのアンチパターンを紹介する。

5章
表記法

　図を作成する際には、統一モデリング言語（UML）やビジネスプロセスモデル表記法（BPMN）のような標準的な表記法を使用することもあれば、標準ではない表記法（例えば、独自の表記法や、箱と線で構成された企業標準の表記法）を使用することもある[†1]。

　どんな表記法を使っても同じだと軽く考えたり、逆に表記法の選択に時間をかけすぎたりすることがあるかもしれない。この章では、どのような表記法であれ、効果的なコミュニケーションを妨げる可能性がある状況を見極めるためのアンチパターンを紹介する。

5.1　アイコンに意味を託す

　アイコンに意味を託すは、クラウドプロバイダーのアイコンがほぼ正式な表記法になったことから生まれたアンチパターンだ。クラウド以前は、SQL Server や Java、Python といった要素技術を表すアイコンを使って図を作成することはほとんどなかったし、使うにしても必ずラベルを付けた。しかし現在、クラウドプロバイダーのドキュメントには、データストア、サーバーレス機能、PaaS（Platform-as-a-Service）などのバージョンを表すアイコンを用いた図があふれかえっている。

　クラウドプロバイダーのアイコンセットは、新しいサービスなどの理由で頻繁に更新される。さまざまなバージョンが、draw.io などの図作成アプリケーションで直接使用できる形で提供されている。将来アイコンが変更された場合の混乱を避けるため、明確なラベルを使用し、サービスのバージョンや種類を明示することが重要である。

　図で専門的なアイコンを使用すること自体は悪いことではないが、（テキストで補足せずに）アイコンだけで何かを伝えようとすると、受け手が混乱してしまうかもしれない。このアンチパターンに従った図は、クラウドプロバイダーのアイコンに関する受け手の知識を試すテストになってし

[†1]　UML（https://uml.org）は、もともと 1994 年に開発された汎用モデリング言語であり、当時のソフトウェア設計に対する多様な表記体系やアプローチを標準化する試みであった。BPMN（https://bpmn.org）は、ビジネスプロセスを定義するためのグラフィカルな表記法である。

まう。アイコンの意味を知らないと、図が伝えようとしているメッセージを理解できない。

　図にアイコンを加えようと思ったら、その目的を自問してみよう。目的が「情報を伝えるため」なら見直すべきだ。なぜなら、受け手の誰もが使われるアイコンを完璧に理解しているとは限らないからだ。ギリシア語で追加したラベルを受け手全員が読めると期待したり、頭字語を定義せずに使用したりするようなものだ[†2]。

　アイコンは、伝えたい情報を**補足する**形でのみ使用すること。またラベルを使用し、テキストも明確にするように心がけるべきである。アイコンがなくてもメッセージが理解できることが重要だ。図中にラベルなしのアイコンがあって、編集ができない（または時間がない）場合、各アイコンの意味を示す凡例を加えよう。アイコンのせいで図が複雑になり、かえってわかりにくくなってしまっていないか見直そう。

> アイコンやロゴに情報が込められていないかを確認するには、図から両者を全て取り除いてみて、ラベルや他の方法だけでメッセージが効果的に伝わるかどうかを確かめてみるといい。

　アイコンを使って情報を記号化する場合は、説明的なテキストも含める習慣をつけよう。たとえば、スコアや評価を表示する際に、星が3つ半であれば、その横に「3.5/5」と記載して情報を明確にわかりやすくできる[†3]。

　図5-1 では、アイコンと関連にラベルを付けた場合（上）と付けない場合（下）でどう変わるかを示している。インターネットトラフィックが Azure CDN に向かう理由は理解できるが、それがなぜ下にあるコンポーネントへと流れるのか、そしてそのコンポーネントが何なのかは読み取れない。実はこれは Azure Front Door だが、受け手がアイコンの意味を知っていたり、「静的でないコンテンツへの全てのリクエストがこの方法でルーティングされる」という Azure の仕様を知っているとは限らないのだ。

> クラウドプロバイダーのドキュメントは、通常、**図5-1** で示された例の中間あたりに位置している。ラベルがまったくないよりはマシだが、それでも各アイコンの意味を知っていることを前提にしている。したがって、クラウドプロバイダーのドキュメントにある図をそのまま使用するのは避けよう。

[†2] 頭字語については「7.2 頭字語地獄」を参照。
[†3] 星やその他の抽象イメージの使い方については、「10.2 テキストより抽象イメージ」を参照。

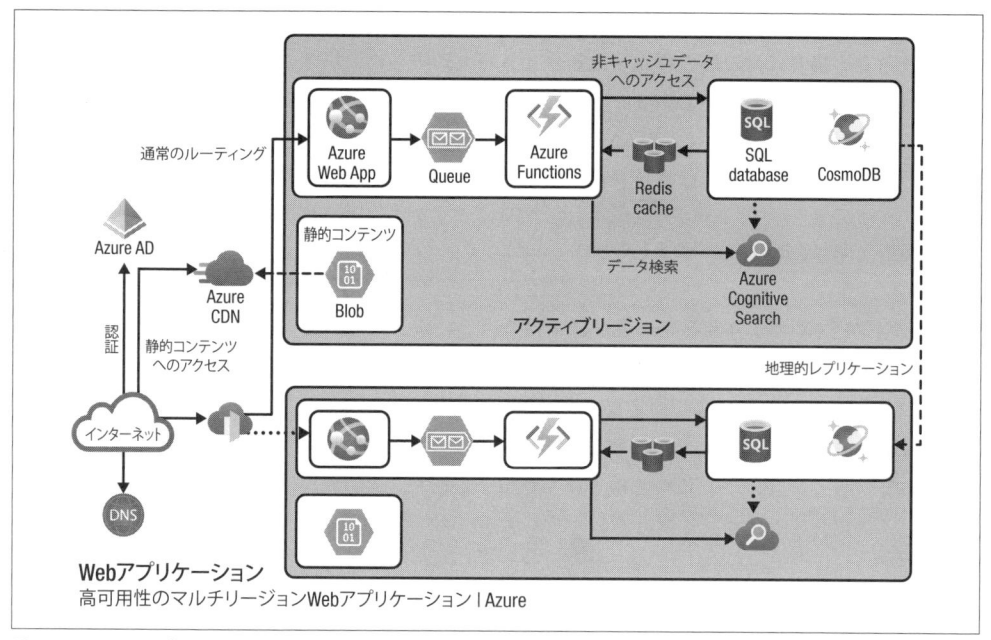

図5-1 クラウドプロバイダー図のラベルあり（上）とラベルなし（下）の比較

5.2 UML は UML のために使う

　UML は適切に用いることで非常に有用な表記法となり得る。しかし、受け手や図の目的が何であれ、UML を常用すべきだという思い込みに陥ってしまう人も多い。UML（あるいは他の標準記法）を採用するか否かを決める際の重要なポイントは、図を書く目的や図の対象、想定する受け手を明確にすることだ。あなたが伝えたいことは何か、誰に伝えたいのか、そしてその相手はどの程度の知識を持っているのかを考慮しよう。

　UML には 14 種類の図が存在する。構造に関するものが半分、残り半数がふるまいに関するものだ。これらの図の中でよく使われるのはごく一部に過ぎず、多くの専門家はまったく使用していない。そして多くの人は UML 表記法についてほとんど知識がなく、説明なしは理解できないことが多い。たとえ技術的な知識が豊富な受け手であっても、UML 図を理解するために必要な知識を持っているとは限らないのだ。

　UML のもう一つの欠点は、UML 図の作成と更新に時間がかかること、そしてアジャイル環境では特に図の内容が急速に陳腐化してしまう可能性があることだ。1990 年代以降、UML は多くの公式バージョンアップを経ているが、その起源はウォーターフォール開発の時代にある。当時リリースやそれに伴うドキュメントの更新は、数ヶ月から数年単位で行われていた。現在では数時間から数日（場合によっては数分）で可能になっている状況と比べると、大きく事情が異なっているのだ。

　正式な表記法を使用する際に考慮すべき点は、受け手だけではなく作者自身の理解度だ。図を作

成したり更新したりする人は、その表記法に精通している必要がある。したがって、表記法をすぐに習得できない場合には、図の作成や更新ができる人が限られ、ボトルネックが発生し、ドキュメントが古くなるリスクが高まる。

 図の中でシンボル、色、フォントの一貫性を保とう。1つの図内での一貫性はもちろん、複数のダイアグラム間でも同様だ。そうすることで受け手の認知的負荷が軽減され、新しい図を理解するために学び直す必要がなくなる。

　UML や BPMN のような特定の表記法では受け手に伝わらないときは、代わりに別の表記法を用いたり、受け手に合わせてカスタマイズしたりする必要がある。図を編集できない場合（例えば、エクスポートされた画像しか手元にない場合など）に凡例を書くのは有効なテクニックだが、伝えたい内容を多くの人に完全に理解してもらうには、それだけでは足りない場合もある。C4 のようなシンプルな表記法や、単なる線と箱を使用するなど、他の表記法を使用することも選択肢の1つだ（その場合もやはり、凡例は書いておく方がいい）。

　図5-2 に UML コンポーネント図の例を示す。

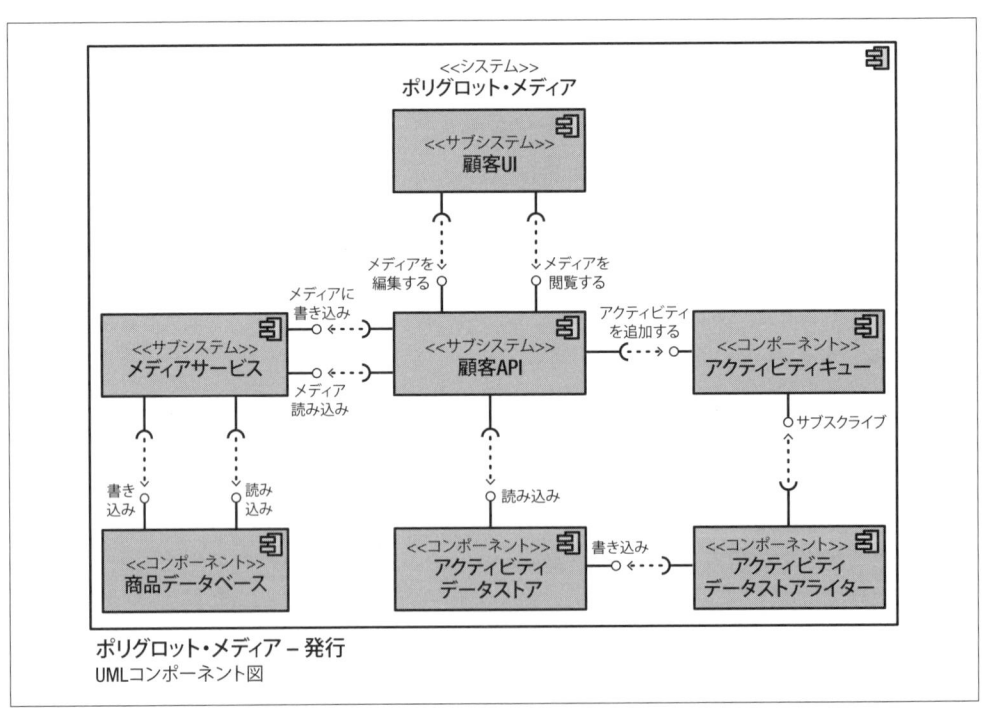

図5-2　UML コンポーネント図

　UML コンポーネント図を書くのは容易ではない。凡例を使わずに全ての記号を理解できる人は

ほとんどいないだろう。ここまで細かいインターフェイスについて図に書く必要はほとんどない。開発者にとっても、この設計を実装するのであれば**図5-3**に示されたC4図の方が役に立つ。

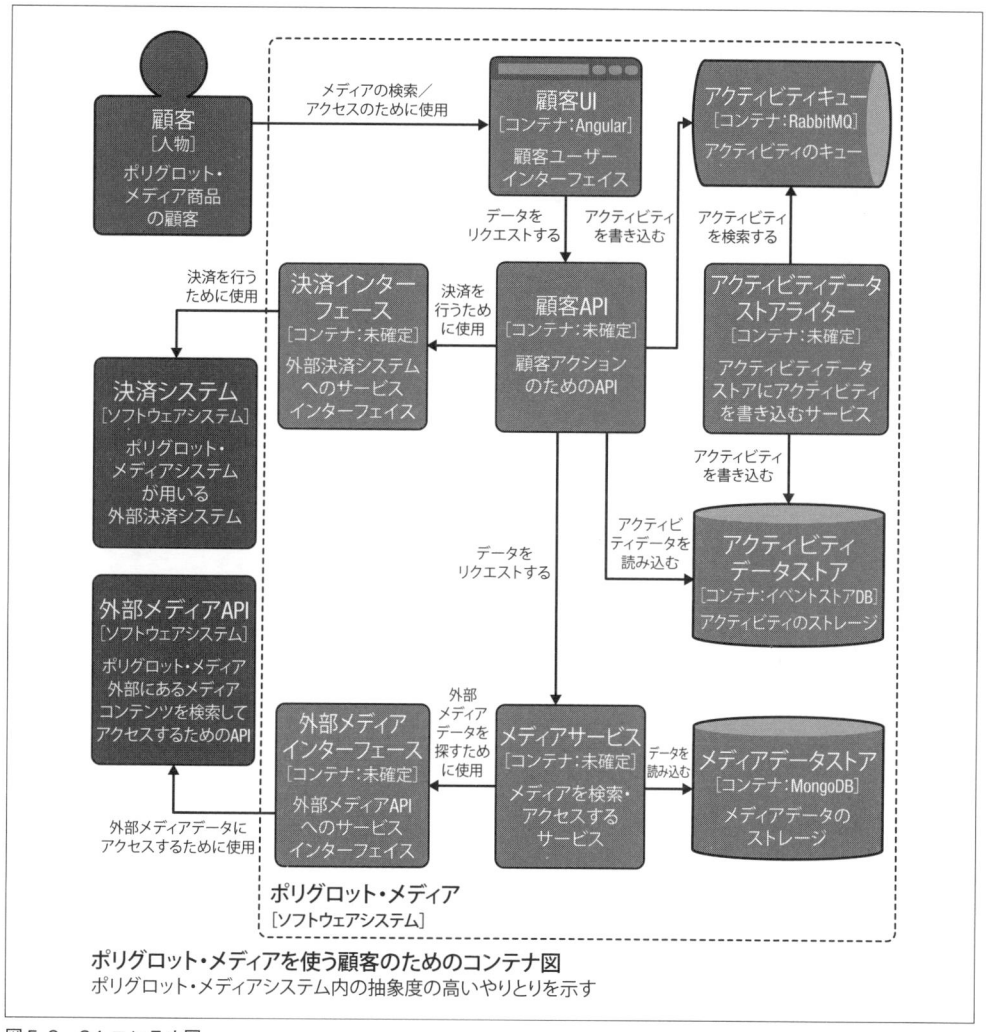

ポリグロット・メディアを使う顧客のためのコンテナ図
ポリグロット・メディアシステム内の抽象度の高いやりとりを示す

図5-3　C4 コンテナ図

　図5-3に示されたC4コンテナ図に含まれる情報は、**図5-2**とほぼ同じだが、エンジニアに限らず業務側の受け手も読めるし、凡例がなくても十分だ。さらに凡例を加えれば、伝えたいメッセージがうまく伝わる確率は格段に高まる。**図5-2**で記号によって示された情報は**図5-3**では関連のラベルで置き換えられており、この図はより理解しやすく、作成や更新にかかる技術的な知識や時間も少なくて済む。

　忘れられがちだが、UML記法を単純化するやり方もある。UMLが自分のニーズに合わないか

らといって、必ずしも規定通りに使う必要はないのだ。受け手に寄り添い、成果物がわかりやすくなるよう工夫しよう。

　図5-4に示された UML シーケンス図に含まれる情報は多く、コンポーネント間の呼び出し（関連）には、メソッド名が書かれている。しかし、このような詳細はすぐに陳腐化してしまうため、受け手にとっては**図5-5**のように簡素化されたバージョンの方がありがたい。

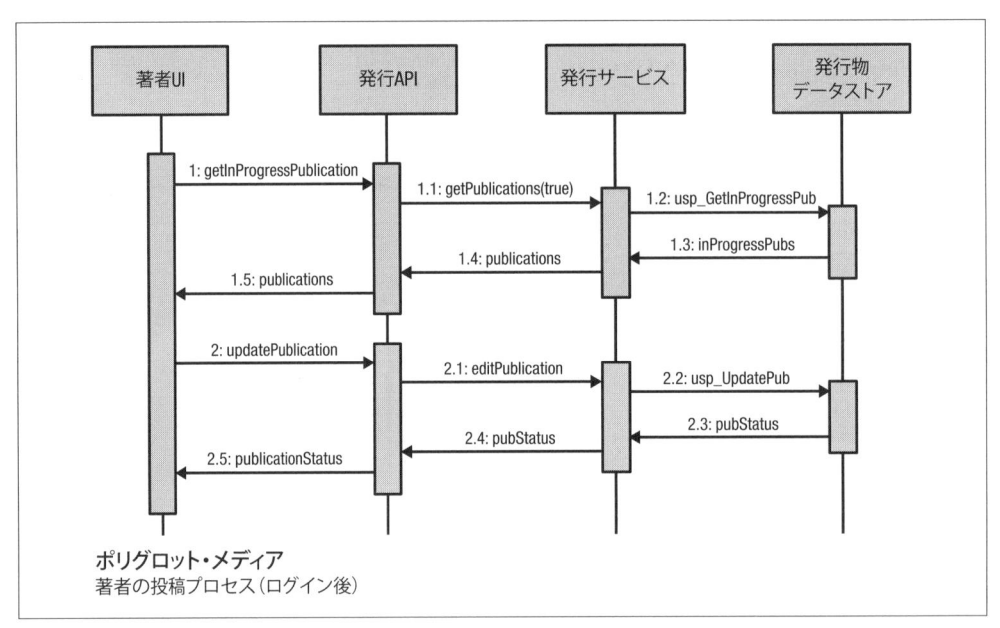

図5-4　UML シーケンス図

　簡略化されたバージョン（**図5-5**）では、メソッド名などの詳細がより説明的でわかりやすいラベルに置き換えられている。こうしておけば書いてある情報が陳腐化しにくくなり、コードベース自体に詳しくない人にとっても理解しやすくなる。

　受け手や図の目的に合わせ、公式に従った表記法を利用するのか、自己流にするのかを慎重に検討しよう。

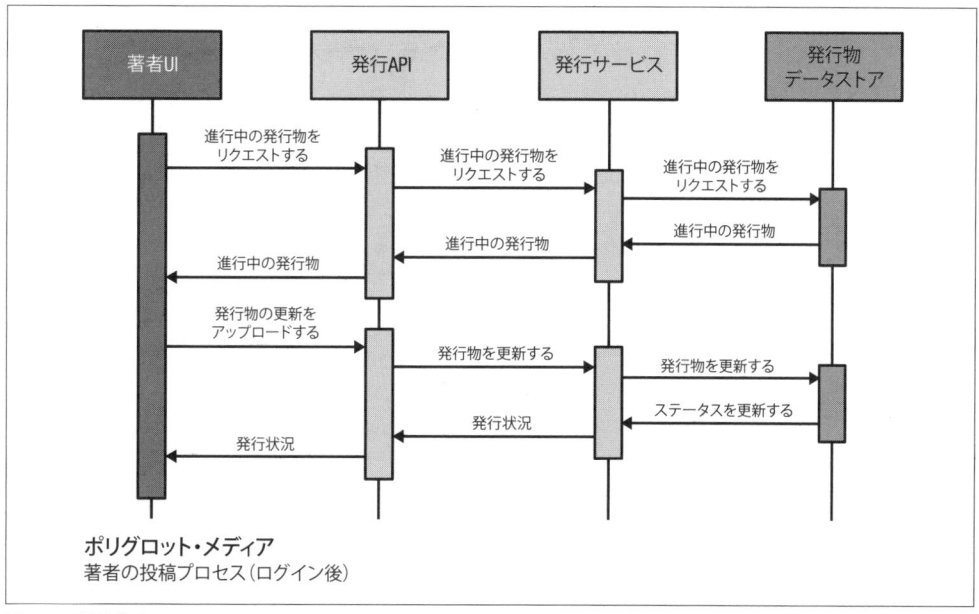

図5-5 単純化されたシーケンス図

5.3 ふるまいと構造の混在

UML 図にはふるまいを表す図と構造を表す図の2種類がある。このような分類には合理的な理由があり、なぜなら同じ図内にふるまいと構造を混在させると混乱が生じるからだ。それにもかかわらず、伝えるべき内容以上の情報を詰め込まれた図を目にすることは多い。

単一責任の原則

単一責任の原則は、SOLID 原則の最初のものであり、オブジェクト指向プログラミングにおける一般的なプラクティスだ[†4]。この原則によれば、コードの一部（メソッドやモジュールなど）を変更する理由は1つだけであるべきだとされている。つまり、1つのことだけを行い、他のことは行ってはならないということだ。

この原則を守ることで、コードはより理解しやすく保守が容易になる。これらのメリットは単一責任の原則に基づいて作成された図にも適用される。

---

†4 **SOLID** とは、単一責任の原則（single-responsibility principle）、開放閉鎖の原則（open/closed principle）、リスコフの置換原則（Liskov substitution principle）、インターフェイス分離の原則（interface segregation principle）、依存性逆転の原則（dependency inversion principle）の頭文字をとったもの。

ふるまいと構造の分離という原則は、UML に限らず、どのような表記法を用いる図でも適用さ

れる。図に単一責任の原則を適用することで、一番伝えたいことが明確になり、受け手とのコミュニケーションが成功する確率を上げることができる。

　構造を表す図は「何」が「どこ」にあるかを伝えるもので、例えばシステム間の関係やハードウェア、ソフトウェアの物理的な配置を示す。それに対して、ふるまいを表す図は「どのように」そして「誰に」影響を及ぼすのかを伝え、例えばデータの流れやシステム内での状態変化を示す。これらの要素を1つの図に混ぜ合わせてしまうと、メッセージが曖昧になり、伝えたいことが明確に伝わらない可能性が高くなる。

　図5-6 はふるまいと構造の混在アンチパターンを示している。この図はごちゃごちゃしていて、メッセージがわかりにくい。

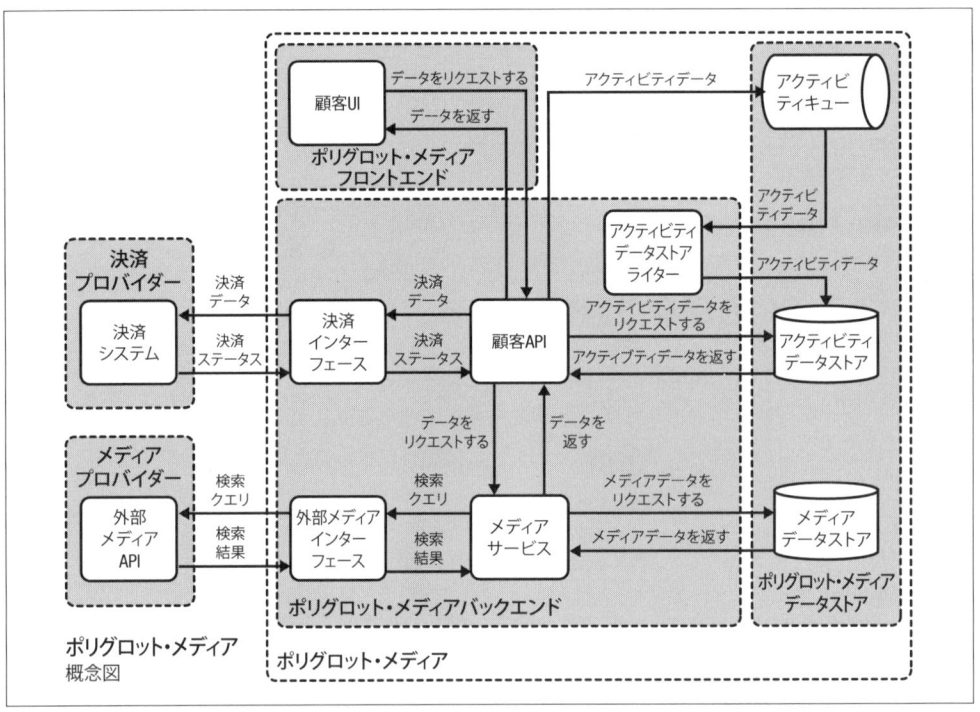

図5-6　この図のように構造とふるまいを混ぜないこと（アンチパターン）

　図5-6 に示された情報は、構造を表す図（**図5-7**）とふるまいを表す図（**図5-8**）に分けることができる。そうすることで、それぞれが明確なメッセージを伝えるようになる。**図5-7** ではシステムの概念的な構造を示し、**図5-8** ではシステム内のデータフロー（データの動き）を示している。

　すでに触れたように、図は複数使い分けた方が良い。構造とふるまいは図をうまく使い分ける観点の一つだ。

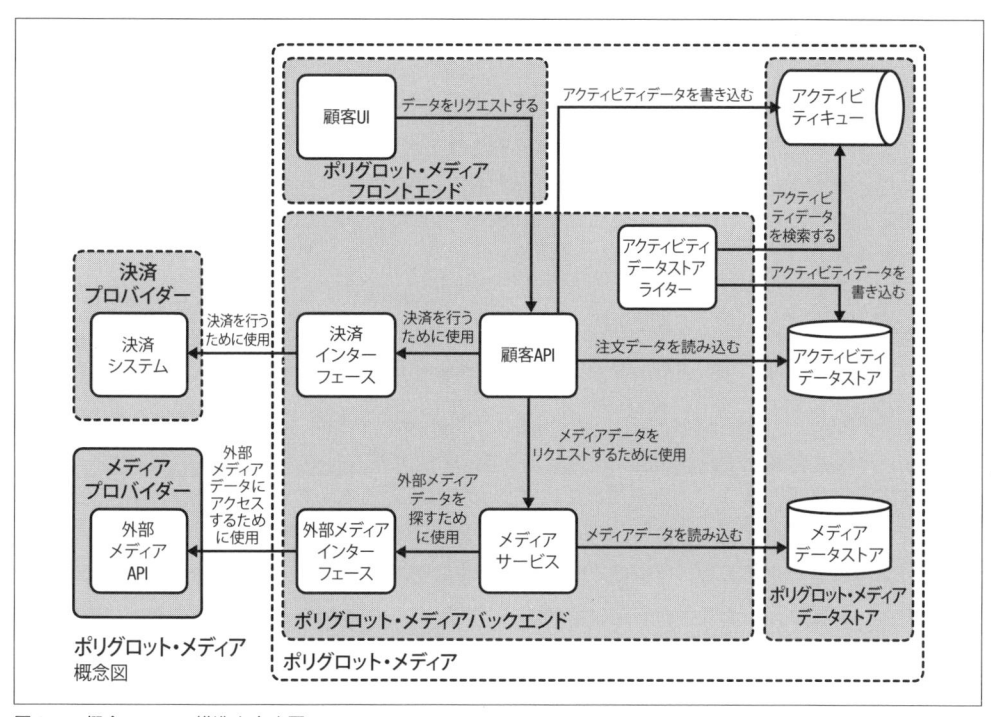

図5-7 概念レベルの構造を表す図

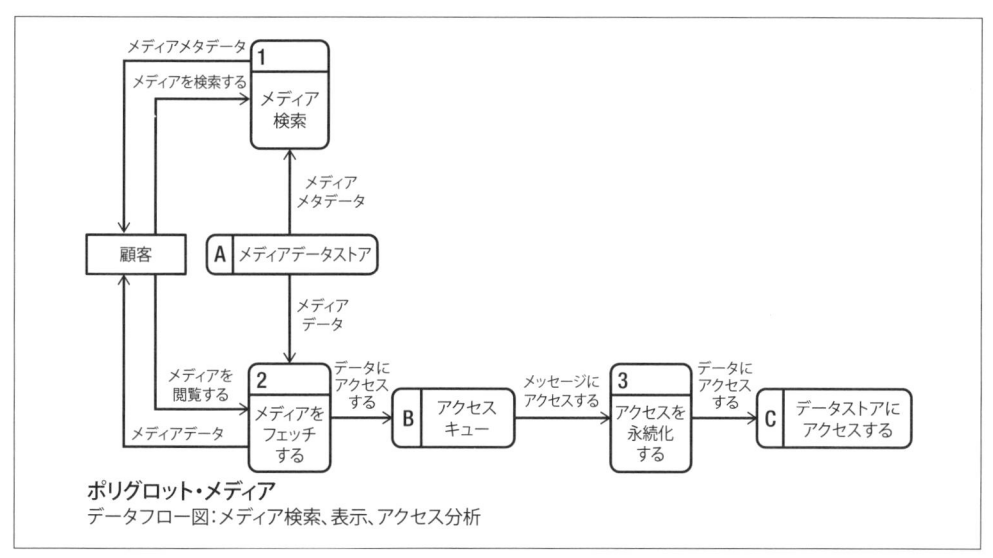

図5-8 ふるまいを表すデータフロー図

5.4　想定を裏切る

　ソフトウェアアーキテクチャについて議論する際には、想定を裏切ることを避けるべきだ。他の状況では効果的な場合もあるが、私たちの目的ではこれはアンチパターンとなる。私たちはスティーブ・ジョブズになろうとしているわけではない（そういう時もあるかもしれないが）[†5]。確かに、想定外のことをすれば、相手の注意を引けるかもしれない。ただし、濫用するとメッセージを弱めてしまう。

　受け手はこれまでの経験を通じてメンタルモデル（現実世界で物事がどのように機能するかに関する解釈）を発達させている。こうしたメンタルモデルは、現実の解釈（信号機の意味）だけでなくデジタルの解釈（ウェブサイトのメニュー）にも影響を及ぼす。例えば、小さなスクリーンのインターフェイスに使われているハンバーガーメニュー[†6]は新しいメンタルモデルだ。図やプレゼンテーションでメンタルモデルに逆らってしまうと、誤解を招くリスクがある。

　これまで述べてきたように、色が受け手にどう受け止められるかを考えずに使われること多い。色は文化によって異なる意味を持つことがある。例えば、赤は危険や停止のサインである一方、アジアでは幸運の象徴でもある。色を使う際は、**想定を裏切る**ような使い方を避けて、受け手を混乱させないようにしよう。受け手の想定に寄り添い、メンタルモデルに基づいた色を用いて意味を伝えるのがいい。そして、色だけで何かを伝える際には注意しよう（「3.1　色に頼る」を参照）。

あなたが知っている色の中には、他の文化では独立した色として認識されない場合がある。たとえば、日本では緑が青の一種と考えられ、他の色名に比べて「緑」という言葉は比較的最近になって使われるようになった。さらに、ライラックのような特定の色の濃淡を表す英語の言葉は、他の言語では同等の言葉が存在しないか、異なる色合いを指す可能性がある。

　受け手は形やシンボルの意味についても何らか想定しており、その意味は文化によって異なることがある。宗教的な意味を持つもの（星の形など）には特に注意が必要だ。宗教的なシンボルの意味との関連性を示唆したり、不快感を与えたりしないようにしよう。さらに、幾何学的な形であっても特定の意味を持つことがある。例えば、三角形は行動や動的な緊張感を表し、正方形や長方形は信頼、秩序、形式を表す。**図5-9** のシンボルは、リモコンや音楽・動画配信サイトなどで見覚えがあるかもしれない。

　三角形は活動的だと考えられ、行動を表す。三角形は矢印を作るために線の端に使われる記号である。**図5-9** の三角形は右を向いており、**再生**と**早送り**を表している。**図5-9** の正方形と長方形は、**停止**と**一時停止**を表している。これらの記号の歴史は比較的浅いが、今ではどこにでも見られるようになった。

　このアンチパターンを避けるために、要素技術について考えてみよう。要素技術の選択とその実

[†5]　スティーブ・ジョブズは、アップル社でのプレゼンテーションで、想定外のことをやって聴衆を驚かせていたことで有名だ。
[†6]　訳注：ハンバーガーメニューとは、ウェブサイトやアプリのインターフェイスデザインでよく使用される 3 本の横線で構成されたアイコン。

図5-9 伝統的に使われているシンボルの例

装方法には慣例がある。これらの慣例を破ることは必ずしも悪いことではなく革新に繋がることもあるが、意図的に慣例を破るのであれば、正当な説明ができなければならない。技術的な慣例を破るのであれば、その意味するところを十分に考慮した上で行うこと。他の人がみんな慣例に従っている理由を考えよう。

さらに、従来使われている表記法がある。必ずしも正式な表記法を使う必要はなく、受け手に伝わりさえすれば独自の表記法を作ることができるが、その表記法は受け手の想定にあうものでなければならない。

受け手は図中でどんな表記法が使われるのか想定するものだ。UML や C4 かもしれないし、社内で使われている独自の表記法かもしれない。本書のパターンを適用してアンチパターンを避けるためには、表記法についての想定を変えてもらったり、こちらから合わせたりする必要があるかもしれない。表記法を変えることは悪いことではないが、軽々しく行って良いものでもない。受け手の目を盗んでこっそり変えるのではなく、自身が使っている新しい表記法や受け手に合わせた表記法を堂々と紹介しよう。受け手にメリットを示すと共に、以前の表記法の問題を指摘しよう。

標準的な表記法を使用する場合は、その表記法に関する想定になるべく従い、外れるときにはそのことを明確に伝えよう。受け手がその表記法に基づいて行う推測が誤りである場合、それを知らせる必要がある。混乱を避けるためには別の正式な表記法や独自の表記法を使う方がよいかもしれない。

 受け手は複数の観点で図を見たときにも、それぞれで話の筋が通っていることを期待している。1 つの図内では「4.2 図の流れを想定通りにする」に、複数の図や文書、プレゼンテーションを通じては「4.1 まずは概要から」に従うことで期待に応えよう。

正当な理由があれば型を破ることを恐れてはならないが、想定から外れるときにはきちんと意識するようにしてほしい。ルールには常に例外があるのだ。

5.5　まとめ

これで図の表記法を選択する前に考慮すべきことが、ある程度理解できただろう。これまで学んだことを応用して、こうした表記法を存分に活用してほしい。

　視覚的コミュニケーションに関する次の最後の章では、注意深く考え抜いて構成した図を受け手のためにどのようにアレンジし、よりよいものにするかを紹介する。

6章
構成

　視覚的構成は、ソフトウェア・アーキテクチャ図における本質的な要素だ。うまく使えば、描こうとしているシステムの構造や構成要素間の関連、依存関係が伝わりやすくなる。視覚的構成を効果的に使えば、図が読みやすくなり、受け手にとって理解しやすくなる。この章では、図の構成によってどのように受け手の理解度が深まるのか、受け手を誤解させることなく、図のナラティブを通じてどのように導くかを探る。

6.1　分かりづらい図

　図を作成する際には、それがどのように使われるか、そして誰によって使われるかを考慮する必要がある。このセクションでは、**読みにくい図**のアンチパターンをどのように回避するかについて説明する。

　draw.io や Visio などのツールで図を作成する際に、ほとんどの人はデフォルトのキャンバスを選択し作業を始めるだろう。このデフォルトのキャンバスは通常、A4 もしくはレターサイズで縦向きとなっている。受け手は図を紙に印刷して、縦向きに見るだろうか？　昨今では、その可能性は低いだろう。

　受け手が、Microsoft Word や Apache OpenOffice Writer（ここでもデフォルトは A4 またはレターサイズの縦向きだ）などの文書内で図を閲覧することはあるかもしれない。しかし、図が縦向きのキャンバスで作成されている場合、受け手はコンピュータの画面（通常は横向き）で一度に図の全体を見ることが難しくなり、結果としてテキストやその他の詳細が読みにくくなりやすい。

　draw.io や Visio を含む多くの図表作成ツールは、キャンバスサイズを選択することができる。特に draw.io では 16:9 または 16:10 の比率のオプションがある（その他にも多くのオプションがあり、プラットフォームによって異なる場合がある。**図6-1** 参照）[†1]。ゼロから図を作成する際には、最初に適切なキャンバスまたはページサイズ・比率を選択することが重要だ。これらのツールは、利用者の設定を保存することもできる。

---

†1　16 を横比率とするためには、横長オプションを選択する。

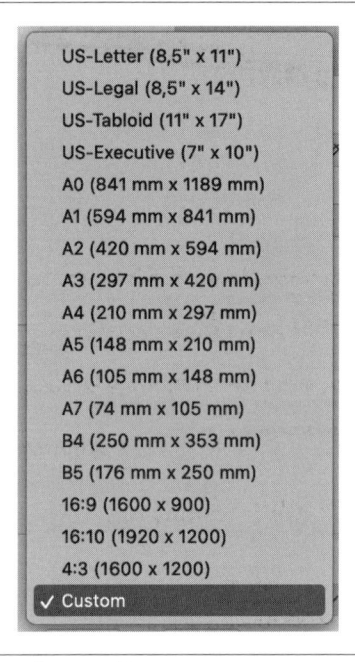

図6-1 　draw.io のキャンバス/ページオプションの例

ほとんどの図は、コンピュータやプレゼンテーションの画面上で利用されるため、特定のフォーマット（印刷された本、ポスター、文書など）に準拠する必要がない限り 16:9 または 16:10（ほとんどの画面のオーソドックスな比率）の表示比率で図を作成することが望ましい[2]。

　受け手の表示形式やニーズに合わせて図をデザインすることで、受け手は拡大したり、移動したり、目を細めたりすることなく、図を理解することができる。**図6-2** のデータフロー図は縦向きのため、モニターやプロジェクターで表示するには適さず、画面の約 3 分の 2 が空白となってしまう。貴重な画面スペースが無駄になるし、文字が小さくなるせいで、図内のテキストや詳細が読みにくくなる。

　図6-3 は、16:9 の比率のスクリーン上で表示された**図6-2** の横向きバージョンを示しており、詳細が格段に読みやすくなっていることが確認できる。

図内のテキストの可読性も同様に重要だ。受け手にとって読みやすいフォントを選択し、可読性を確保する必要がある。プレゼンテーションで使うプロジェクターや大きなスクリーンの使用、印刷物、小さなノートパソコンの画面など、様々な表示方法での可読性を保証することが重要となる。

---

†2　4:3 は、過去の画面で一般的だった比率である。

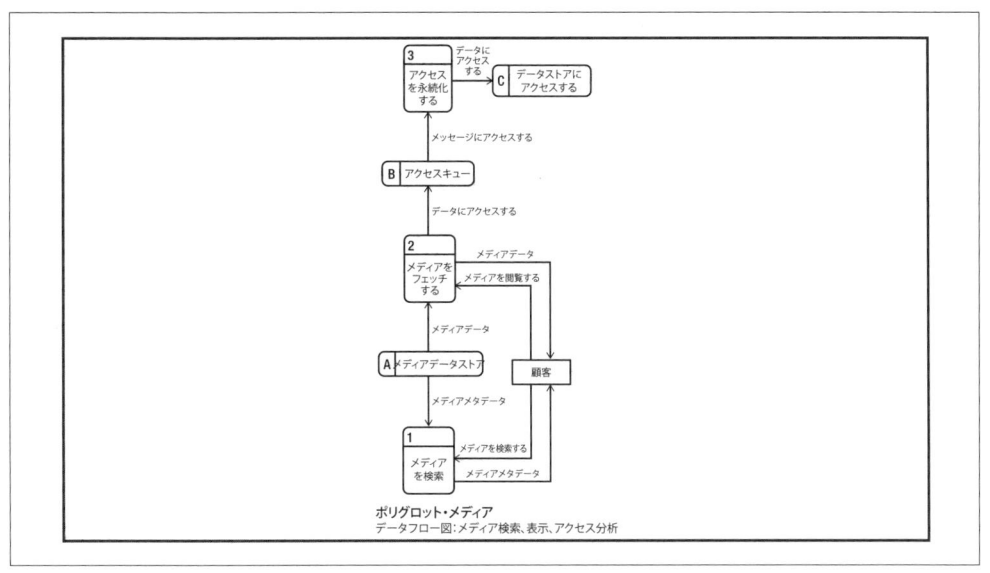

図6-2　16:9比率の画面に映し出された縦データフロー図

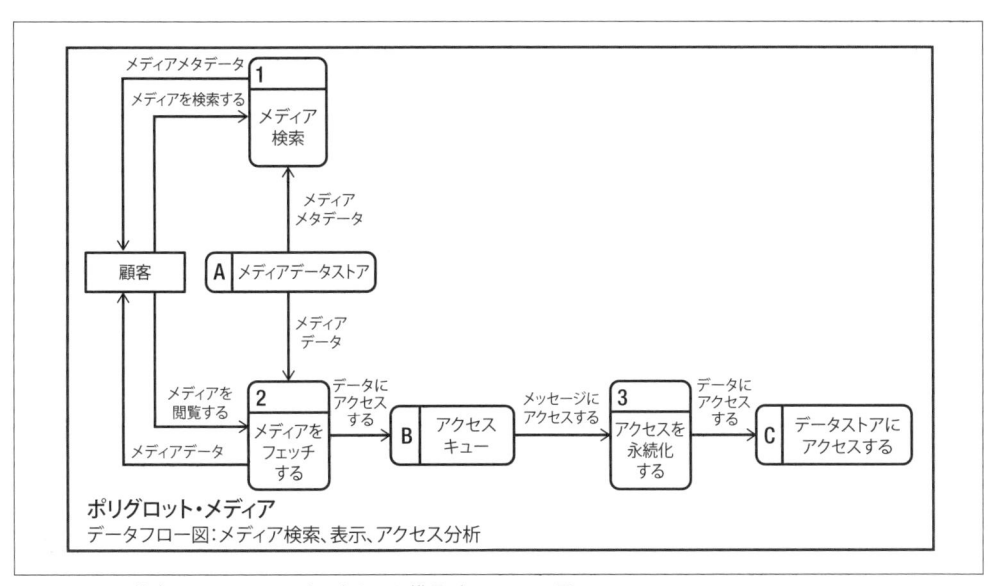

図6-3　16:9比率のスクリーンに映し出された横長データフロー図

　時には、向きが適切でない既存の図を使用する必要があり、それを編集したり再作成したりする時間がないこともあるだろう。こういった場合でも、受け手の理解を助けるために使えるテクニックがある。

　向きが適切でない（あるいはスライドに収まらないほど大きい）図や画像を提示する場合、まずは**図6-4**のような概要を受け手に見せ、次のスライドでトリミングして**拡大**した図を挿入すること

で、論点となっている要素に注目を集められる。

　図をトリミングする際は、文脈を明確にするため、凡例のような必要な情報を含めるか、前回の
トリミングから要素を繰り返すようにする。**図6-5** は、**図6-4** をトリミングしたものだ。受け手が
この図を理解するために必要な情報がすべてそろっている。

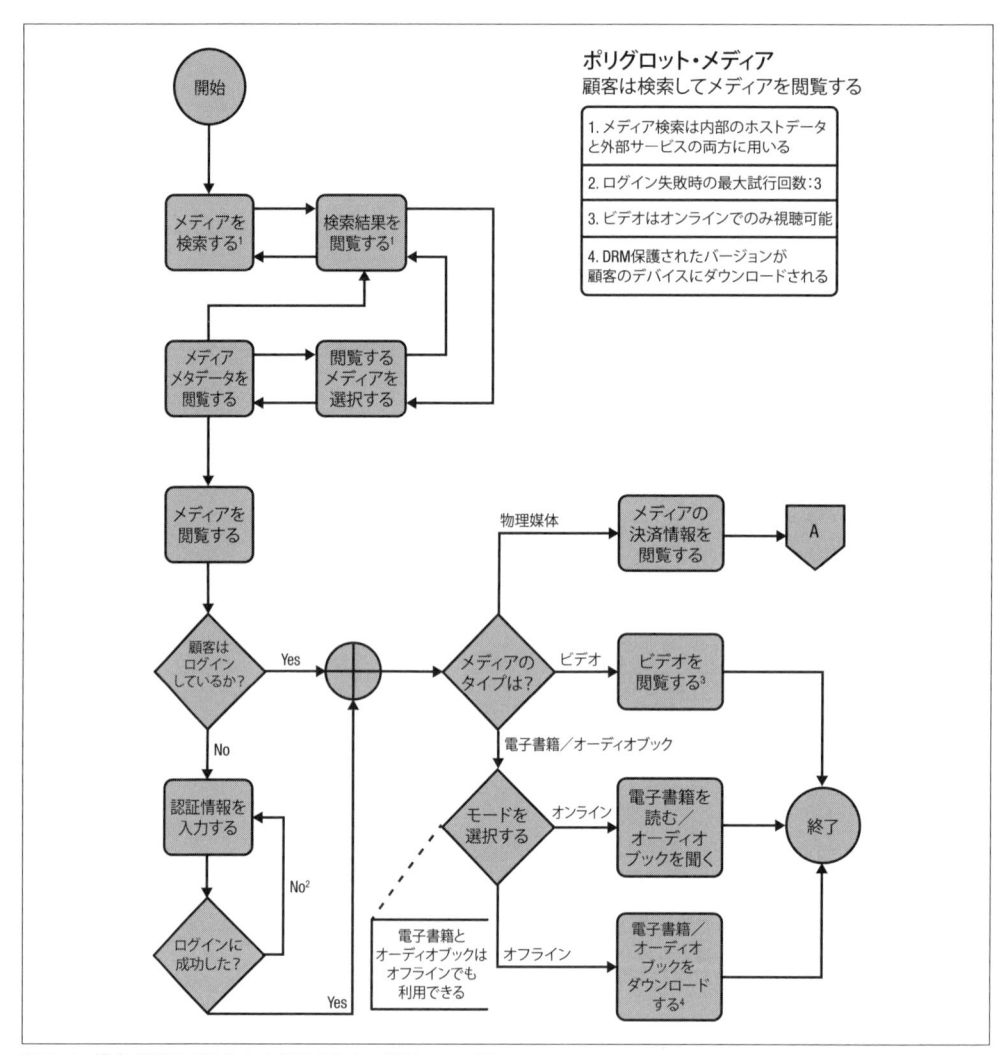

図6-4　横向き画面ではうまく表示されない縦長フロー図

　図6-5 と**図6-4** のように注釈が重複している場合、注釈全体の中でトリミングされた図に関わる
箇所が分かるように強調するとよい。そのための方法の一つとして、黒いテキストを灰色に変更す
ることが挙げられる。例えば、テキストの前面に白いボックスを配置し、その透明度を上げるのだ
（ただし、テキストが読めないほど薄くしないように）。

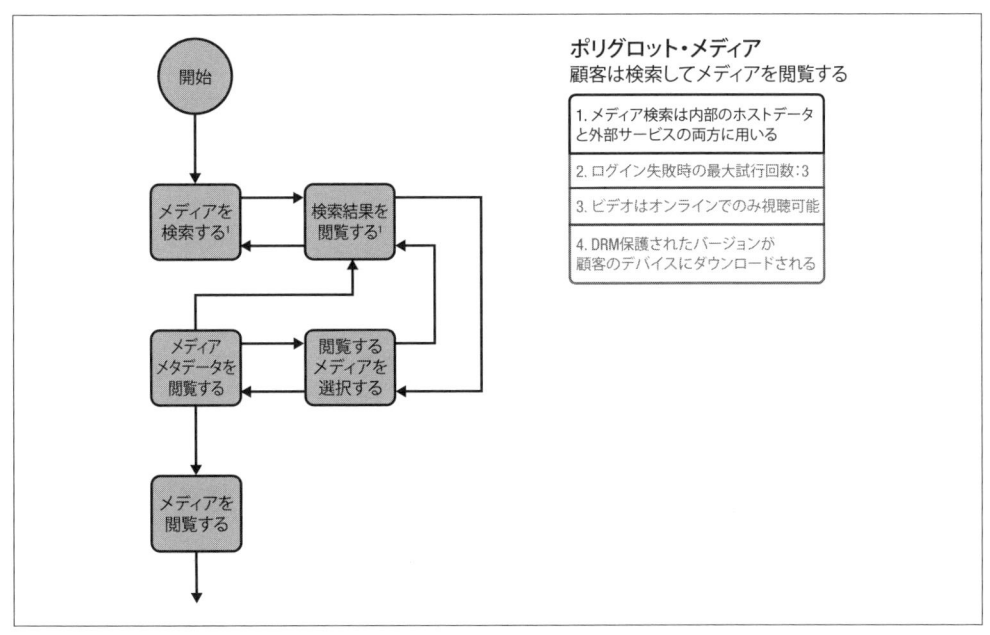

図6-5 図6-4 の切り抜きの例

図6-6 は、**図6-4** の2枚目で最後だ（図によってはトリミングを数回行う必要があるケースもある）。受け手に対し、図のトリミングされた部分を理解するために必要なすべての情報が伝わるように、タイトルはそのままにしてある。

一般的に、図は縦向きでなければならないと分かっている場合を除き、横向きで作成する。必要であれば、横向きの図は、縦向きの文書に合わせて回転させることができる。

プレゼンテーションが行われている間、受け手は見るか聞くかのどちらかだ。ほとんどの人にとって、その両方を同時に上手にこなすことは難しい。受け手がより長くあなたに注目し、メッセージを受け止められるように、内容をできる限り明確にする必要がある。

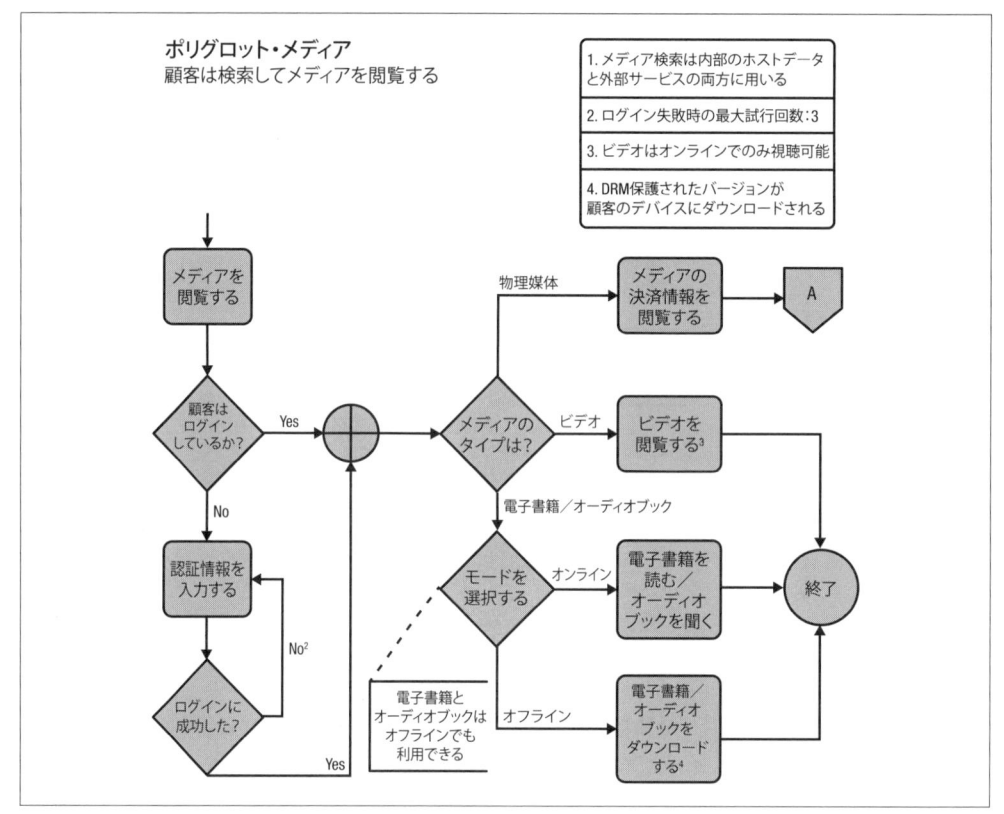

図6-6　図6-4 の切り抜き 2 枚目の例

6.2　スタイルが伝えるもの

スタイルを伝えるパターンは**メタスタイル**とも呼ばれている。**メタデータ**（画像ファイルのサイズ、カテゴリー、著者名など、他のデータに関する情報を提供するデータ）については聞いたことがあると思うが、メタスタイルについてはどうだろうか？

ブランディングや広告を通じて、あなたは常に視覚的なメッセージを浴びている。自分のお気に入りの飲み物を思い浮かべてみよう。そのブランディングは、人々に特定の感情を抱かせたり、特定のイメージを思い浮かばせたりするようにデザインされている。パッケージやブランドのデザインは、言葉を使わずにあなたへ語りかけているのだ。

ソフトウェア内の図や視覚表現も、意図的かどうかに関わらず同じようにメッセージを発している。ソフトウェアアーキテクチャというものが、**アーキテクト**という肩書きを持つ人が携わっているかどうかに関係なく存在するのと同じだ。**図6-7** の上部と下部の図を考慮してみてほしい。スタイルが違うことで、設計の進み具合についてどんなことが考えられるだろうか？ 構想中か、それともある程度完成しているのか？ デザインや思考プロセスについてどのようなことが想像できるだろう？ これらの視覚表現はマーケティング資料の一部になり、受け手へ伝える情報に、影響を

与えることになる。

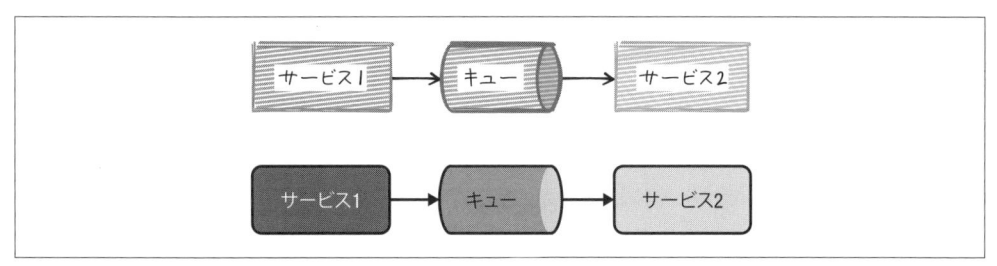

図6-7　スケッチと実線のスタイル比較

　図のスタイルは通常、受け手がどのように図を認識するかを意識して選択するというよりは、個人の好みや使用する作図アプリケーションの影響によるものが多い。好みの作図アプリケーション（例えば draw.io や Visio）を開き、デフォルト設定を使用して**図6-7** と似たものを作成してほしい。その後、**図6-7** について以前に尋ねた質問を自分自身に再び問いかけてみてほしい。デフォルトの設定だと受け手への伝わり方は変わるだろうか？ あなたは受け手に対し何を本当に伝えたいのだろうか？

　メタスタイルについて言えば、どちらかのスタイルが常に優れているというわけではない。同様に、アーキテクトの特定のスタイルが、あらゆるプロジェクトや図に対して常に最良の選択であるとは限らない。

　あなたが所属している業界や会社によって、スタイルの選択が影響を受ける場合がある。テーマパークのシステムを設計する場合、**図6-7** に示されたどちらのスタイルを選ぶだろうか？ そして病院や銀行のシステムを設計する場合、同じスタイルを選ぶだろうか？

　受け手に伝えたい内容を考慮し、それが伝わりやすいようなスタイルで図を作成することが望ましい。

例

質よりスタイル

　ポリグロット・メディアでアーキテクトとして働くニッキーは、アーキテクチャを変更する承認を得るため、意思決定者であるカスパーと会議を行っている。しかし、会議はうまくいかない。ニッキーは図を用いて提案を行うが、カスパーはそれを一切受け入れない。提案したアーキテクチャは、ほとんどが突き返されてしまった。取り付く島もない。

　会議の後、カスパーはニッキーにいくつかのアイデアを共有したいと言い、独特のスタイルで描かれた図をいくつか取り出した。翌日、ニッキーは自分の図をカスパーと同じ独特のスタイルで描き直し、一週間後にその図を用いて同じ提案を行った。内容が同じであるにも関わらず、カスパーの反応は大きく変化し熱烈な支持を受けた。

カスパーは図のスタイルが変わったおかげで、提案をよりよく理解できたのだろうか？　提案された図が自分のスタイルとうまく調和すると想像できたのだろうか？　そうではなく、彼は自分が見たいものを見ている。質よりスタイルを重視しているのだ。

6.3　誤解を招く構図

ソフトウェア・アーキテクチャにおいて受け手を誤解させることは当然望ましくない。しかし、うっかり誤解を招く視覚表現を作成してしまうことがある。誤解を招く図やチャートの例は多く存在し、それらがどのように（意図的もしくは無意識に）作られてしまったかを理解すれば、自身のコンテンツで受け手を誤解させることを避けられるだろう。

　図の基準線を変更することは、チャートを操作する一つの方法である。**図6-8** では、選挙で投じられた票数が示されている。基準線を 450 に設定することで、クール党は数字の差を誇張し、支持者に再度自党に投票するよう促すことが可能となる。この操作は特にブループ党の支持者を対象としており、ブループ党の支持者は投票する先を変えた方がいいと感じるだろう。

一般的なルールとして、基準線は常に 0 に設定すべきである。例外も存在するが、その場合は視覚表現の種類を変えた方がよいだろう（例えば、チャートや図ではなく表など）。

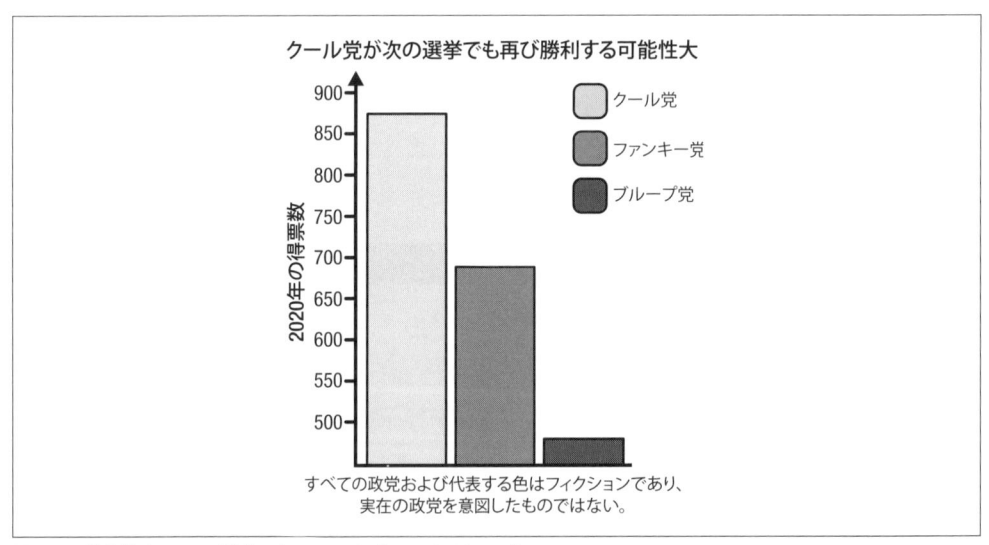

図6-8　基準値を 450 に設定したチャート（アンチパターン）

　図6-9 を見てほしい。数字は**図6-8** と同じだが、現在のクール党のリードはそれほど印象的ではない。

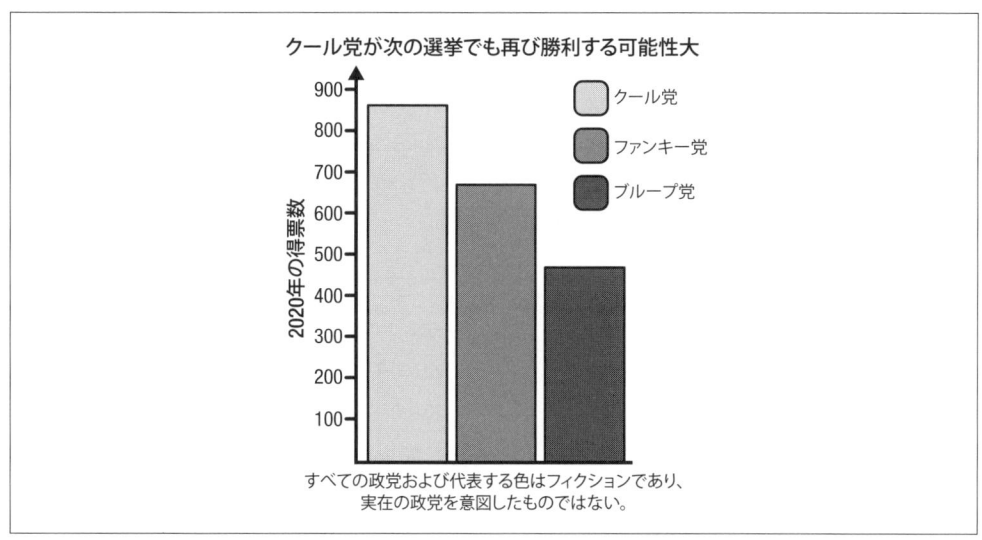

図6-9　基準値を 0 に設定したチャート

　同じ統計結果を扱うとしても、基準線を操作することで、対立する 2 つの政党は自分たちの望む
メッセージを伝えることができる。**図6-10** を見てほしい。これは**図6-9** と同じ数値と同じ基準線
を使用しているが、現在は対立する政党により変更されている例となる。ファンキー党はこの図を
利用すれば、ブループ党の支持者や普段はファンキー党に投票しない有権者を説得し、ファンキー
党へ投票させられる。そうすれば、クール党の勝利を防げるだろう。

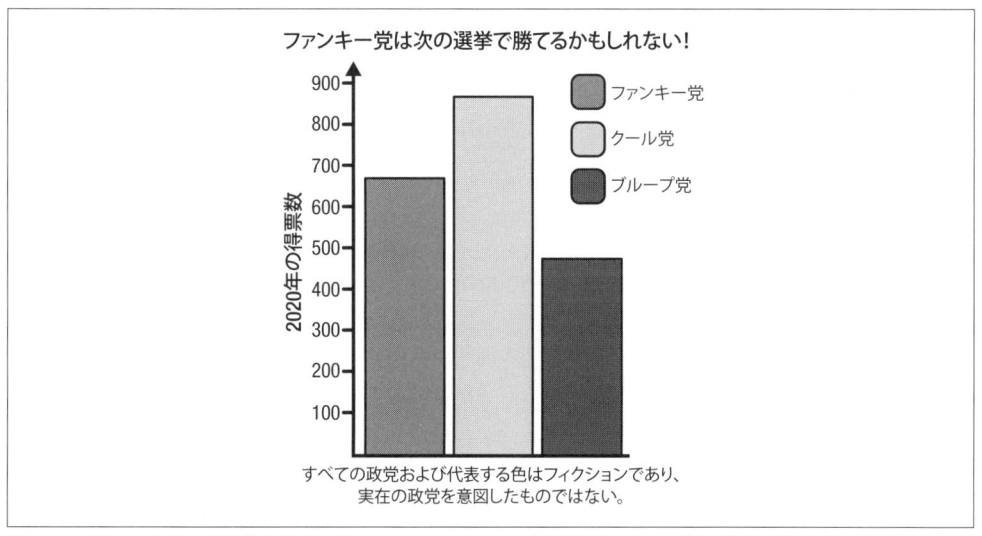

図6-10　図6-9 と同じ基準値と図を、別のパーティメッセージを宣伝するために並べ替えた図

　図6-11 は、比較を使って誤解を招く例（意図的、偶然かは問わず）を示している。2つのグラフを並べることで、受け手はそれぞれのグラフの棒が同じスケールを示していると誤解するだろう。しかし、実際にはそうではない。右側のオーストラリア・ニュージーランドの棒が示す値は、実際には左側の棒の約半分だ。受け手はオーストラリアとニュージーランドの売上が、アメリカとカナダの売上と同等だと誤解するかもしれないが、実際にはニュージーランドの売上はアメリカの約半分である。

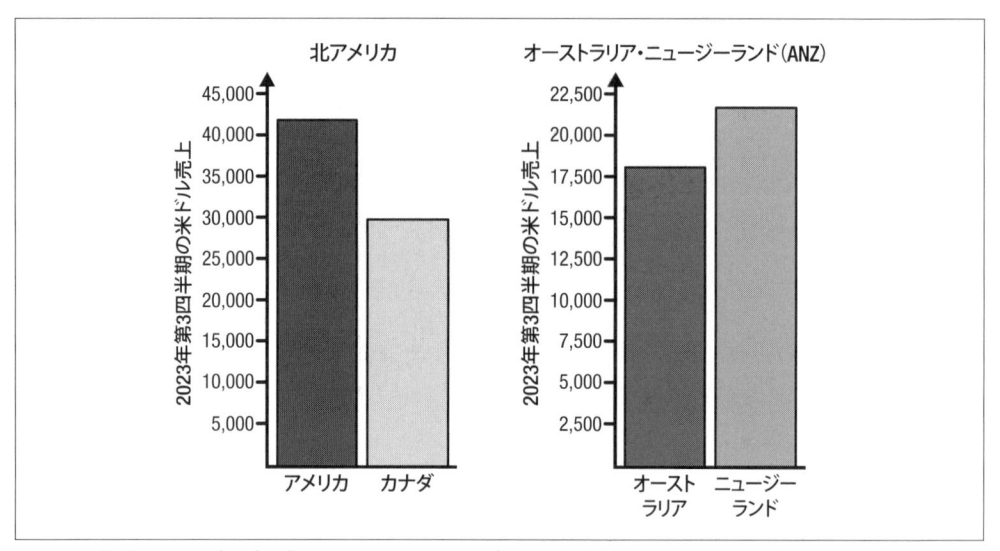

図6-11　比較がいかに受け手を惑わすかを示すチャート（アンチパターン）

　グラフや図が近くにある場合は、同じスケールを使うか、異なるスケールであることを受け手にはっきり示す必要がある。ソフトウェア図を作成する際には、含まれる情報の正確性と、それが受け手にどのように解釈されるかを考慮することが重要である。

　図は現実を抽象化したものである。なぜなら現実というものは、そのまま伝えるにはあまりにも複雑だからだ。抽象化と正確性のバランスを取ることが重要であり、「すべてのモデルは正しくはないが、役に立つものもある」というアフォリズム[3]を思い出し、目的に適した図を書こう。

　図6-12 は、受け手に本来のメッセージを正しく伝えられていないデプロイメント図を示している。この C4 デプロイメント図は、各コンテナまたはコンテナグループにおけるインスタンスの水平スケーリングを説明しようとしている（ポリグロット・メディアクラウドインフラ内の、3つのボックスの右上にある x3 などの数字を参照）。しかし、**図6-13** を見ると、そのスケーリングの実

---

[3]　アフォリズムとは、一般的な真理を含んだ簡潔な言葉のこと。

態がわかるだろう。

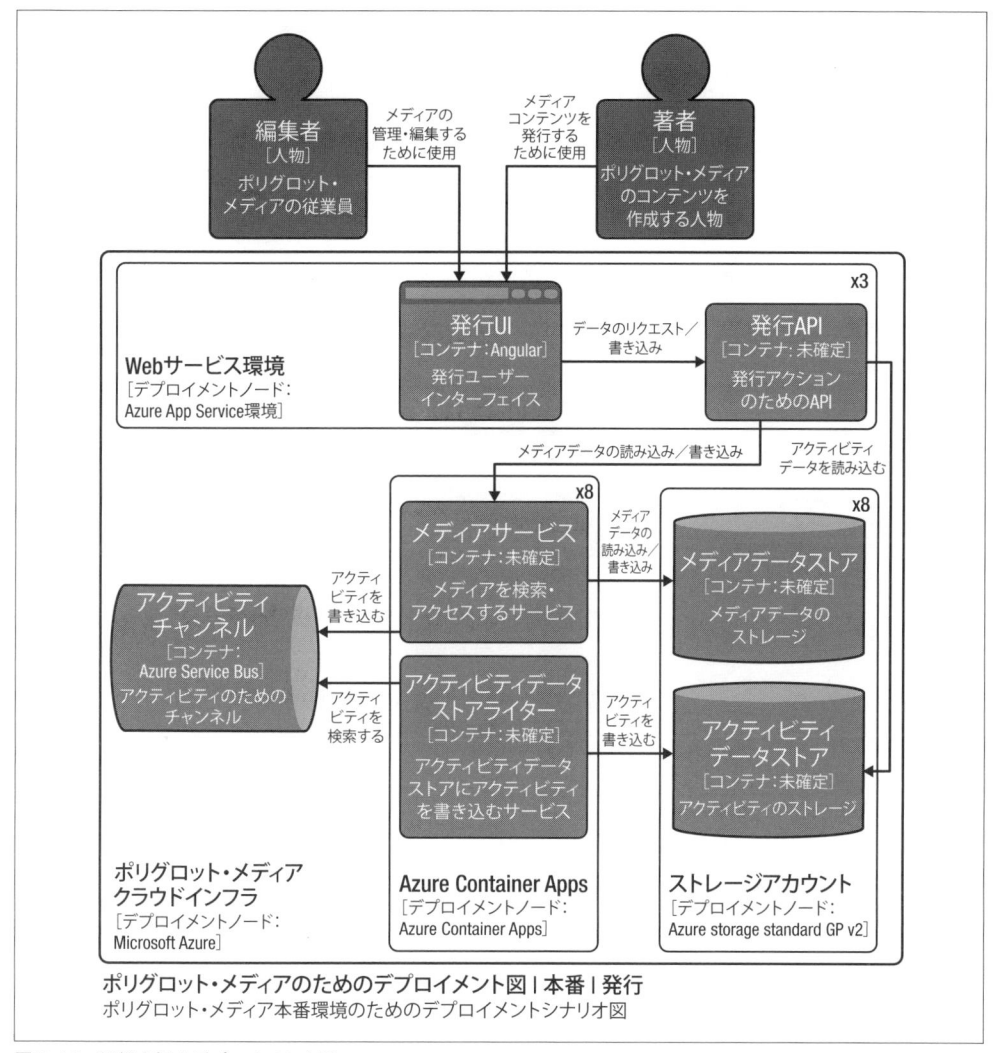

図6-12 誤解を招くデプロイメント図

　図6-12 では、各グループごとにスケーリングが示され、コンテナの最大数が記載されているせいで、常にその数のインスタンスが存在するかのように見えてしまう。しかし**図6-13** を見ればわかるとおり、実際にはインスタンス数が少なかったり、スケーリングが異なったりする場合がある。

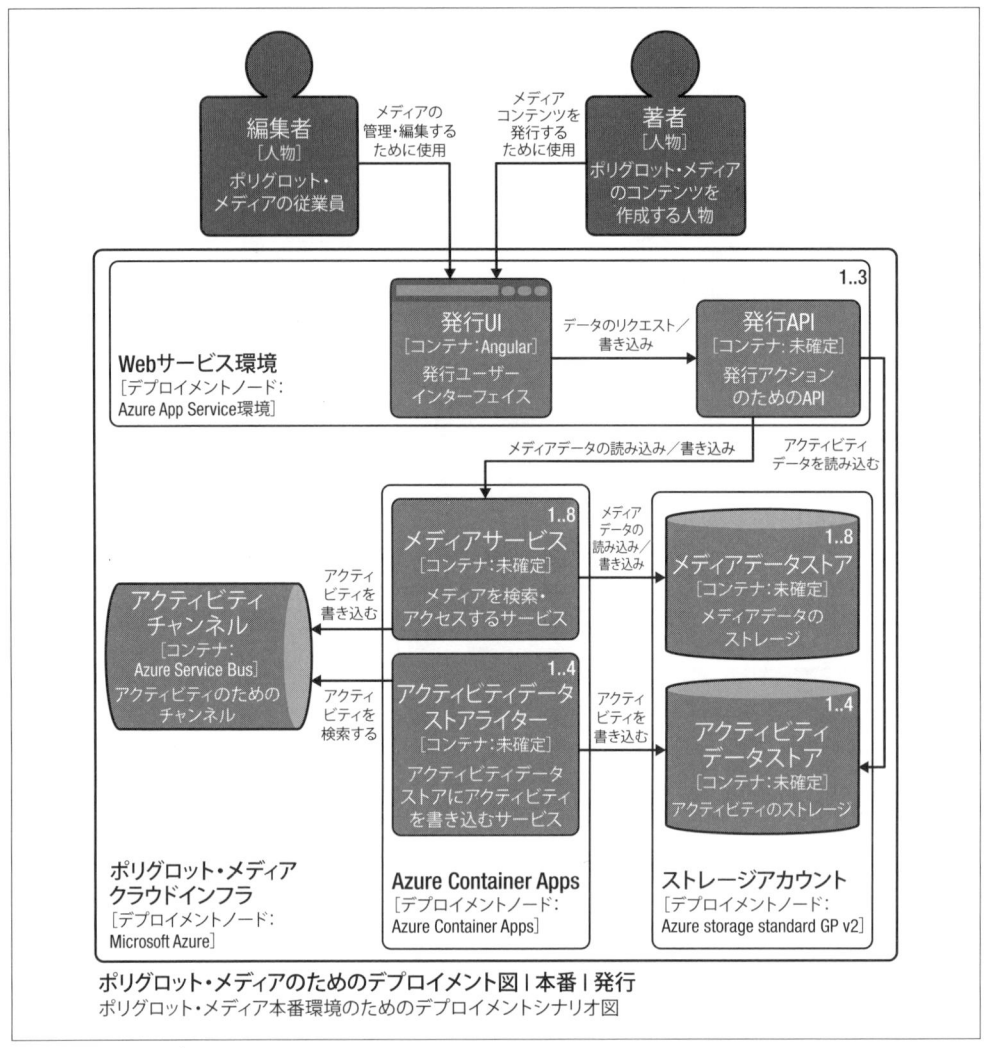

ポリグロット・メディアのためのデプロイメント図 | 本番 | 発行
ポリグロット・メディア本番環境のためのデプロイメントシナリオ図

図6-13 正しいデプロイメント図

図6-14 を見る受け手は、図中のエンタープライズサービスバスが他の要素よりもリソースや
ハードウェアが多い、もしくはスケーラビリティや容量が他より優れていると直感的に感じてしま
うかもしれない。

図6-15 のように、エンタープライズサービスバスのスケールを他の要素に合わせて変更するこ
とで、受け手を誤解させる可能性が低くなる。異なる容量を示すなどの理由がない限り、論理的な
図では要素を同じサイズにするべきである。ただし、**図6-15** の一貫したサイズにはトレードオフ
がある。ボックスのサイズが小さくなることで矢印や線が見づらくなる可能性があるのだ。この問
題に対処するには、図を異なるシステム要素やサービス毎に分ける、もしくは受け手が特に関心を

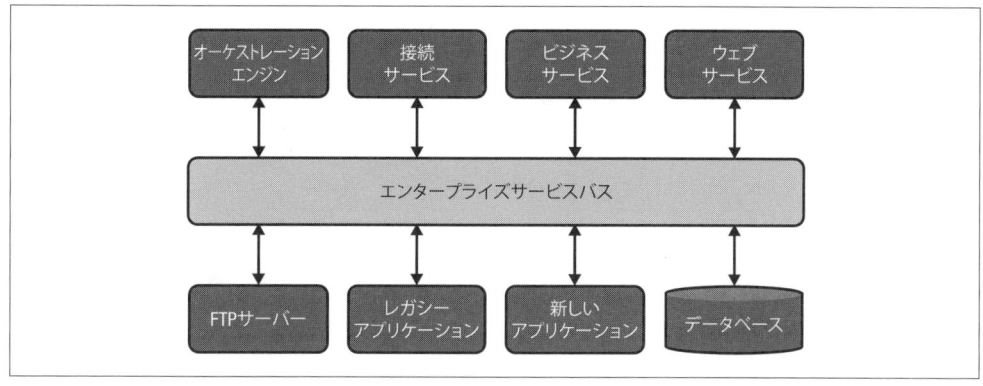

図6-14　誤解を招くサービスバス図

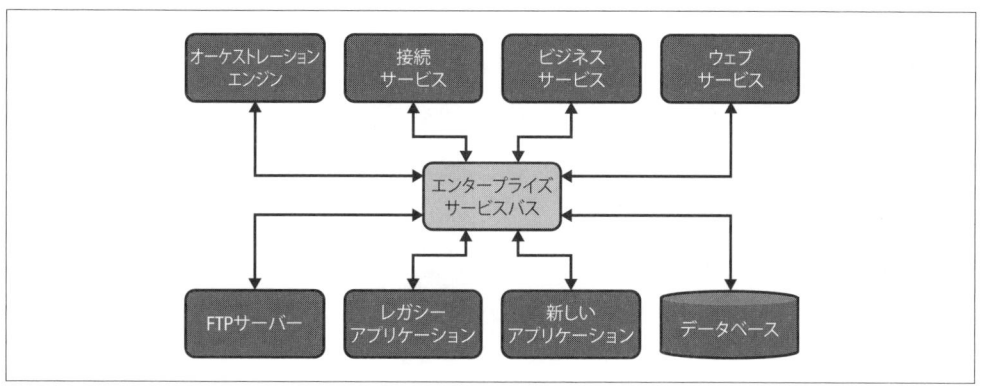

図6-15　現実に近いサービスバス図

持つ事項に合わせて図を用意するなどの手段がある。

6.4　視覚的なバランスを作る

　視覚的なバランスのパターンを意識することはよく見過ごされがちだが、これを意識することで図を他と差別化することができる。バランスは視覚デザインの重要な要素であり、図だけでなく写真や他のビジュアルにも当てはまる。バランスは人間の本能的な期待であり、したがって受け手の期待でもある。コミュニケーションを成功させるための基本は、受け手が望むものを提供することだ。（もちろん例外もあり、受け手が望むものが実際に必要なものとは限らない。）

　図のバランスを取るということは、悪い図を正すものではなく、良い図をさらに良くするものだ。バランスの要素の一つは対称性である。**図6-16** は完全に正しい C4 コンテナ図だが、**図6-17** のような満足感を与えない。この2つを比較すると、**図6-17** の方が収まりがいいと思わないだろうか[†4]。

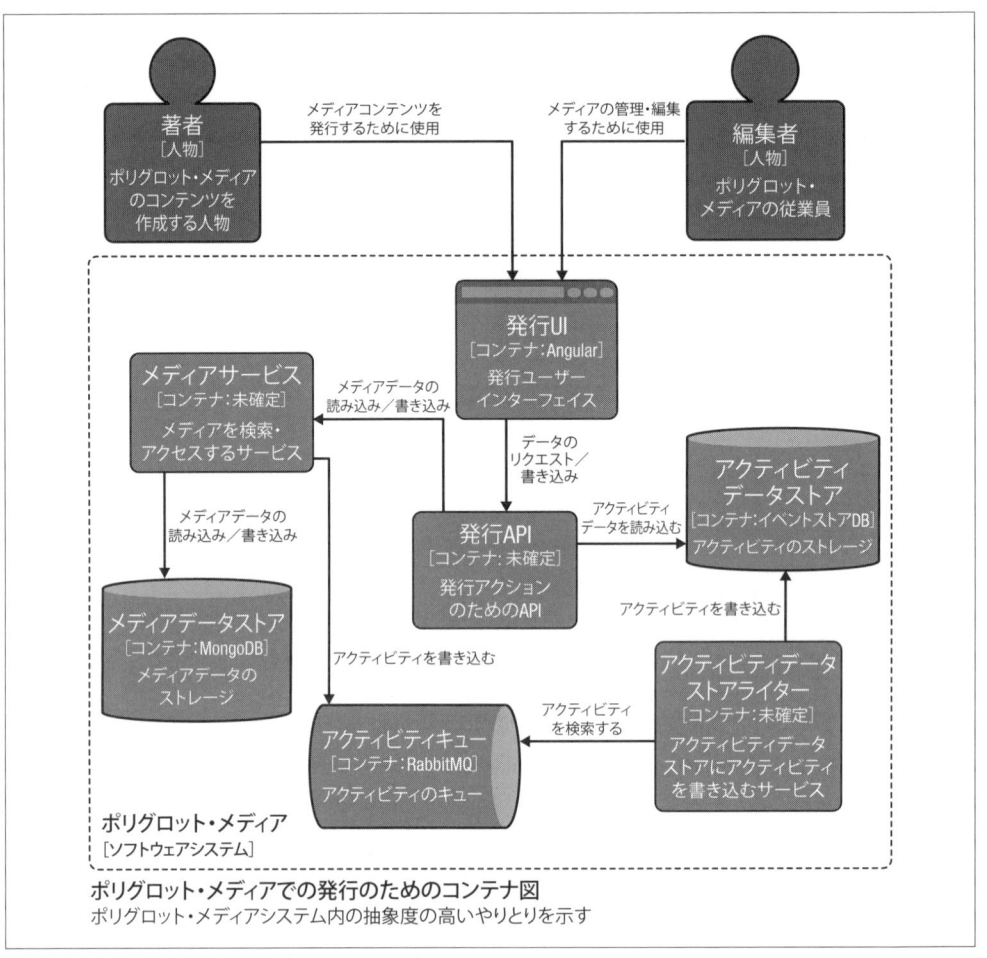

ポリグロット・メディアでの発行のためのコンテナ図
ポリグロット・メディアシステム内の抽象度の高いやりとりを示す

図6-16　アンバランスな C4 図（アンチパターン）

　図6-16 と**図6-17** は、同じ情報と要素を持ち、キャンバス上の配置が異なるだけである。すべてを完全に対称にする必要はないし、常にできるわけでもない（これを「**左右対称**」と呼ぶ）。しかし**図6-17** のように、小さな違いを含む「**近似対称性**」など、何らかの形で対称にできるはずだ。

[†4]　訳注：バランスとレイヤの上下関係のどちらを重視すべきかは人によるところと思われる。

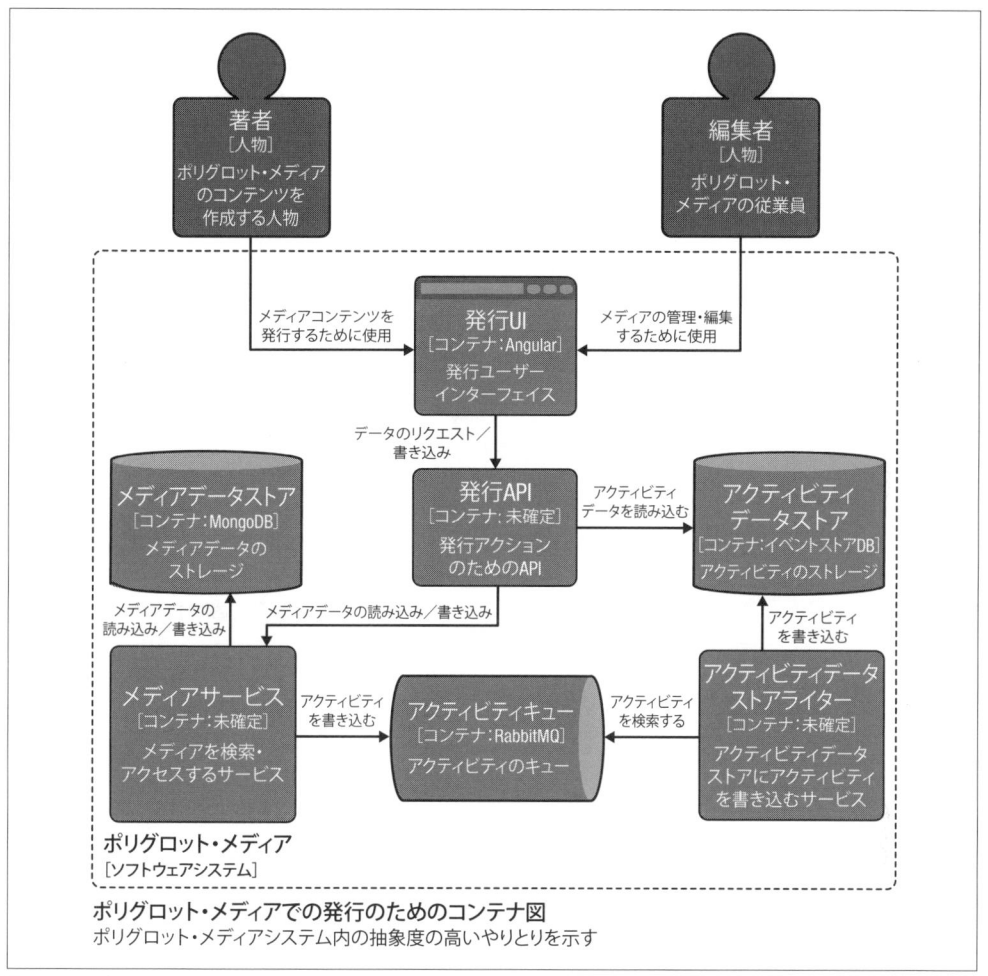

図6-17　バランスの取れた C4 図

　対称性は、図全体ではなく一部にだけ適用しても読みやすくなる。例えば、要素が広がったり縮んだりする図を作成するとき、要素を配置する際にそれらの拡大・縮小箇所を対称にしておくとよい。

　対称性を保つことが不可能な場合は、非対称性を採用することで同様に満足のいく効果を得られるかもしれない。その場合、位置、重さ／サイズ、方向を使用して要素のバランスを取る必要がある。キャンバスをシーソーのように考え、そのキャンバス上の特定の軸や支点に対して適切なバランスを取ることを目指すのだ。

図は美しくある必要はないが、1つの図や一連の図の中で一貫性を持たせることで、視覚的に見やすくなる。

6.5　まとめ

この章では、読みやすく、誠実で、バランスの取れた図を作成するためのツールを紹介した。

第I部の終わりに差し掛かり、あなたは図やその他の視覚表現を作成するための多くのツールを手にしたはずだ。最後に紹介した構成のテクニックは、屋根に輝くタイルを加えるようなものであり、1章で学んだ基本的な要素が強固な基盤を提供してくれた。

しかし、図だけではソフトウェアのアーキテクチャや設計に関することをすべて伝えることはできない。テクニカルライティング自体が一つのスキルであり、視覚的なコミュニケーションとは独立しているものもあれば、重なり合うものもある。対面でのコミュニケーションを行えば、直接会っていても遠隔でも、文章や視覚でのコミュニケーションを補完できる。

第II部では、テクニカルライティング、対面でのコミュニケーション、およびそれらすべてに適用できるテクニック、さらに受け手にあなたの言うことを信頼してもらうための技術について解説する。

第Ⅱ部
マルチモーダル・コミュニケーション

　第Ⅱ部では書面、口頭（話し言葉）、および非言語コミュニケーションのためのパターン、アンチパターン、技法、フレームワークについて説明する。働く環境がリモートであってもオフィスであっても、日常的にこれらすべてのコミュニケーション形式を使用しているはずだ。書くこと、話すこと、そしてボディーランゲージなどの非言語コミュニケーションを少し工夫することで、メッセージはより理解しやすくなり、望む反応を得られる可能性が高まるだろう。

　第Ⅱ部の章内のセクションは、パターンとアンチパターンの集まりとして編成されている。文章コミュニケーションのパターンは、メール、文書、インスタントメッセージなど、書くものであれば何にでも適用できる。口頭および非言語の技法は、対面でもリモートでも、誰か（あるいはグループ）と話す際に適用できる。

　このパートの最終章である9章では、すべてのコミュニケーションに使えるレトリックのパターンとテクニックを扱っている。レトリックは、もともと2000年以上前にアリストテレスによって発展したもので、現代技術社会におけるコミュニケーションには当てはまらないと思うかもしれない。しかし、エトス、パトス、ロゴスのテクニックは、時の試練に耐えてきたのには確かな理由がある。

　これらすべてのパターンや技法を適用することで、メッセージの強化を図ることができる。どのような形式（または複数の形式）であっても、それらを駆使してメッセージをより効果的に伝えよう。

7章
文章コミュニケーション

　普段の仕事を通して、あなたは文章コミュニケーションを明確でわかりやすくすることの重要性を理解しているだろう。同僚にメールを送る場合でも、要件を文書化する場合でも、報告書を作成する場合でも、文章コミュニケーションはあなたの仕事に欠かせない。

　この章では、明確かつ簡潔に影響力のある文章を書くためのさまざまなヒントやテクニックを探求する。ライティングを上達させるためのパターンや、よくある落とし穴を避けるためにアンチパターンを紹介する。経験豊富なライターであっても、ライティングを始めたばかりの人でも、この章はあなたのライティングスキルを向上させるための実用的なガイドとなるはずだ。

7.1　言葉はシンプルに

　言葉を明確にするために考えるべきことは多い。**言葉はシンプルに**パターンはその助けとなるだろう。自分が言ったり書いたりする言葉はすべて、皆が理解できるだろうと思い込んでいたり難しい語彙を使って自分を賢く見せようとすると、たいてい混乱を招く。人々はあなたをより高く評価するどころか、理解できないせいで逆にあなたを低く評価するだろう。

　ディスレクシア（読み書き障害）や注意欠陥・多動性障害（ADHD）のように視覚的な処理が苦手な人にとって、複雑な単語や文章は定型発達者に比べてさらに大きな障害になることがある。大量のテキスト、特に空白がほとんどない場合は問題を引き起こしやすくなる。自閉症の人は、皮肉やイディオム[†1]を理解するのに苦労することが多いため、図やプレゼンテーションでは使用しないのが望ましい。

神経多様性

　神経多様性に関する定義を簡潔に説明する。

[†1]　イディオムとは、一定の順序で並んだ単語の集まりのことで、それぞれの単語の意味とは異なる特定の意味を持つ。

> **神経多様性者**
>
> 　脳の処理、学習、または行動が一般的なものと異なる人を指す。
>
> **定型発達者**
>
> 　認知機能が一般的な人々の典型に該当することを示す。

　非母国語話者の語彙数は母国語話者よりも少ない傾向がある。母国語話者は通常、約 15,000〜20,000 語群[†2]の語彙を持っている。2022 年の研究（https://oreil.ly/a8Uiq）によると、英語で書かれたニュースの約 95 ％を理解するためには、約 4,000 語群の語彙が必要だという。あなたが母国語でコミュニケーションする場合、今日の国際社会やオンライン社会では、受け手の中に非母国語話者もいることを考慮する必要がある。

 受け手の中には、あなたの文章を読むために翻訳ソフトを使う人がいるかもしれない。イディオムを使わずに簡単な言葉を使うことで、翻訳しやすくなるだろう。

　語彙は人によって異なり、学歴や社会的地位、年齢に応じて変わる（年配の人が長年の経験で多くの語彙に触れてきていたり、異なる世代が異なるジャーゴン[†3]を使ったりする）。しかし、趣味や文化、地理などの要因によっても語彙は大きく異なる。一般的な語彙は、ビジネス、ドメイン用語、技術的な語彙とも異なる。たとえ受け手の属性が似ていたとしても、語彙が異なることを考慮しよう。

　頭字語[†4]と同様に、ビジネス用語、技術用語、ドメイン用語をまとめた用語集を図や文書に含めよう。たとえば、「注文明細」という言葉を正確に定義すれば、チームごとに意味が異なることがあまりなくなる。命名は難しいが、用語集とユビキタス言語の考え方が役に立つだろう。

　表7-1 は文章を簡素化するための選択肢をいくつか示している。ソフトウェア開発アプローチの一つであるドメイン駆動設計（DDD）は、モデリングするドメイン内で使用できるユビキタスな語彙を生み出す。ユビキタス言語は技術チームではなくビジネスから生まれるため制御できる範囲は限られている。必要に応じて追加できるように独自の用語集を作成すること。

[†2]　訳注：「語群（word families）」とは、同じ語根（語のもとになる部分）を持つ関連する語の集まりを指す。例えば、「create（創造する）」という語根から派生した「creative（創造的な）」や「creation（創造物）」など。

[†3]　訳注：「ジャーゴン（jargon）」とは、特定の職業や集団で使われる専門的な言葉や用語を指す。一般的には、外部の人々には理解しにくい場合が多く、同じ分野に属する人々の間でコミュニケーションを円滑にする役割を果たす。

[†4]　「7.2 頭字語地獄」を参照。

表7-1　シンプルな語彙やフレーズの例

複雑なもの／あまり使われない	シンプルなもの／よく使われる
取得する（acquire）	買う（buy）
～の方向に（toward）	～へ（to）
採用する（adopt）	使う（use）
発送する（dispatch）	送る（send）
位置を特定する（locate）	見つける（find）
パトロン（patron）	顧客（customer）
大多数（a majority of）	ほとんど（most）
～の結果として（as a result of）	～のために（because of/due to）
可能である（is able to）	～できる（can）
～の場所を特定する（determine the location of）	見つける（find）
～という目的のために（for the purpose of）	～のために（for）
～する傾向がある（have a tendency to）	～しがち（tend to）
二度にわたり（on two occasions）	2回（twice）
決定を下す（make decisions about	決める（decide on）
意見を持つ（is of the opinion）	考える／信じる（thinks/believes）
～する目的で（in order to）	～のために（to）

　あなたが所属するドメインの語彙に精通していない受け手に対して話したりプレゼンしたりする際は、受け手が理解する必要のある用語を説明すべきである。これは具体的に用語を定義するか、理解できるかもしれない同義語を提供することで行える（例えば、英語を母国語としない人はlocate《位置を特定する》は理解できなくても、find《見つける》は理解できるかもしれない）。

言葉をシンプルに保ち、必要な専門用語や複雑な用語を定義することで、受け手の学習曲線をスムーズにすることができる。

7.2　頭字語地獄

　図、表、またはそれに付随するテキストに、受け手向けに定義されていない頭字語が含まれている場合、**頭字語地獄**状態に陥る。受け手が頭字語をあなたの意図通りに理解することを期待してはいけない。頭字語は、たとえ受け手があなたの説明する文脈を追っていたとしても、人によって意味が異なることがあるのだ。

　他人が自分と同じ理解をしていると簡単に思い込んでしまう。これは**知識の呪い**と呼ばれることがある。あなたの脳には気づかないうちに参照している多くの情報があり、その情報は必ずしも受け手の脳にあるとは限らない。

知識の呪い

ある分野で専門家になればなるほど、経験の浅い頃を思い出すことが難しくなり、非専門家

とのコミュニケーションが難しくなる。

　知識の呪いの一例を挙げよう。ある概念を誰かに説明しようとすると、相手はあなたの説明に含まれる他の事柄を知らないことに気づき、さらに説明することが増えてキリがなくなる。元の概念を説明するには、数分以上の会話が必要になる。

　受け手の中には理解できない人がいることを意識せずにイディオムを使うのも、知識の呪いの一例である。

頭字語を定義しないと、それが解釈の余地を残してしまい、コミュニケーションがうまくいかない。受け手に自分と同じ理解を持ってもらうことが目標だが、頭字語をまったく理解していなかったり、異なる定義があると信じていたりするとそれは実現できない。どの業界や領域にも独自の頭字語があり、同じ領域内でもビジネス関係者と技術者の間で同じ頭字語の理解に大きな違いがあることもある。

世の中には一般的になりすぎて、元々は頭字語であったことを忘れられている単語が存在している。例として、レーダー（RADAR：radio detection and ranging：放射線探知および測定）、レーザー（LASER：light amplification by stimulatedemission of radiation：誘導放射による光の増幅）、およびスキューバ（SCUBA：self-contained underwater breathing apparatus：自給式水中呼吸装置）などがある。Joseph Cyril Bamford（JCB）および Bayerische Motoren Werke（BMW）という頭字語は、ヨーロッパで広く知られている[†5]。

　DDD を用いれば、ユビキタス言語を作成し効果的なコミュニケーションを実現することができる。DDD を用いなくても、使用する頭字語を定義することでユビキタス言語の作成に貢献できるだろう。

　頭字語地獄のアンチパターンを避ける主な方法は、頭字語を確実に定義することである。話している場合は、頭字語とその完全な形を述べる（これは他の人が定義を省略した際に頭字語を覚える手助けになる）。テキスト上では、初めて使う際にまず定義から記述しその後（もしくは前）に頭字語を括弧内に記載するのが主流である（必要であれば各セクションや章の最初に改めて記述する）。

頭字語の定義をどこに記載するにしても、受け手がその情報へ容易にアクセスできるようにすることが重要である。

　頭字語は、図やその他の視覚表現で使用される場合、凡例や脚注に記載することができる。また、文書・プレゼンテーション資料・またはドキュメントの用語集に、他の単語の定義と共に（ユビキタス言語として）含めることも可能である。

---

†5　私が使っている頭字語の定義に注目してほしい。

さまざまな意味

もし、ある頭字語が情報技術において一つの意味しか持たないと思うなら、次の例を考えてみてほしい。

DFD

データフロー図（data flow diagram）、展開フロー図（deployment flow diagram）、ドキュメントの自由の日（Document Freedom Day）、ディスク故障診断（disk failure diagnostic）、開発財務部門（Development Finance Division）、意思決定フィードバック検出（decision feedback detection,）、詳細機能設計（detailed functional design,）、廃棄設計（design for discard）、開発設計（design for development）…

SPA

シングルページアプリケーション、単一アクセス（single point of access）、特別プロトコル評価（special protocol assessment）、シリアルポートアダプタ、スマートプロセスアプリケーション、売買契約（sales and purchase agreement）、ソリューションプロバイダー契約（solution provider agreement）、ソフトウェアプロセス評価（software process assessment）、システムおよびプロセス保証（systems and process assurance）、スケーラブルプロセスアーキテクチャ、サービスプロバイダーアーキテクチャ、シンプルプロセスアプリケーション、システム性能分析（system performance analysis）…

BLT

ビジネスリーダーシップチーム、言語翻訳器（basic language translator）、バルクローディングツール、ビジネスリエゾンチーム、ボトムライン技術、ビルドロードテスト、バイナリラージオブジェクト、ビットレベル追跡（bit-level tracing）…。そして、ベーコンとレタスとトマト。

7.3　構造化された書き方

技術文書を含むさまざまな形式の文書は、計画的に構造化することによって読みやすくなる。複雑な概念を伝えたり、さまざまな概念の組み合わせを示したりする必要があるので、文章の構造を考慮しないと伝わらないのだ。

技術文書の構造をコンピュータプログラムの構造と同じように考えてみよう。プログラムの構造はツリーやピラミッドの形をとることが多い。

グラフ構造のデータは昔より一般的になってきたが、ルートが数多くあるグラフをたどることと

ピラミッド構造をたどることはまったく違う。技術文書においては、ピラミッド構造の方がはるかに効率的である（高度に関連するデータの検索など、グラフ構造の方が効率的なシナリオもある）。

　情報を整理し構成する方法として 1960 年代にバーバラ・ミントによって開発された**ミント・ピラミッド原則**[†6]は、技術文書にとって有用なツールである。この原則は、ミントが働いていたマッキンゼー・アンド・カンパニーの標準になった。

　ミントピラミッド原則の基本的な考え方を紹介しよう。まず、キーとなる主張やメッセージを見定めることから始め、それを論理的な主張に分解し、それらのアイデアを論理的に順序付ける。それを自分の主張を十分伝えられるようになるまで繰り返すのだ。彼女自身の言葉を引用しよう。

> 読者にとって最も読みやすい順序は、まず一番大事で抽象的な主張を受け取ってから次にそれを補足する細かい主張を受け取ることである。大事な主張は常に細かい主張から導き出されるするため、主張の構造は、一つの全体的な思考で結びつけられたピラミッドとなるのが理想的なのだ。

　このようにして、あなたの文章の各主張や要素は、それ以前の主張に上下にリンクされ、その主張は常にその下の主張の要約となり、裏付けとなる複数の主張は横に並ぶ。

　ピラミッドを下に移動すると、主要な主張を述べ、その主張に関する読者の質問に回答するというパターンが生まれる。**図7-1** はこの構造の例だ。ピラミッドの横断は主要メッセージから始まり、それに続く最初の裏付けとなる主張、そしてその主張の裏付けデータとなる。それに続くのは裏付けとなる主張 2 だ。

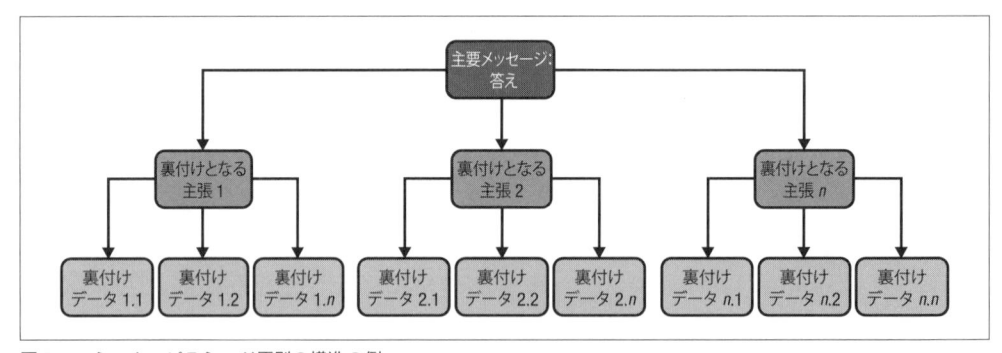

図7-1　ミント・ピラミッド原則の構造の例

　ピラミッド構造は日常のコミュニケーションにも技術文書にも使える。**例7-1** のメールは著者が思いつくままに書き連ねたものだ。同じ情報をピラミッド構造で整理したものが**例7-2** である。

[†6]　訳注：「ミント・ピラミッド原則」は、バーバラ・ミントによって提唱されたコミュニケーションの手法であり、論理的な思考や文章構成を行うための枠組みである。バーバラ・ミント著『考える技術・書く技術：問題解決力を伸ばすピラミッド原則』（ダイヤモンド社、1999 年）という著書で広く紹介され、この原則は、結論を先に示し、それを支える論拠をピラミッド型に構成することを特徴とする。これにより、読者や聞き手に対して明確で説得力のある伝え方が可能になる。

例7-1 著者の頭に浮かんだアイデアに基づくメール構成

皆様へ

当社のサードパーティー・サプライヤーから、計画されていたキックオフ会議に出席できなくなり、金曜日もしくは月曜日の午後 3 時前も出席できないと聞かされました。
スケジュールを確認したところ、開発チームの一部メンバーが水曜日から休暇中のようです。

何人かのメンバーに影響する学校の送迎を考慮すると、現時点では火曜日の午前 10 時が最適と思われます。皆様のご都合はいかがでしょうか？ お早めにお返事をお願いします。

よろしくお願いします。

例7-2 ピラミッド構造で構成されたメール

皆様へ

プロジェクトのキックオフ会議を再調整する必要があります。火曜日の午前 10 時のご都合をお早めにお知らせいただけますか？

サードパーティー・サプライヤーのチームが元の日時に出席できなくなり、水曜日から金曜日までの間に開発者の 2 人が休暇中です。
また、関係者の多くに影響する学校の送迎時間も避けたいと考えています。

よろしくお願いします。

　このように比べると、ピラミッド構造の強みがよくわかる。**例7-2** では、メールの冒頭を読めば、送り手の意図がはっきりわかるし、何を返せば良いかもわかる。そして、詳細な説明はその後に続く。最初の段落だけで十分だと思う読者は、それ以降を無視して単純に依頼されたことをやればよい。

　例7-2 は、このピラミッド構造をシンプルなメールに適用する方法を示している。技術文書やスライドデッキの構造に適用するには練習が必要だが、コミュニケーションは大きく改善するだろう。

　例7-3 を考えてみてほしい。これはプロジェクトの紹介部分である。**例7-4** と比較して、ピラミッド構造を適用することで導入部分がどれほど読みやすく、また理解しやすくなるかを見てみよう。もっと読みやすくするために、これをどのように構成するべきだろうか？

例7-3 ピラミッド構造で構成されていないメール

ポリグロット・メディア内のシステムやプロセスの問題点やボトルネックを特定するために、イベントストーミングのような協調的モデリングを使用して現在のシステムとプロセスをマッピングします。

最初のクロスファンクショナルグループがこのマップを作成し、さらに問題を分解し最適化を設計するために、追加のグループが割り当てられ、継続的かつ反復的なプロセスによって最適化を行います。

これにより、ポリグロット・メディアは急速に成長する顧客基盤（内部顧客を含む）のニーズをより良く満たし、昨会計年度から期待を上回る成長を遂げております。

例7-4 ピラミッド構造で構成されたメール

> ポリグロット・メディアは、昨会計年度から期待を上回る成長を遂げるため、急速に成長する顧客基盤のニーズを
> より良く満たすためのシステムとプロセスの最適化が必要でした。
>
> これらのニーズを満たすために、現在のシステムとプロセスのマップ、および問題領域やボトルネックを特定する
> 必要があります。これが最初のクロスファンクショナルグループのアウトプットとなりイベントストーミングのよ
> うな技法や、他のタイプの協調的モデリングを使用して現在の状況を評価します。
>
> 最適化プロセスは何度も改善を積み重ねる必要があり、その過程で問題を特定して解決策を発見し、自分たちを含
> む顧客のために最適化し続けます。

　この節で紹介したのは、ピラミッド構造に関するざっくりとした概要であり、これを執筆、文
書、プレゼンテーションへ適用することができる。詳細については、バーバラ・ミント著『考
える技術・書く技術』（ダイヤモンド社、1999年）およびバーバラ・ミントの公式ウェブサイト
（https://www.barbaraminto.com）を参照してほしい。

ピラミッド原則は新聞の記事見出しと構造に例えることができる。見出しを読めば物語全体の
概要がわかる。各文章や段落を読むと記事の詳細がわかるが、いつ読むのを止めたとしても見
出しから要点は把握できる。

7.4　技術文書の構文

　技術文書はクリエイティブな文書とは異なる。技術文書は特定の受け手（例えば開発者やプロダ
クトの顧客）を対象としているのに対し、クリエイティブな文書は通常、受け手を限定していない
ことが多く、せいぜい年齢層やジャンルの好みを意識する程度だろう。技術文書の目的は情報提供
や指導である一方で、クリエイティブな文書は楽しませるが目的だ。

　この2つの主な違いのため、技術文書とクリエイティブな文書はフォーマット、スタイル、構造
において大きく異なる。技術文書の構文は、明確かつ情報量豊富にするために重要である。技術文
書においては、明確であることが一番重要なのだ。

7.4.1　強い動詞

　行動、状態、出来事を説明する強く正確で能動的な動詞を選ぶ。「be」や「was」（〜である）、あ
るいは「happen」（起こる）といった動詞は弱く、非能動的な動詞の例である。技術文書でこれら
を制限し、注意深く選んだ強い動詞を使用することで、内容がより具体的で明確になる。

　強い動詞を使う時には、受け手がよく知っている言葉にしよう。受け手が強い動詞を理解できな
い場合、弱い動詞の方が適切でありすべての弱い動詞を文章から排除する必要はないだろう。

　以下は、動詞を変更してより正確で簡潔な文章を作成する例である。

　　エラー通知が**発生する**（happens）のは…
　　　サービスが通知を**生成する**（generates）のは…

私たちが決断するに**至った**（made）3 つの問題…

　　3 つの問題が私たちに決断を**促した**（convinced）…

私は（am）注意深く、慎重に……

　　私は**気をつけ**（ensure）慎重に……

ベクトルが**入力される**（is entered）と、それは**変更され**（is changed）…

　　サービスがベクトルを**受信すると**（receives）、それは**変換する**（transforms）…

　強い動詞の例として、「govern（統治する）」、「amend（修正する）」、「extract（抽出する）」、「realize（実現する）」、「notify（通知する）」、「convince（説得する）」、「inspect（検査する）」、「guide（案内する）」、「scan（スキャンする）」、「serve（提供する）」、「transform（変換する）」、「raise（上げる）」、「generate（生み出す）」、「ensure（確実にする）」が含まれる。

7.4.2　短い文

　文は短い方が早く読める。余分な言葉を取り除くことで一文が短くなり、文書全体も短くなる。文書が短ければ速く読める。

　コードと同様に、短い文書の方が保守が容易であり、不具合（ミス）を避けやすい。

　短い文は読みやすく、より強いメッセージを伝えることができる。これは単一責任の原則の一つの応用である。ある文が存在する理由は一つだけであるべきだ。

7.4.3　精緻な段落

　段落の最初の文が最も重要である。受け手は内容をざっと見て、最初の文に基づいてどの部分を読むかを選ぶかもしれない。したがって、最初の文は段落の論点をカバーするか（「7.3　構造化された書き方」で述べられているように）修辞的な質問などのテクニックを使用して、読者の注意を引く必要がある。

　段落にも単一責任の原則を適用するとよい。通常、段落には複数の文が含まれるが、各段落には全体を包括する意義が一つ存在すべきである。文をメソッドに、段落をクラスに例えてもいいだろう。

　段落で扱う話題は一つにするべきだ。そして読者に伝えたいこととその重要性、その知識の活用方法や論拠が書かれていなければならない。これらの詳細は複数の段落にわたって記述されることもある。

　文は一般的に短い方が良いが、段落は短すぎても長すぎてもいけない。理想的には 3〜5 文が適切である。7 文を超えると段落がテキストの壁となり、受け手が読むのをためらうようになる。読み手の疲労を避けるために長い段落は見直して分割しよう。短い段落が多い場合は、内容を統一された 3〜5 文の段落に再構成するか、段落をリストに変えることを検討しよう。

7.4.4　一貫した語彙

　文書全体で語彙を一貫して使用すること。同じものを指す言葉を別の言葉に切り替えるのは、メソッドの途中で変数名を変更するようなものだ。コードがコンパイルされないのと同様に、文書でも受け手が理解できない。

　技術的文書では多くの言葉が互換的に使用される（厳密には定義は違うが、アプリケーション／プログラム／ソフトウェア。あるいは、エンジニア／開発者。さらに、ユーザー／クライアント／顧客）。同じ意味を持つ場合は一つの言葉を選んで使い続け、類似した言葉で別のものを指す場合は明確に違いを示すべきである。

　何か長い名前を初めて言及する際には、短縮形や頭字語を紹介し、その後は短縮形を使い続けるのもよい。一度短縮形を使い始めたら、正式名称と省略形を行ったり来たりしないように。一方を一貫して使用すること。

　正式名称を数回しか使わない場合、短縮形をわざわざ定義して使用するのは手間だと感じるかもしれない。この機会に正式名称と短縮形や頭字語の関連を受け手に教えることが有益かどうかを考慮すべきである。

　使用する頭字語は必ず定義するようにすること（「7.2　頭字語地獄」を参照）。

7.4.5　受け手への共感

　受け手を定義することは、コミュニケーションの基本の一つである（「1.1　相手を知る」で議論されている通りだ）。受け手に応じて、書き方や文章の構造が影響を受ける。受け手の知識に関する以下の質問を自問することで、文章の基盤を設定しやすくなる。

受け手はあなたが書いている内容についてどれくらい知っているか？

　　受け手の知識を基盤として利用できるかもしれない。受け手の知っている基本的な事実を述べると、受け手は関心を失ってしまうかもしれない。

受け手は何か似たようなものを知っているか？

　　もし受け手が既に似たようなものを知っている場合は、それを比較することで受け手があなたのテーマを理解する助けになる。

受け手の知識の中に長い間使っていないものはあるか？

　　もし受け手が長い間その知識を使っていない（大学で 10 年以上前に習ったかもしれない）なら、概要を示し、必要に応じて詳細な情報を伝えよう。

受け手の知識が古くなっていないか？

技術の進化は非常に速い。もし情報が更新されていたら、新旧を比較し、これらの変化の利点と欠点を説明しよう。

受け手が何を必要としているか自問することで、記事や文書について計画を立てて構成しやすくなる。

受け手は何を達成しようとしているか？

それこそがあなたの文書を読んだ受け手ができるようになることだ。アーキテクチャをどう実装するのか知りたい開発者なのか？ ソフトウェアの新機能を学びたい顧客なのか？ この質問に対する答えを明らかにするために、次の文を完成させよう。**読んだ後、受け手は…できるようになる。**

受け手が目標を達成するために何を学ぶ必要があるか？

これは、現在の知識と目標（前段落の質問への答え）を達成するために知るべきこととの差異である。この質問への答えこそが、文書を通じて教えなければならないことである。この質問に対する答えを明らかにするために、次の文を完成させよう。**読んだ後、受け手は…を学ぶ。**

受け手の学習は特定の順序で行う必要があるか？

この答えによって、文書の構造が決まる。もし受け手が特定の手順に従う必要があるなら、番号付きリストを使用してその順序で指示を並べよう。受け手が順序立ててステップを学ぶ必要があるなら、その順番を意識して文書を書こう。

こうした質問の答えが出ていれば、文章にどんな情報を含め、それをいかに構成して受け手のニーズに合致させるかを決められる。

技術文書のためのアドバイス

この章で紹介したヒントと技法に加えて、技術文書に含まれる内容に関してアドバイスをいくつか示しておく。

重要なポイントから始める

重要なポイントや要点を最初に述べる。読者は最初のページや最初の数段落しか読まないかもしれないが、それでも最も重要な情報を知ってもらえるようにしよう。

範囲を明示する

技術文書の範囲を明示することで、何が書かれているのかを読者が想定できる。そうす

れば、読者は求める情報を含む文書を見つけやすくなるし、興味のない文書を読む手間を省くことができる。

含まれない事項を明示する

読者があるトピックが含まれていると期待しても、実際には含まれていないことがある。最初にそれを伝えることで、時間を無駄にしてがっかりさせないようにしよう。カバーされていないトピックが他の場所に書いているのであれば、参照用にリンクをはっておこう。

対象読者を明示する

この情報は読者がその文書を読むべきかどうかを判断するのに役立つ。これがないと、対象となる読者が文書を読み飛ばしてしまうかもしれず、他の読者は自分のニーズに合わないものを読むことに時間を無駄にしてしまう可能性がある。

必要な前提知識や文献を明示する

この文書の範囲外であっても、読者が文書を読む前に知っておくべきことや理解しておくべきことを伝える。可能であればリソースや必要な文献へのリンクを提供する。

7.5　まとめ

この章で学んだテクニックは、メールなどのコミュニケーション、ドキュメント、および図中のラベルや他のテキストを含む、すべての文章に当てはまる。文章力を向上させることは、あなたが思っている以上に多くのコミュニケーションに影響を与える。

コミュニケーションするもう一つの主要な方法は、言語コミュニケーションと非言語コミュニケーションである。これらは相互に補完し合うし、あなたの文章スキルを補完するものでもある。次の章では、他者を理解する力と他者があなたを理解する力の両方に役立つ、言語コミュニケーションと非言語コミュニケーションを改善するためのテクニックを紹介する。

## 8章

言語コミュニケーションと 非言語コミュニケーション

言語的コミュニケーションおよび非言語的コミュニケーションは、対面かリモートかに関わらず、あらゆる技術屋の仕事にとって重要だ。非言語コミュニケーションは、ボディランゲージ、ジェスチャー、表情だけでなく、アイコンタクト、声のトーン、パーソナルスペース、接触、外見、道具や小道具の使用なども含む。

コミュニケーションとは基本的に、メッセージを**エンコード**して送り、受け取ったメッセージを**デコード**することだ。ソフトウェアシステムと同様に、デコードされたメッセージがエンコードされたものと一致して初めて、コミュニケーションは成功したとみなされる。この章のパターンは、エンコードとデコードのスキルを向上させるとともに、説得力と影響力といったコミュニケーションの目的に関わるようなスキルも向上させる。

8.1　メッセージのエンコード

コミュニケーションには、応答が不要な一方向のケースと、受け手が応答する双方向のケースがある。どちらのケースであっても、メッセージは常にエンコードまたはパッケージ化されるため、受け手がメッセージをデコードできるようにする必要がある。メッセージを期待通りに理解してもらうためには、正しくエンコードを行うことがコツである。

8.1.1　反応の予見の活用

コミュニケーションを始める前に、メッセージを相手に理解してもらうために、どうやってパッケージ化するかを考え始めよう。**反応の予見**は、最初に実践できるパターンの一つだ。相手に好かれていると思えば、相手に対してより温かく振る舞うことができ、その結果、相手もあなたをより好きになる。その逆もまた真であり、相手に好かれていないと思えば、相手への態度はより冷たくなり、その結果、相手はあなたを好きにはならない。

これは自己成就的予言であり、仲間同士、敵同士が互いにどう行動するかを考えれば、大いに納得がいく。他人が自分を受け入れてくれるかどうかを気にする人もいれば、気にしない人もいる。しかし研究によって明らかになっていることもある。人は純粋に自分を温かく受け入れてくれそうな他人に対してより良い反応を示すし、他人に受け入れてほしいと期待する人は、他人に対して温

かく振る舞うのだ[†1][†2]。

　社交に関して**悲観的**にならずに**楽観的**になることは、信頼を高め、コミュニケーションの目標を達成しやすくするためのテクニックだ。ステークホルダーにアーキテクチャを説明するときは、次のことから始めよう。受け手はあなたの友人であり、あなたのアーキテクチャを承認してくれると自分自身を納得させること（もちろん、受け手が抱くであろう疑問や不安を想定しておくことも重要だ）。顧客に営業する場合も、同じパターンに従うことができる。顧客はプロダクトを気に入り購入を希望しているのだ、と自分を説得するのだ。

　これは多くの人にとって当たり前のことではないし、一夜にして実現するものでもない。しかしこの反応の予見が確実に作用すると実感できるまで、練習を続けることはできる。

8.1.2　目の前の相手に集中する

　話している相手と絆を深める方法はもう一つある。それは、あなたが全力で注意を向けていることを明らかにすることだ。これには多くの利点があり、相手がより尊重され感謝されていると感じることで、あなたに賛同したり、あなたの望むことをしてくれる可能性が高まる。あなたの受け手もまた、あなたに全力で注意を向け返してくれるので、あなたのメッセージを理解しやすくなる。そうすれば、あなたへの信頼性が高まり、相手との精神的なつながりを築くことができる。相手のボディランゲージやその他のシグナル、そして相手の主張をより多く拾うことができるという利点もある。マネージャーや直属の部下と1対1のミーティングを行うとき、このテクニックは特に役に立つ。

　1対1のミーティングの目的は、支援をしたり受けたりすることや、自分が相応しいと思っている昇進についてマネージャーを納得させることである。相手に全力で注意を向けていることを示すために、次のことを試してみよう。

- アイコンタクトを取る（相手がそれを好まない場合は、メモなどに集中する）、視線を遠くにさまよわせない。
- 相手が話している間に電話やラップトップを使用しない。
- ペンと紙を使ってメモを取る。
- タブレットやラップトップなどのデバイスでメモを取らなければならない場合、そのことを相手に伝え、注意が他の場所に向いていると思わせないようにする。
- デバイスの通知をオフにする。
- 相手が話しているときに邪魔をしない。
- 必要な時に明確にするための質問をする。

[†1] Ambady et al. "Toward a Histology of Social Behavior: Judgmental Accuracy from Thin Slices of the Behavioral Stream," *Advances in Experimental Social Psychology* 32 (2000): 201–71, https://doi.org/10.1016/S0065-2601(00)80006-4.

[†2] Danu Stinson et al., "Deconstructing the *Reign of Error*: Interpersonal Warmth Explains the Serl-Fulfilling prophecy of Anticipated Acceptance," Personality and Social Psychology Bulletin 35, no. 9 (July 2009), https://doi.org/10.1177/0146167209338629.

● 理解したことを相手に繰り返して伝え、きちんと理解していることを確認する。

ステークホルダーや顧客と彼らの要件について話し合う場合や、潜在的な投資家や潜在的な販売について顧客と話し合う場合にもこれらのテクニックは特に役に立つ。

8.1.3　ボディランゲージとジェスチャーを使う

ボディランゲージは、視覚的に受け手に見える場合、コミュニケーションにおいて大きな役割を果たす。これには、表情、姿勢、ジェスチャーが含まれる。これを念頭に置いて、意図的なボディランゲージを使うことで、伝えたいメッセージを補強することができる。

ジェスチャー、特に手を使うものは、ボディランゲージの中で最もコントロールしやすく、有効に使いやすい要素の一つである。手のジェスチャーは自然に行われ、視覚障害者同士の会話でも使われる。ジェスチャーを取り入れれば、自分の発言内容を覚えてもらいやすくなるし、相手の聞く意欲も高められる。

自分自身を表現するためのボディランゲージを使うだけでなく、他者のボディランゲージを観察し、それに適応するべきである。例えば、相手に緊張した反応を見た場合、安心させるための言葉をかけ、さらに説明を補足することができる。

説明的なジェスチャー（例えば、何かが大きいことを伝えるために手を広げるなど）をすれば、発言内容をよりよく理解してもらえるようになる。一方、**力強いジェスチャー**（例えば、指を突き出して強調するなど）は、支配や権威を表現する。それぞれのジェスチャーを慎重に使い、目標に向けて効果的に働かせることが重要である。いくつかコツを紹介しよう。

● ジェスチャーは、胸の上部から腰までの長方形の範囲で、体の左右それぞれ半分の幅内に保つこと（**図8-1** 参照）。これを外れると、大げさで攻撃的、または制御が効かないと見なされることがある。
● ジェスチャーを発言内容と一致させ、意図的に行うこと。
● 手のジェスチャーの異なる文化的意味に注意すること。
● 堅苦しくなりすぎたり、速くなりすぎたり、ジェスチャーを多用しすぎたりしないようバランスを取ること。
● リモートでジェスチャーを使用する場合、カメラのフレーミングを考慮すること。対面で行うよりもさらに小さなジェスチャーにするべきである。画面上では誇張されて見えることがあるため。

使えるジェスチャーと、その使用例を紹介しよう。最初の3つは**図8-2** に示されている。

● 握りこぶしは強さを示す。プロジェクトの成功や何かがうまくいった喜びを伝える際に使うと良い。苛立ちを示すときには使用しないように注意しよう。不快感や攻撃性を意味する可

図8-1 ジェスチャーは胸の上部から腰までの直方体の範囲と、身体の左右に自身の身体幅の半分程度の範囲内で行うこと。

能性がある。

- 人差し指と親指を使って小さな隙間を示すことは、何かが小さい、影響が少ない、または「もう少し」の状態を強調する良い方法である。小さな問題やトレードオフ、目標がほぼ達成された時や災害が間一髪で回避された場合に用いる。

- 項目を列挙する際に、指を使って数えることができる。特に「重要な利点が3つ見つかりました…」のようなことを言った時に適している。

- 両手を使って体の片側からもう一方へ動かすしぐさは、白紙からやり直すことを示す時に使う。例えば、クラウドに移行する際にプロダクトの再アーキテクチャが必要であることを伝える時に使うと良い。

- 両手を上げることは、譲歩や謝罪を示す。これは口頭での譲歩や謝罪の真摯さを強調したい時に役立つ。皮肉を込めて何かを言う時には、このジェスチャーを大きく見開いた目と組み合わせると良い。

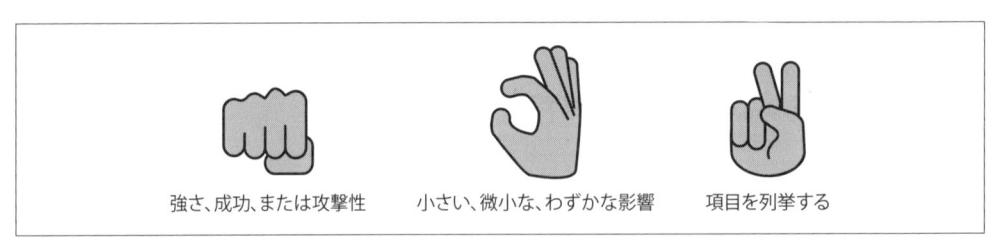

強さ、成功、または攻撃性　　小さい、微小な、わずかな影響　　項目を列挙する

図8-2 手のジェスチャーの例

これらのエンコーディングテクニックを1つか2つずつ実践し、練習を重ねることで自然に使えるようになる。

8.2 メッセージのデコード

メッセージを受け取るだけでは不十分である。理解するためには、そのメッセージを解読する必要がある。そして、そのためには感覚と脳を使うことになる。

『ファスト&スロー』（早川書房）で、ダニエル・カーネマンは脳に2つのシステムがあるとし、それぞれを**システム1**と**システム2**と呼んでいる[†3]。**システム1**は主に経験や本能に基づいて無意識に思考し、受け取ったメッセージを解読してその結果を**システム2**に伝える。システム2は理性的で論理的な部分であるが、システム1による決定に影響を受ける。

リアルタイムでコミュニケーションを取っていて、メッセージを迅速に解読して応答する必要がある場合、システム2をあまり働かせることなくシステム1の決定に基づいて行動することがよくある。リアルタイムでコミュニケーションを取っていない時には、システム2を使ってより理性的な応答をするための時間が増える。

 システム1に過度に依存すると偏見や判断ミスが生じる一方、システム2を過度に使用すると**分析麻痺**（過剰分析や考えすぎ）に陥ることがある。両方のシステムがうまく機能することが必要である。

8.2.1　バイアスとの闘い

認知バイアスは、たとえシステム2を稼働させていても意思決定や推論に影響を与えるが、システム1だけを使っている場合、その影響は深刻である。**認知バイアス**は思考時に無意識に生じるエラーであり、本質的には簡略化に伴うエラーだ。コードを早いうちに最適化した結果、後になってエラーを引き起こすのと同じようなものだ。これらのバイアスは他者とのやり取り、判断、さらには自身の安全にも影響を与えることがある。

認知バイアスから完全に解放されることはほぼ不可能だが、自分のバイアスに気づくことがバイアスに影響されないで意思決定するための第一歩である。新しい思考パターンを身につける訓練を紹介しよう。

- 自分のバイアスを認識し、学ぶ。認知バイアスの種類とそれが人々に与える影響について調査する[†4]。
- 意思決定を遅らせる。たとえば、アーキテクチャ決定記録（ADR）を使用して重要な決定を文書に記録する。テンプレートのおかげで慎重に考えられるようになるので、拙速な意思決定を避けられるようになる[†5]。
- バイアスがあなたに影響を与えるかもしれないタイミングを考慮し、立ち止まって自分がどう影響を受けているかを考える習慣をつける（たとえば、ADRテンプレートや面接フィードバックフォームにチェックリストを追加する）。
- 意思決定やメッセージのデコード中に気を散らすものを最小限にする。たとえば、ポッド

[†3]　この2つのシステムモデルは、本来はもっと複雑で繊細な人間の認知システムを抽象化したものだ。

[†4]　認知バイアスについては、ダニエル・カーネマンの『ファスト&スロー』（早川書房、2014年）、ロルフ・ドベリの『The Art of Thinking Clearly』（Harper Collins, 2013）、およびリチャード・H・セイラーとキャス・R・サンスティーンの『NUDGE 実践 行動経済学 完全版』（日経BP、2022年）を読むことをお勧めする。

[†5]　アーキテクチャ決定記録（ADR）とはアーキテクチャに関する決定を記録するためのドキュメントの一種であり、これは12章でさらに詳しく取り上げる。テンプレートと記載例については、「12.1　アーキテクチャ決定記録（ADR）」を参照。

キャストを聞きながらメールを読まない。

- 他の視点を考慮できるように、他者からのフィードバックやアドバイスを求める。

他人からのフィードバックやアドバイスを考慮するとき、相手も認知バイアスを持っていることを忘れないでほしい。そして、もし相手の認知バイアスがあなたと同じであれば、お互いに確証バイアスに陥りやすいのだ！

すべての種類の認知バイアスについてもっと学ぶことを勧めるが、ここではもっとも一般的な3つのバイアスについて簡単に見てみよう。

確証バイアス

確証バイアスでは、新しい情報を既存の信念や意見の確認として解釈する。脳は自分の信念を支持する情報を処理しやすく、それを真実と見なす傾向がある。特にオンラインで注意が必要である。多くの検索エンジンやソーシャルメディアのアルゴリズムは、まさにあなたが見たいものを表示するように開発されているため、**フィルターバブル**や**エコーチェンバー**を作り出し、既に信じていることに反論する情報をほとんど見かけなくなる。その結果、人々があらゆる方向から返ってくる誤情報に簡単に騙されてしまうことは容易に想像できるだろう。

新しい技術を調査する際、ADRを作成する際、または会議に出席する際には確証バイアスに注意すること。会議がエコーチェンバーになる可能性があることを意識するだけで、取り入れる情報を吟味するのに役立つ。自分が同意しない視点を探し、メモしておくこと。それが思わぬ新しい方向性につながるかもしれない。

後出しバイアス

後出しバイアスとは、過去の出来事を実際よりも予測可能だったと感じる傾向を指す。このバイアスは以下のような異なる強度で影響を与え得る。

- 予測可能性は低度の後出しバイアスである。「そのアップグレードが悪影響を及ぼすことはわかっていた」と考えるなら、このバイアスに陥っているかもしれない。
- 必然性は中度の後出しバイアスである。「そのアップグレードが悪影響を及ぼすことは避けられなかった」という思考に現れることがある。
- 記憶の歪みは高度の後出しバイアスである。例えば、「そのアップグレードを適用すると悪影響が出ると言ったのに」と誰も言わなかったことを主張する場合には記憶を歪めている。

物事がひどくうまくいかない時や、驚くほどうまくいく時、あるいはクライアントが何かに関して意見を変えた時に、このバイアスに陥りやすい。

集団思考

集団思考とは、調和や同調への欲求のせいで欠陥があったり非合理的だったりする意思決定がもたらされる状況を指す。グループのメンバーは異なる視点を表明したり、代替案を批判的に分析したりすることなく、さらに外部の視点を無視してコンセンサスに達することがある。集団思考は創造性や革新を妨げ、誤った意思決定を生み出してしまうことがある。

 大規模言語モデルのトレーニングは簡単にバイアスの影響を受けやすい。大規模言語モデルは訓練された内容しか知らないため、トレーニングデータにバイアスがあると、出力にもバイアスがかかることになる。

例

ジーノは異論を歓迎する

ポリグロット・メディアで ADR を作成する際、ジーノは常に「協議」という見出しを追加し、ADR の内容について幅広い人々から意見を求める。

ジーノはより多くのバイアスを見極めるために、多様なグループの人々を選ぶが、誰を選ぶかは意思決定の種類によって異なる。多様性は役割（例えばアーキテクト、プロダクトオーナー、開発者）だけでなく、年齢、性別、経験、組織での在職期間などの人口統計的差異もカバーしている。

ジーノは、これらの要因やその他の要因が、ダウンストリームチームに影響を与える技術や意思決定に新たな視点をもたらすことを目の当たりにしてきた。彼は、最悪なのは全員が彼に同意することだと言う。

8.2.2 当事者意識を持つこと

メッセージを解読するための最良の方法は、当事者意識を持ち、自分の視点やバイアス（たとえば、あるアーキテクチャスタイルを嫌うことや認知バイアス）を脇に置くことである。これは練習が必要なスキルだが、誰かを理解する際（例えば顧客、内部ユーザー、自分のレポート、または同僚）に非常に役立つ。

当事者意識を持つためのヒントを紹介しよう。

- 誰かが何を言おうとしているかを予測しない。予測してしまうと、本当に言いたいことを見逃して、「相手の口に勝手に言葉を押し込む」ことになるかもしれない。
- 彼らの意図や判断についての考えは脇に置く。これにより、確認バイアスを避けることができる。
- 「うん」などの聞き方の音や、うなずき、笑顔、または頭を一方に傾けるなどのボディラン

ゲージを使用し、注意深く聞いていることを強調する。

- 自分の視点やエゴを捨てて、相手と相手のメッセージに集中する。

- 話を中断したり、対抗することを避け、発言が終わったら理解できなかったり欠けていると思われる点を明確にするために質問を使う。質問をし、相手の考えを十分に探求することを通じて、あなた自身の意見を支持してくれるような考え方に導ける。

- 彼らのボディランゲージに注意を払い、メッセージをより明確に理解する。ボディランゲージと言葉の不一致を探し、真実でない可能性のあるものや何か隠し事をしているものを見極める。これにより、誰かが人の考えを操ろうとしていたり、何かを言うことを恐れている場合に警戒できる。

- 相手の話が終わり、意図を明確化するための質問をした後には、彼らが言ったことを要約して、正しく理解したことを確認する。

- 最後に、受け取ったメッセージに基づいて次のステップを決定する。

 これらのテクニックの多くは**積極的傾聴**の範疇に入る。言われたことをただ聞くだけでなく、積極的な参加者となり、言われたことを理解することを目指す。積極的傾聴によって、自分自身だけではなく、すべての参加者の理解を向上させることができる。

8.2.3　文化の違いを認識する

　文化の違いのせいで、言語および非言語コミュニケーションの正確なデコードが妨げられることがある。すべての人が自分と同じではないことや、同じ国の人でも大きく異なる文化的背景を持っていることを忘れがちだ。年齢、性別、性自認、性的指向、そして人種は、私たちを互いに異なる存在とする要因の一部だ。文化的背景は、どのようにメッセージを符号化し解釈するかといった、コミュニケーションの方法に影響を与えるのである。言葉やジェスチャーの解釈の違いは、コミュニケーションが成功するかどうかに大きな影響を及ぼすことがある。

　労働力が分散し多様化している現代において、異なる文化的背景を持つ人々とコミュニケーションする際には、重要な違いや無意識に相手を不快にさせる可能性があることを把握しておくべきである。事前に調べておくこともできるが、コミュニケーションしている相手に直接質問した方が手っ取り早い。

　ある文化圏では、対立や公開の場での異議表明が失礼または攻撃的と見なされる一方で、他の文化圏では全く普通だ。ビジネスにおける文化的な違いとして、**上司**に関するものを挙げられる。ある文化圏ではどんな時も上司を支持し、決して反対しないが、他の文化圏では意見を述べることを奨励するフラットな階層の組織が支持される。

　多様性はチームやその成果に悪影響を与えると考えられるかもしれないが、研究と分析によれば「文脈的な多様性がタスクのパフォーマンスにプラスの影響を与え得る」[†6]ことが明らかになって

---

†6　Vasyl Taras et al. "Research: How Cultural Differences Can Impact Global Teams," *Harvard Business Review*, June 9, 2021, https://oreil.ly/5y22b.

いる。タラスらは、多様な制度、政治、経済に触れてきたメンバーを持つチーム（**文脈的多様性を持つチーム**）が、問題解決、意思決定、および創造性において有利であることを明らかにした。

　しかし対照的に、「個人的な多様性」（年齢、文化、言語のような異なる特性）が、「チームの雰囲気に悪影響を与える」ことも明らかになっている。つまりコミュニケーションを成功させるためには、文化やその他の個人的な多様性を考慮する必要がある一方で、経験の多様性は全体的にプラスに働くことを示している。

　オフショアチームや他国の同僚、そして自分とは異なる同僚との関係を築き、理解のある環境を育むことを目指すべきである。文化の違いがチームの成功に影響を与えることを忘れないようにしよう。お互いのことやそれぞれの文化について学ぶことが、誤解や対立を軽減するのに役立つ。

　多様性は創造性を向上させ、会社の利益にも貢献することは明らかだ。異なる背景を持つ人々同士のコミュニケーション不全を避けることは、長期的には多様性が受容される場所を作ることにつながるのであり、会社にとって大いに役立つだろう。

8.3　**影響と説得**

　影響と説得のテクニックは、営業やマーケティングに限らず役立つ。ステークホルダーや顧客、同僚とコミュニケーションを取る際、彼らに影響を与えたり何かを説得しようとするだろう。例えば、何かを変える必要があると思ったり、自分のデザインが彼らの要求を満たしていることを示したり、彼らの要求を変更する必要があると思ったりすることがあるかもしれない。支持を得て自分のアイデアを実現し、目標を達成するためには、他者を説得し影響を与える必要がある。また、他者もあなたを説得し影響を与えようとしてくるだろう。

　世の中に説得のテクニックは数多く存在するが、価値を示すこと、人々のニーズやフィードバックに耳を傾けること、有用なアイデアや妥協案を考えること、の3つを基盤とすべきでだということは認識しておこう。アイデアや解決策は、聴衆の目標と一致していなければ説得力がない。プロジェクトやプログラムなどの目標を相手の目標に合わせることで、テクニックを駆使して説得しなくても、同意を得やすくなるだろう。

理想的には、事前にできるだけ調査を行い、受け手と実際に対面する前にアイデアを練り上げるべきである。

　一般的に、あなたが問題やニーズを理解していないと感じさせてしまうと、提案に反発されてしまうだろう。相手のニーズと懸念を理解したうえで、理解していることを伝える必要がある。情報を得るためにオープンエンドの質問をし、相手の問題をどのように解決するかを明確に説明する必要がある。そして、彼らが得られるもの（例えば、技術的負債の削減）を示すのである。

　説得は一時的なイベントではなく、継続的なプロセスであることを忘れてはならない。聞くこと、アイデアを出すこと、そして目標や価値の一致を受け手に示すことは、会話、会議、プレゼン

テーション、その他のコミュニケーションを通じて行われる。コミュニケーションを通じて影響と説得のテクニックを適用することで、受け手の**承認や同意**を得る可能性を高めることができる。

　最も重要なメッセージを見出しとして最初に述べるのは優れたテクニックだ。新聞の見出しのように考えると良いだろう。会話や会議を始める際、または話やプレゼンテーションのタイトルスライドの直後にこのメッセージを使用する。これは文章でも行うことができる。例えば、メールの件名やアジェンダの冒頭である。

 驚くべき統計や事実を使用して、相手にインパクトを与えることもできる。例えば、「毎年私たちのソフトウェアが何千もの命を救っています」や「このリリースでトランザクションのスループットが 150% 増加しました」という具合だ。

　もう一つのテクニックは、大胆な言葉や表現を使うことである。明確なコミットメントを堂々と行い、受け手にも自分を信じてもらう必要がある。言葉の力を増す方法を紹介しよう。

- 文章は「計画は…」や「私たちは…」のようなフレーズで始め、「影響を与える」「最適化する」などの強い動詞を入れる。（「7.4.1　強い動詞」を参照）
- 「やってみる」「かもしれない」「できれば」などの言葉を避ける。
- 簡潔な文と意図的な沈黙を使い、「えー」や「うーん」などの考え中の音を避ける。

　これらのテクニックを実践すると、次のようになる。ステークホルダーに計画を説明するときは「来年の第 2 四半期までに結果が出る予定です」と言い、「来年の第 2 四半期までに結果が出ることを期待しています」と言わないのだ。

　信頼性を高めて聴衆の信用を得るために、**信頼性を示す声明や立場**を使用することができる。これは一般的に、自己紹介や最初に権威を確立するために使われる。LinkedIn や Mastodon のプロフィールに書かれた例を見ることができる。ネットワーキング（人脈作り）や外部の会議、プレゼンテーションでも、口頭での信頼性声明を用いることができる[†7]。

　名前と役割を紹介し、その後に専門知識を強調する。「スペシャリスト」、「経験豊富な」、または「国際的に認められた」といった強い言葉を使用すること（**例8-1** 参照）。ネットワーキングイベントや会議で話す際には約 10 秒、イベントやカンファレンスの紹介では約 60 秒を目標にしよう。

例8-1　信頼性声明の始まり

> 私の名前はジャッキー・リードです。
> 国際的に認知されたコンサルタント、ソフトウェアアーキテクト、そして O'Reilly の著者であり、
> ソフトウェアアーキテクチャと開発の分野で 15 年以上の経験があります。

　説得を目的としてコミュニケーションする場合は、予想される質問や反論をリストアップし、そ

[†7]　信頼性声明は内部の会議やプレゼンテーションでは一般的に過剰であるが、あなたのことを知らない上層部の人々（例えば、CxO）との会議では短いバージョンが有用であることがある。

の対応をあらかじめ考えておくことが大切である。それでも予期していなかった質問を受けることは避けられないため、そのような場合への対処も必要になる。考える時間を稼ぐための方法をいくつか紹介する。

- 一呼吸おいて、他の受け手も含めて全員が質問について考える時間を持てるようにする。
- 質問されたことに感謝を示す。「ありがとうございます、その話題は重要ですね」(ただし、質問が多い場合にはやりすぎないこと。似たような言い回しをいくつか練習すること。例えば、「それを提起してくれてうれしいです」など)。
- 質問を繰り返し、あなた自身と他の受け手がそれをしっかり聞いていたことを確認する。
- 必要ならば明確化するための質問をする。「どの程度のリカバリータイムを目指していましたか?」など。得た答えを元に、自分の回答をさらに改善する。

そして、簡潔に回答し、苛立ちや防御的な態度を見せないようにしよう。回答できない場合には、後で調べて連絡する旨を伝える。この約束を必ず守ること。

以下に、同僚、ステークホルダー、および顧客に影響を与え、説得するためのさらなるテクニックを紹介する。

互恵性

誰かに寛大な行為をしてもらったときには、恩返しをしなければいけないという内面的な必要性と、借りを返しているところを周りに示したいという外面的な必要性を感じる。互恵性の期待を利用するためには、寛大であることが有効である。例えば、ソフトウェアプロダクトの無料トライアルを提供すると、顧客は何かを返さなければならないと感じるかもしれない(購読や支払いなど)。同僚や上司のプレゼンテーションのレビューを申し出れば、将来的に自分に対して恩返しをしてもらう理由を与えることになる。

計算された沈黙

多くの人は沈黙に不快感を覚え、それを埋めようとする。少し間を置くことで、その沈黙が有益な情報や、あなたの言ったことに対する同意で埋められることがある。また、沈黙は受け手にあなたが言ったことを消化する時間を与える。さらに、強調したいポイントを伝えるためにも利用できる。

選択肢を与える

イエス・ノー(0 か 100 か)の質問ではなく、どれを選んでも利益がある選択肢にしよう。多くのソフトウェアライセンスモデルは、顧客に複数のプランを提供し、選択肢を与えている。ステークホルダーからデザインに関する承認を得る際には、選択肢を 1 つに限らず 2 つ提示しよう。これにより、受け手や顧客にコントロールができている感覚を与える。ただし、選択肢は少数にとどめること。選択肢が多すぎると、選んだあとの満足感が低くなる。

反復

人は何度も聞いたり考えたりすることで、それを真実であると信じるようになる。これは**確証バイアス**に関連する。自分の能力（信頼性を高めるため）やソフトウェアの利点（顧客を説得するため）について、他人に信じてもらいたいことを繰り返し伝えると良い。自分の主張を丁寧に紹介し、それを何度も繰り返すことで、その主張を徐々に受け入れてもらうことができる。

認知的再構成

認知的再構成とは、物事を異なる視点から見るように心構えを変えることで、思考や行動を変容させることを意味する[8]。不快や不満な出来事や状況があった場合、認知的再構成を用いることで、人々に異なる視点で考えさせ、前向きに進ませたり、新しいアイデアを生み出したりするように導くことができる。例えば、「サーバーレスが我々のニーズに合わないことがわかり、この結論に至るまで時間がかかりました。しかし、我々の要件を満たすものを特定するために何が学べたでしょう？」と状況を要約して、次のステップについて考えるよう促す。

再定義

これは再構成と似ているが、受け手の関心をあなたが焦点を当てたい内容に導く手法だ。例えば、ステークホルダーが「その選択肢を選ぶと予算の大半を使ってしまう」と言った場合、「そうですね、この選択肢は高価です。しかし、この状況では価格は優先事項ではありません。他の選択肢では、我々のセキュリティとコンプライアンス要件が完全には満たされず、攻撃を受ける可能性や法的処罰を受けるリスクが生じます」と返すことができる。

時には、あなたの影響力や説得の努力が、あなたにはコントロールできない根本的な理由でうまくいかないことがある。契約入札時の評価スキームにより、努力にもかかわらず最高点を取得できないこともある。意思決定者があなたの立場と衝突する年末目標を設定している可能性もある。あなたが正しい提案をしていても、タイミングが間違っている場合もあるのだ。

　このセクションで紹介した多くの技法を組み合わせることで、より説得力があり、高く評価されるコミュニケーターになることができ、組織内外で影響力を高めることが可能である。次章では、アリストテレスのレトリックの三角形の文脈における影響力を高めるためのパターンについて詳しく説明する。

8.4　まとめ

管理職でなくても、言語的および非言語的コミュニケーションは重要である。この章の技法を用

---

[8]　認知的再構成も一部のセラピストが使用する技法である。

いてこれらのスキルを強化することで、採用、昇進、リストラ回避の際に差別化ができる。

　7章と8章から、文章、言語、非言語コミュニケーションのための強力なツールセットを手に入れただろう。9章では、すべてのコミュニケーションに適用できるさらなるテクニックを追加する。

9章
レトリックの三角形

　アリストテレスの**レトリックの三角形**や、その構成要素であるエートス、パトス、ロゴスについて聞いたことはあるだろうか？ レトリックの三角形とは、アリストテレスによって提唱された説得力のあるコミュニケーションを行うための技術であり、古代ギリシャにおける効果的かつ基本的なツールであった。では、それが今日のアーキテクトや開発者にとってどう役立つのだろう？

　レトリックの三角形の本質は、説得力を持ったコミュニケーションを行うための3つの重要な要素（エートス、ロゴス、パトス）を理解するための枠組みである（**図9-1**参照）。**エートス**は話者の信頼性や誠実さを指し、**パトス**は受け手を引き込むための感情的な訴え、**ロゴス**は提示される論理的かつ合理的な議論を指す。これら3つの要素間のバランスと相互作用を習得することで、効果的に受け手を引き込み、望む結果を得られるようになる。古代ギリシャの学生にとってレトリックの三角形の研究は必須であり、約2500年後の今なお貴重なツールである。

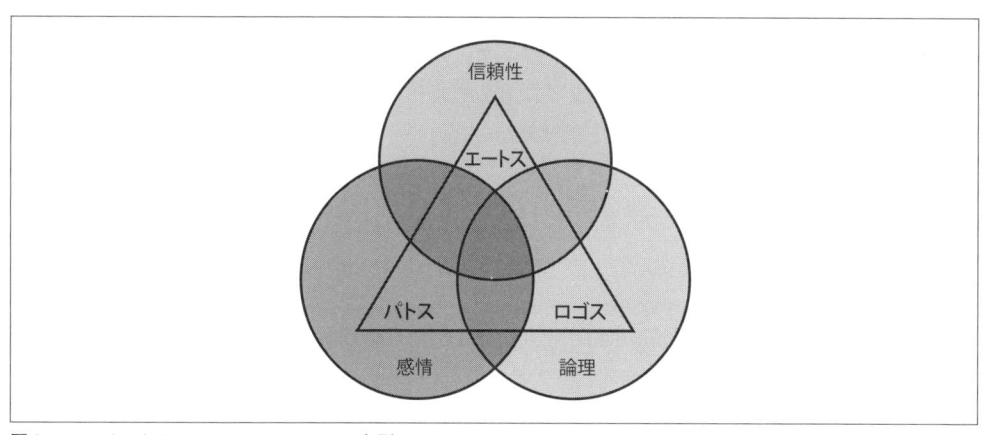

図9-1　アリストテレスのレトリックの三角形

9.1　エートス

　エートスは、話者や著者の信頼性、確実性、誠実さを指す。口頭や文章のコミュニケーションに

おいて、受け手が話者や著者とそのメッセージをどのように認識するかを大きく左右する。

9.1.1　資格の確立

　口頭や文章においてエートスを使用する方法の一つが、受け手に自分の信頼性を伝えることだ。さまざまな方法があるが、自身が持つ資格、経験、受賞歴、出版物などを強調する方法が挙げられる。

　通常、社内において直接的に自分の信頼性を伝える必要はない。例えば、「8.3　影響と説得」にあるような信頼性の声明を使うことは少ない。自分の所属部署がどこかということだけで、必要な情報の多くが伝わるからである。自分が取る行動や、あなたが関わったプロジェクトの結果、カンファレンスで見聞きした技術や手法など、より詳細なことを伝えるほうが、社内で信頼性を築くためには重要である。

　また、自慢や有名人の名前を出すようなことは避けよう。プロダクトや業務について直接的に言及するよりも、アプローチや結果について話す方が品があるだろう。このような表現方法を使うことで、同僚はあなたに対して良い印象を持つようになるだろう。

例

ポリグロット・メディアで信頼を構築する

　ニッキーがポリグロット・メディアでソフトウェアアーキテクトとして働き始めたとき、彼女のことを知る同僚は誰一人いなかった。面接を担当した直属の上司だけが、彼女の経歴について知っている。

　会議や会話から情報を吸収しながら、ニッキーは過去の経験について関連するコメントをした。例えば、同僚がデータストアのスケーリングに関する問題を挙げた会議では、ニッキーは以前の職場で同様の問題を解決した具体的な方法を共有し、議論を促した。また、関連するトピックについての推薦図書をチャットに投稿した。

　ニッキーが情報を共有していくことで、新しい同僚たちはニッキーの経験と知識に対して良い印象を抱くようになった。ニッキーは自身の信頼性を直接的に表明する必要はまったくなかったのだ。

　プレゼンテーションを行う際には、自己紹介や他己紹介を通じて、自分の経歴を示せる。会議や正式な講演で発表する場合は、イベントのウェブサイトや資料にも経歴が掲載されることが多い。誰かに紹介してもらった後でも、話の最初に自己紹介の一部を繰り返すとよいだろう。

　公の場で発表するかどうかに関わらず、ソーシャルメディアで使用する短い自己紹介を用意しておくと良い[†1]。たとえば、自分を簡潔に表す見出しと説明文、あるいは自分が取り組んでいること

[†1]　プライベートなソーシャルメディアアカウントと仕事用のアカウントは分けておくのがいいだろう。例えば、LinkedIn アカウントには職務経歴を記載するが、個人的な話題を投稿する Instagram のアカウントの自己紹介はまったく別だろう。

をパイプ記号で区切って列挙するなど、形式はいろいろなものが考えられる。

資格は学術的なものに限らない。技術分野の生涯学習者として、次のような資格を経歴に含めることができる。

- 専門的な資格
- ブログ記事
- 発表したユーザーグループ、ミートアップ、またはカンファレンス
- 参加したメンターシップ（メンターまたはメンティとして）
- 自分が主催または運営するグループやイベント
- 貢献したオープンソースプロジェクト
- 行っているボランティア活動
- 他者からの推薦や証言
- 受賞歴、表彰、コンテストでの優勝
- 関与した出版物

ネットワーキング（人脈作り）の場では、1対1または小グループでも、事前に準備した短い自己紹介で資格を示すことができる。受け手にどのような印象を与えたいのか考えよう。その答えが効果的な紹介文をデザインするのに役立つ。

信頼性は文章の形でも伝えることができる。ブログ記事や論文には短い著者経歴が付記されていることが多い。書籍は、本屋で立ち読みされる際にエートスを確立するため、内部や裏表紙に著者経歴がある。オンラインで書籍を閲覧する際も、書籍の説明に短い経歴や紹介文が付いているのをよく見る。

9.1.2　信頼できる情報源を使う

信頼できる情報源を利用し、それを引用することも信頼性を確立する方法の一つだ。これにより、受け手がさらに多くの情報を得ることができるという付加価値が生まれる。より多くの価値を提供することで、相手に良い印象を与えることができる。

情報を引用する際、「私がこれらの情報を読んで解釈したので、あなたは気にしなくていい」という印象を与え、恩着せがましく聞こえることがある。これを避けるためには、引用や統計、参考文献に結びつけつつ、個人的な経験や逸話を紹介するといい。また、引用元のリストの表題を「参考文献」ではなく「さらなる学びのために」とすることもできる。批判や協働に対してオープンであることを示そう。

信頼できる情報源には、学術雑誌、専門分野の有名な専門家、政府機関などが含まれる。例えば、以下のようなものがある。

- 尊敬される著者が書き、信頼できる出版社から出版された書籍（紙の本や電子書籍）
- 有力紙や著名ニュースサイトのニュース記事
- 業界団体や専門協会などの専門組織
- 学術論文や史料のオンラインデータベース ProQuest（https://proquest.com）や JSTOR（https://#jstor.org）
- ProQuest（https://proquest.com）や JSTOR（https://jstor.org）など、学術記事や歴史的文書・データのオンラインデータベース
- イギリス国家統計局（https://ons.gov.uk）などの、報告書やホワイトペーパーを発行する政府機関
- 会議や学会で発表された論文やスライドプレゼンテーション
- 信頼できる人物によって書かれたブログや記事
- 自身の経験や、信頼できる知人の経験

　さまざまな情報源を使って自分のメッセージを裏付けることも、信頼性を高める方法の一つである。複数の信頼できる情報源があなたのメッセージや主張を支持する場合、受け手はあなたが言ったり書いたりしたことにより一層の信頼を寄せるだろう。

　プレゼンテーションで情報源を引用する際には、適切なスライドに脚注を追加し、話している間に出典に言及するとよい。スライドデッキの付録にするよりも、この方法の方が望ましい。なぜなら、話している最中に受け手に信頼性を感じてもらいたいからであり、受け手が後でスライドの配布資料を読むとは限らないからである。

　文章の場合、脚注や本文内で引用を行うことができる（主本文やこのように括弧内）。文章がオンラインで掲載される場合は、オンライン情報源に直接リンクするといいだろう。

　出版された書籍や科学論文は後から内容が変更されることはない一方で、オンライン情報源の場合は内容が変更される可能性がある。古い引用を避けるためには、Wayback Machine（http://web.archive.org）などのツールを使用することができる。保存された情報源を引用するには（クローラーを許可している限り）、Wayback Machine にアクセスし、Save Page Now の下にアドレスを入力し、アーカイブに保存されたウェブページのアドレスで引用を更新する。Archive.is（https://archive.is）も同様の代替サービスである。

　逸話や実体験は、アイデアやデザイン、警告を示す効果的な方法である。事実を箇条書きで列挙するよりもストーリー形式の方がはるかに受け入れられやすい。ストーリーの中の出来事を具体的に示す方が、研究や書籍を並べるよりもはるかに大きな影響を与えることができる[†2]。

[†2]　ナラティブについて詳しくは 4 章を参照。

9.1.3 自己開示をする

　自分の動機、バイアス、利益相反について自己開示することは、受け手と信頼を築くのに役立つ。なにかしらの利益を得る場合のみ、利益相反を明らかにすればよいと考えるかもしれないが、自己開示とは自分の視点を受け手に説明し、あなたの立場を理解してもらうことでもある。例えば、話しているテーマについて、自分や身近な人がどのように影響を受けたかを明らかにすることで、信頼性を高めることができる。

　自己開示は、社外の人とコミュニケーションするときだけではなく、社内においても重要である。たとえば、取引相手を決めるにあたって推薦したり評価したりしている会社があり、自身が過去にその会社に勤めていた場合は、そのことを開示するべきである。

　話したり書いたりするときには、動機を受け手に伝えるべきである。伝えたい理由を受け手に知らせることで、受け手はあなた自身やメッセージをどの程度信頼していいのか判断できるようになる。

　引用は自己開示を効果的に行うためにも役立つ。自分の見解を支持する情報源を引用するだけでなく、**支持しない**情報源も引用しよう。ある情報源を支持しないと示すことで、話し手が「受け手は自分自身の意見を形成するだけの十分な知性を持っている」と考えていることを伝えられるし、結果として自分の立場に対する自信があることを示せる。たとえ反対意見を聞いたとしても、受け手はあなたの意見に賛同してくれるだろうと信じているのだ。

　話の最初に動機を伝えるのは、効果的に注意を引く手段になるだろう。逆に、後から動機を劇的に明かすことで、受け手に強い印象を与えたり、さらに引き込んだりすることもできる。たとえば、物語の主人公や悪役が自分自身や身近な人であることを明かす場面を想像してみてほしい。そうすれば、あなたの動機をよりドラマチックに伝えられるだろう。

　バイアスや利益相反を受け手に伝えることは非常に重要である。あなたが特定の主張をしている動機が金銭にあり、受け手が後になってそれを知った場合、信頼を失ってしまうだろう。

利益相反の宣言は、ビジネス、金融、政治の場では法的に義務付けられていることが多いため、法律を遵守するように十分注意する必要がある。

　バイアスや利益相反を宣言する方法の一つは、冒頭の自己紹介や導入部などの早い段階で行うことだ。こうすることで、受け手があなたのメッセージや主張との関係について誤解しないように配慮できる。後で利益相反を明かすと、騙されていたと感じさせてしまい、信頼を失うことになるかもしれない。

利益相反を宣言するよりも、そもそも回避できるならその方がよい。受け手はあなたに利益相反があることを知ると、偏っていると判断し話を受け入れないかもしれない。特定のテーマのブログ記事を書いたりプレゼンテーションを行ったりするのは他の人に任せたほうが良いかを考えよう。

　いくつかのトピックやセクションがあり、そのうちの一つまたは一部にのみバイアスや利益相反がある場合は、該当するトピックについて話したり書いたりする直前に、これを明らかにすると良いだろう。こうすることで、受け手はあなたのバイアスや利益相反が具体的にどの部分に関係しているかを正確に知ることができる。特に文章上では、最初に宣言しても読者がその部分を飛ばしてしまうことがあるため、この方法が重要だ。

　バイアスを伝える方法として、免責事項や自己紹介文に記載することもできる。免責事項は、コンテンツ内に表示することができる（例えば、ブログ記事のプロダクトリンクからのクリックでコミッションを得ている旨の声明）。また、自己紹介文に記載することもできる（例えば、自分や近親者がどこに勤めているかを明らかにする）。

バイアスと利益相反

　さまざまな事柄について、バイアスや利益相反の宣言が必要なケースがあるだろう。例えば、以下のようなものが挙げられる。

雇用関係

　あなたが現在もしくは過去に、その話題に関連する組織、会社、または個人との雇用関係がある場合、それを宣言する必要がある。たとえば、あなたがあるプロダクトの宣伝をしており、そのプロダクトを作っている会社に勤めている場合は、その雇用関係を宣言しなければならない。

金銭的利益

　もしその話題によって金銭的利益を享受する可能性のある場合、それを宣言しなければならない。例えば、あなたが取り組んでいる入札に関与する会社の株を所有している場合、それを宣言する必要がある。

個人的関係

　その話題に関連する誰かや組織との個人的な関係がある場合、それを宣言しなければならない。例えば、友人のビジネスに関連する話題を発表する際には、その人との関係を宣言する必要がある。

思想的または政治的バイアス

　プレゼンテーションや文章の公正さに影響を与える可能性のある強い思想や政治的バイアスがある場合、それを宣言しなければならない。例えば、政治的な話題を議論する際に強い党派的バイアスがある場合、それを宣言しなければならない。

専門団体

　話題に関連する可能性のある専門団体に所属している場合、それを宣言する必要があ

> る。例えば、Sherwood Applied Business Security Architecture（SABSA）などの
> 協会のメンバーであり、セキュリティフレームワークを議論している場合、それを宣言
> する必要がある。

9.1.4　知識を示す

　深い理解を示すことによって信頼性を確立し、その分野の専門家であることを示せるようになる。具体的な例やケーススタディを用いてメッセージや議論を裏付け、自分の知識を実践にどのように応用してきたかを示すことは、知識を示す方法の一つだ。理論を引用することと、実際にその理論が現実世界でもうまくいくことを示すのは大きく異なる。

　技術用語を使用する際には、正しく使うよう心がけよう。文章やスライドを技術的な観点からレビューしてもらうことで、**フレームワーク**と**ライブラリ**を混同していないか、誤った略語や頭字語を使っていないかを確認できる。

　複雑な概念を受け手が理解できるレベルで説明できるということは、技術情報を翻訳する能力があるということだ。また、そのトピックを簡単に理解できる用語に分解することで、より深く理解していることをアピールできる。逆に、専門用語や複雑な概念で受け手を混乱させて自分を賢く見せようとすると誤解を招くだけでなく、判断を誤らせてしまうことさえあり得る。

　技術のプロフェッショナルとして、自分のスキルや知識を最新に保つことが大切であることはわかっているだろう。その知識を受け手に示すためには、その分野の進展や自分の仕事への影響について話すとよい。継続的な学習とプロフェッショナルな発展へのコミットメントを示すことを通じて、あなたがどのような人物であるかを明らかにできる。会話、講演、スライドデッキ、文章に最新の情報の参照や例を取り入れることで、最新の話題に通じていることを示せる。

　あるトピックについて表面的な知識しかないことはすぐに露見してしまう。知っているふりをするよりも、質問をし比較をする方が良いだろう。

　カンファレンスやユーザーグループに参加すれば、知識を最新の状態に保てるだけでなく、エートスを高め、知識を示せるようにもなる。イベントに参加し、他者と交流することで、新しい進展やトレンドについての知識を吸収し、自分のブランドを築けるようになる。参加者は、あなたが自己研鑽に努めていることに気づくはずだ。参加した講演や会話を参照し引用することもできる。対面およびオンラインのイベントは、スピーキングやライティングをする際の逸話のいいネタ元になる。オンラインカンファレンスやミートアップ、LinkedIn（https://linkedin.com）や Dribbble（https://dribbble.com）などのサイトも例として挙げられる（そして初めて登壇するのに最適な場所でもある）。

9.2　パトス

　パトスとは感情に訴えることを指し、これを用いることで受け手とつながりを持つことができ

る。口頭および文章コミュニケーションにおいて、パトスはメッセージをより記憶に残りやすく、共感しやすく、説得力のあるものにするうえで重要な役割を果たす。

9.2.1　ストーリーを語る

ストーリーを語ることは、メッセージをより共感させ、記憶に残りやすくし、受け手と感情的につながるための効果的な方法である。技術的な文章や講演にストーリーは適さないように思えるかもしれないが、ストーリーは受け手の注意を引きつけ、それを保ち、概念を伝えるために有効である（ナラティブについては 4 章を参照）。ユーザーストーリーにペルソナが含まれていれば、背景となるストーリーが提供される。

ストーリーを使って、メッセージを裏付ける現実の例を提供することができる。たとえば、他の企業が提案している技術を使用して成功したプロダクトを作成したり、デプロイメントパイプラインを改善したりした方法を語るのだ。そのストーリーを通じて、利点を説明し、どのようにして課題を克服したかを示すことができる。

ストーリーを用いれば、複雑な概念も説明しやすくなる。アナロジーと同じように、ストーリーを用いればアイデアは明確になりわかりやすくなる。技術的な概念を親しみやすく、記憶に残りやすい文脈にした作り込まれたストーリーは、受け手の理解を深める助けとなる。

ストーリーをプレゼンテーションで活用する良い例として、TED トーク（https://ted.com/talks）を視聴するとよい。TED トークでは、技術的なトピックやソフトウェアに関するテーマを含む幅広いトピックが取り上げられている。ほとんどのトークは短く、忙しい日常の中でも気軽に視聴できる。

ストーリーを使うことで、メッセージにコンテキストや背景を与えられる。技術的な詳細に入る前に、ストーリーで舞台を整えることで、受け手はその詳細の重要性や関連性をより理解できるようになる。なぜあなたは受け手とコミュニケーションしているのか？ なぜ問題を解決しようとしているのか？ その問題はどのようにして生じたのか？ それは受け手や他の人々にどのような影響を与えるのか？ 受け手に文脈を示した後、技術的な詳細や問題解決の方法に進むとよい。

ストーリーを語ることによって共感を育むことができる。ユーザー、開発者、その他の関係者が直面した課題や苦労を強調するストーリーを共有するのだ。こうすることで、技術的な情報に人間味を持たせ、受け手にとってより親しみやすいものにできる。

ストーリーは受け手を引き込み、インスピレーションを与えるものであるべきだ。メッセージが世界やビジネスに与える影響を描き、受け手が望む行動を取るように動機づけるのだ（例えば、決定に賛成する、資金の承認を行う、プロダクトを購入するなど）。ストーリーは、受け手から必要な支持を得るための貴重なツールである。

以下に、使えるストーリーをいくつか紹介する。

- **成功事例**は、特定のソリューションや技術が他のチームや企業によってどのように成功したかを示すことができる。これらのストーリーは、提案が経験と実績に基づいていることを示すことで、信頼性を高めることができる。

- **失敗談**は、プロジェクトやソリューションがどのように失敗したかを議論し、その経験から得た教訓を提供することができる。あるソリューションから受け手を遠ざけたり、教訓を学ぶセッションの基盤としたりすることができる。失敗がなぜ起こったのかを明確に伝え、受け手がそれを理解できるようにする。本章のコラム「例：ポリグロットメディアにおける教訓」に失敗談の例がある。

- **ユースケースシナリオ**は、技術やソリューションが使用される典型的な状況を説明する。ユースケースシナリオを使って、技術が現実の状況でどのように適用されるかを視覚化できる。（できれば、あなたのビジネス内など、適用したい状況）。

- **明確化のためのストーリー**は、なぜある決定がされたのかを説明する。これは以下の 4 つの部分で構成される。

  1. 過去に何があったか
  2. 変革が必要となった転換点
  3. 今何をするべきか
  4. 将来何が起こるか

例

ポリグロットメディアにおける教訓

　ポリグロットメディアの主要なソフトウェアシステムは、かつて「泥の大きな塊」だった。これは、一つの巨大なモノリシックシステムで、自然に成長し、巨大なリレーショナルデータベースの上に構築されたものだった。ポリグロットメディアのシステムはボトルネックに悩まされ、レスポンスの遅さが顧客にとって問題になっていた。開発チームは、すべてのバグを潰し、新機能を適切な期間内に本番環境に導入するのに苦労していた。

　当時のアーキテクトであるヴラッドとリビーは、読書やカンファレンスから学び、マイクロサービスアーキテクチャへの移行が万能な解決策ではないことを理解していた。多くの調査とプロトタイピングを経て、サーバーレスアーキテクチャが自分たちのニーズに合致すると判断した。そして、ポリグロットパーシステンス（複数のデータベースシステムの統合）を採用することにした。それは大規模な取り組みだったが、モノリシックなシステムは多くの小さな関数に分割され、リレーショナルデータベースは、異なるタイプの 8 つの小さなデータストアに置き換えられた。

　新しい機能の開発を中断する必要がないように、彼らはストラングラーフィグパターンを用いて新しいシステムへ移行した。最初のうちは、開発プロセスがかなり容易に感じられた。開発者はどこに変更を加える必要があるかをすぐに特定し、変更されたコードだけをデプロイできたからだ。しかし、チーム間での変更の調整が難しくなり、マージの問題や、関数間で互換性を壊す変更が発生するようになった。

　サーバーレスはリソースのコスト削減に寄与したものの、多くの関数が他の関数と頻繁に通

信するようになり、依存関係のクモの巣（**サーバーレス・ピンボール**として知られるアンチパターン）が生まれてしまった。システムは分散化されたものの、依然として密結合の状態であり、応答性の問題も解決されなかった。ポリグロットメディアは「分散された泥の大きな塊」になってしまった。

　リビーとヴラッドが新旧の問題の解決に取り組んでいる中、ニッキーがポリグロットメディアに参加し、アーキテクチャチームを強化した。彼女はチームトポロジーに関する新しいアイデアをもたらし、結合度を可能な限り減らすことが重要だと考えた。リビーとヴラッドも、この考えに賛同した[†3]。

　移行はまだ進行中であるが、アーキテクチャチームはマイクロサービスと同様にサーバーレスも万能の解決策ではないことに気づいた。関数が小さすぎて、多くの他の関数と通信する必要があり、ポリグロットメディアの全システムに対してはうまく機能しないことがわかったのだ。開発チームはポリグロットメディア内でチームトポロジーを適用するためのプロトタイプとなり、逆コンウェイ戦略[†4]が適用され、各サービスがクロスファンクショナルチームによって維持される大きなサービスに関数を統合することを支援している。サービスとデータストアは依存関係、スケーリングの必要性、その他の統合要素と分解要素に基づいて構成されている。

　サービス間の結合度を減らし、レスポンス向上を目指すため、キューを使用したイベントベースのアーキテクチャが導入されている[†5]。このアプローチを用いて最初に取り組んだレスポンスのボトルネックは、メディアサービスで必要なリソースを占有していたメディア活動ログだった。

[†3]　より詳細な情報についてはチームトポロジー（https://teamtopologies.com）を参照。
[†4]　コンウェイの法則は、「システムを設計する組織は、その設計の構造が組織のコミュニケーション構造のコピーになる」というものだ。逆コンウェイ戦略のアイデアは、設計したいシステムに合わせてチームとコミュニケーション構造を構築することだ。これにより、チームが作り上げるシステムが意図通りのものになる。
[†5]　この決定の ADR については**図12-3** を参照。

9.2.2　心から話す

　口頭や文章コミュニケーションにおいて、**心から話す**とは、誠実で偽りのないことを意味する。これは、受け手と感情的なレベルでつながり、情熱と確信を持ってメッセージを伝えることを伴う。

　受け手と感情的に繋がる効果的な方法の一つは、既に述べたように、個人的なストーリーを語ることだ。ストーリーは人間にとって重要なものであり、個人的でありながらもメッセージに関連するストーリーを共有することで、誠実さを示し、感情的な繋がりを築くことができる。ストーリーが必ずしも自分自身の体験である必要はないが、あなたと何らかの関係があるものでなければならない。作り話をして、それを真実であるかのように伝えるのは避けるべきだ。作り話を真実として通そうとすると、確実に受け手からの信頼を失ってしまう。

　声やボディランゲージ、文章を使って感情や脆さを表現することで、メッセージを伝えることができる。自分がそのメッセージや主張に対してどのように感じているか、あるいはどのような影響

を受けたかを受け手に示すことで、あなたやあなたの意見に対してより強い繋がりを感じてもらえるようになる。最も強力なメッセージは、自分を良く見せたり気分良くさせたりするものではなく、個人的な脆さや失敗を示すものである。

メッセージを伝えるために偽りの姿を装い、別人になろうとする人もいる。受け手はそれを見抜き、あなたの誠実さを疑うだろう。自分らしく、自然な声で話し、脚本や練習したセリフを使わず、受け手とつながるようにしよう。

ケーススタディや興味深い使用例など、具体的な例や逸話を用いることも一つの手段である。そうすることでメッセージに命が吹き込まれ、話していることや書いていることに共感されやすくなる。感情を表現することで、この手法はさらに効果を発揮する。

会話、会議、または受け手の前での話の際に、受け手と感情的につながるために積極的な傾聴を実践することができる。ぼんやりしたり、携帯電話をチラ見したり、ラップトップでメールをチェックしたりせず、受け手に完全に集中する必要がある。積極的に傾聴していることを示すと、メッセージの誠実さを伝え、相手の発言を大切にしていることを示せる。

積極的に傾聴していることを示すために、次の点を試してみよう。

1. 途中で遮らずに最後まで聞く。
2. 話が終わったら、明確にするための質問をする。
3. 彼らの見解を要約し、誤解している点があれば訂正してもらう。
4. 何をする必要があるか、どう反応するかを決める。

さらなる積極的傾聴のヒントを実践してみよう。

- 聞いている音(「うんうん」、「ふむふむ」など)を出し、聞いている姿勢のボディランゲージ(うなずき、アイコンタクトなど)を使う。
- 相手の沈黙を埋めようとせず、続けるのを待つ。
- 相手のボディランゲージを読む。
- 相手のボディランゲージを鏡のように模倣する。
- 「はい」と言いながら眉をひそめるなど、矛盾点を見つける。

9.2.3 生き生きとした言葉と強力なイメージを使う

生き生きとした言葉と強力なイメージを使うことで、受け手の心にイメージを描き、感情を呼び起こし、メッセージや論点の感情的な魅力を高め、さらに記憶に残りやすくする。

五感(視覚、聴覚、嗅覚、触覚、味覚)に訴える感覚的な言語を使うこともテクニックの一つだ。受け手がそれぞれの感覚を通じてメッセージを体験すると、より現実的に感じ、はるかに記憶に残りやすくなる。プレゼンテーションの際には、感覚的な言語と共に音や視覚的な表現を使うことが

できる。

　隠喩、直喩、そしてアナロジーは、あるものを別のものに例える際に役立つツールだ。ステークホルダーに強いアイデアや感情、複雑な概念を伝えたいとき、これらの表現を使うことは効果的な方法である。文脈や受け手を考慮して、比較が適切であり、意図したアイデアを正確に伝えられるようにすることが重要だ。

隠喩、直喩、アナロジー

　隠喩は、受け手が知らないものを知っているものと並べ、前者が後者だと言うことである。例えば「開発チームはよく動く機械だ」という表現などだ。

　直喩は、異なる2つのものを比較し、それらが似ていると言うことである。例えば、「マイクロサービス間の接続はクモの巣のようだ。あるいはクモの巣のように絡まっている」など。

　アナロジーは、2つのものを比較して要点を明らかにする。また、時にはその比較を説明することもある。例えば、「ソフトウェアの維持は車の手入れと似ている。ソフトウェアをスムーズに動かし、問題が大きくなる前に修理するためには定期的なメンテナンスが必要である」など。

　視覚的補助を用いることも考えられる。話す際には、スライドに映像やアニメーションを含めるだけでなく、物理的な小道具を使って概念を説明できる。人間は口頭や文章より視覚的なものを記憶しやすいため、写真、ビデオ、GIFをはじめとした視覚素材を使う方が効果的なのだ。

物理的な小道具は、アニメーションやビデオよりも効果的な場合がある。私が覚えている最も印象的な講演の一つは、Jules May（https://julesmay.co.uk）が量子コンピュータの仕組みを説明するために物理的なボールと棒を使ったものである。

　生き生きとした言葉と強いイメージを生み出すためのツールとしては、他にも次のようなものがある。

擬人化

　人間以外のものに人間の特性を与えることで、受け手の共感を高めることができる。例えば「サーバーが過負荷で休息を求めている」など。

誇張

　誇張した言葉は受け手に強い感情を呼び起こすことができる。例えば「このコードはインターネットよりも古い！」など。

強い動作動詞

強い能動的な動詞（例：実装する（implement）、構築する（build）、テストする（test）、デバッグする（debug）、最適化する（optimize）、統合する（integrate）…）は受け手の注意を引くだけでなく、あなたの本当の意味を伝える一方で、弱い動作動詞（例：動く（work）、作る（make）、示す（show）、試みる（try）…）よりも効果的である。「7.4.1　強い動詞」を参照。

感情的な言葉

感情的に強い意味を持つ言葉は受け手に感情を引き起こし、行動を促す呼びかけに応じやすくする（例：人生を変える、変革的な、革新的な、最先端の、素晴らしい、無類の、比類のない）。

9.3　ロゴス

ロゴスは理性と論理に訴えることでメッセージをより説得力のあるものにする。口頭および文章コミュニケーションにおいて、ロゴスは強力な論拠を築き、メッセージにより一層の説得力を持たせる。

9.3.1　データと事実を使用する

メッセージや論拠を提示する際には、データや事実を用いて自分の意見を補強するべきである。信頼できる研究からの具体的なデータ、統計や歴史的な事実や数字を含めるとよい。

 意見の根拠となるデータや事実は信頼性のある情報源からのものであることと、情報源に対するバイアス、限界や問題を明示しよう（「9.1.1　資格の確立」を参照）。

事実やデータを述べる際には情報源を引用する。話している最中は事実やデータを述べるだけでもよいが、同時にその記述やイラストを示すことで、スライドなどの視覚資料を用いた場合に大きな効果をもたらすことができる。

文章では、テキストやスライド内で事実やデータを述べたり、脚注でデータや引用を追加したり（**例9-1**参照）、例やイラスト、付録でそれを参照することができる。データの量が多い場合、付録を用いることで本文の流れを損なわないようにしよう。

例9-1 脚注を使用して本文中のデータの出典を引用する

2020 年に発表されたジャーナル記事は、フィッシングトレーニングの難易度を評価するための「Phish Scale」の作成を提案している[1]。我々の会社では…

---
[1] Michelle Steves et. al, "Categorizing Human Phishing Difficulty: A Phish Scale," Journal of Cybersecurity, 6, no. 1. 2020, https://doi.org/10.1093/cybsec/tyaa009

データや事実を提示することによって、自分の論拠を支え、メッセージの信憑性を高めることができる。

9.3.2 論理的なつながりを作ること

論理的なつながりを作ることで、強力な論拠を築き、メッセージが理にかなっていることを示すことができる。さまざまな信頼できる情報源をメッセージや論拠の基礎として使用するだけではなく、それらを結びつけ、あなたが説明しているトピックやポイント間でもつながりを作るべきである。これは、パターンを示すためにグラフ上のデータポイントを結びつける概念に似ている。

つながりを作ることは、あなたの思考プロセスを示し、メッセージや論拠の基盤が単なる分散したデータポイントではなく、支援的な情報のネットワークであることを示す。これは、受け手が自分で行う必要がないように、点をつなぐパズルを完成させてあげるようなものだ。

あなたが提示するつながりは、受け手にとって論理的に納得のいくものでなければならない。そうでなければ、受け手はあなたのメッセージ、さらにはあなた自身に対する信頼を失ってしまう。これを実現するためには、いくつかの方法がある。

- アイデア間のつながりと、それらがどう関連しているかを受け手が理解しやすいように、内容を構造的かつ論理的に整理する。
- アイデアをつなぎ、関係性を示すために接続詞を使用する。例えば、「したがって」、「その結果」、「結論として」は、アイデア間の論理的なつながりを示すために使用できる。
- アイデア間の論理的なつながりを示すために例を挙げ、内容をより親しみやすくする。ここでナラティブやストーリーを伝えることが役立つ。
- 図やフローチャートなどの視覚表現を用いることで、アイデア間の論理的なつながりを示し、内容を理解しやすくなる。スライドデッキでは、アニメーションや画面切り替えの効果を追加してつながりを示すこともできる。

9.3.3 論理的思考と論証の活用

明確な論理的思考と論証を活用することで、メッセージが理にかなっていることを示せる。受け手に対して自身の見解を補強するデータを提示することは欠かせないが、説明も必要である。受け手はあなたの論理的思考を理解する必要があるからだ。

アーキテクチャの決定など重要な選択を正当化する際には、あなたの論理的思考が重要である。

ここで特に有用な技術がいくつかある。

トレードオフ分析

解決策の選択肢を比較する際、それぞれには必ず長所と短所がある。これらを受け手に伝えることで、選択した解決策の利点と、それに伴って受け入れられたトレードオフ項目を示すことができる。また、考慮された他の選択肢がなぜ最善でなかったのかを示すこともできる。

アーキテクチャ決定記録（ADR：Architecture decision records）

アーキテクチャ決定記録（ADR）はトレードオフ分析を文書化するのに適しており、また論理的思考や論証をより明確に伝える手段でもある。ADR は、選択肢とその結果を含めた決定を文書化し、決定が下される前に意見を集める方法となる。文書の場合、完全な ADR へのリンクを含めることができ、話す場合には ADR について話したり、スライドデッキに部分的に示すことができる。**例9-2** は、個人的な経験や他人から伝えられた経験をもとに作成された ADR の構造を示している（ADR の完全な例は、「12.1　アーキテクチャ決定記録（ADR）」を参照）。

例9-2　ADR の構造

```
#識別子とタイトル - 行われた決定の声明

##ステータス
草案/決定済み/ADR-XXX によって差し替え

## コンテキスト
なぜ決定する必要があるのか。前提、制約、および決定要因。

## 評価基準
この決定をするうえで重要なことは何か？　どのアーキテクチャ特性がこの決定に適用されるのか？　基準とすべき
制約や決定要因は？

## 選択肢
評価基準に照らして考慮された選択肢の概要（通常はスコアやレーティングを用いる）、および評価基準外のト
レードオフ。

## 決定
行われた選択とその理由。

## 影響
決定によるポジティブな影響とネガティブな影響。

## 協議
他の人の意見を聞く場合に記録。協議に先だって行われるが、長くなったり決定自体が不明瞭になったりする可能
性があるため、最後に記録される。
```

これらの技法は反論や異議に対応するのにも役立つ。論理的思考を説明することで、トピックに

ついての徹底的な理解を示し、メッセージの信頼性を高めることができるのだ。

受け手が持ち得る異議や反論を考慮し、論理的思考と論証を用いて対応する準備をするべきである。すべての問題を予測することはできないが、大半の問題に備えることで、不意の事態にも対応する余裕が生まれる。

ADR やトレードオフ分析は、他の誰かが指摘する前に、受け手に反論や問題点を提示する。不意の反論を予測することで、代替解決策がなぜ除外されたのかを示し、論拠を強化する。ADR は、決定が下された後も長く価値を持つ。ADR は決定に至るまでのストーリーであり、必要に応じて何度でも誰にでも説明することができる。

文書においては、前述のトレードオフ分析や ADR を用いて反論に対応することができる。他にも予測される質問や異議に対する自身の反論を含めた FAQ リストを追加する方法もある。そうすれば、読者が同じ質問を何度もすることを防げる。

話をする際には、予測される異議に対する答えを台本にしてリハーサルを行うべきである。これにどれだけの準備を費やすかは、結果がどれだけ重要かに依存する。

異議には主観的なものもある。「実装に時間がかかりすぎる」という異議は、決定基準を見直してほしいという要求かもしれないし、単なる意見の相違を表すだけかもしれない。

9.4　まとめ

これで、あなたは信頼性と伝える内容の価値を高めるための技術を手に入れた。この章を読む前に、2000 年以上前の知識が今日これほど役立つと思っただろうか？ 知識の記録と共有は人類文明の発展の鍵でありながら、ソフトウェアのアーキテクティングや執筆に関しては優先されていない。

「ドキュメント化」という言葉を聞いてゾッとする人も多いだろう（第 II 部を読んだことで相手の反応に気づきやすくなっているかもしれない）。第 III 部を読めば、相手がこのように反応することを防ぎ、どのようにドキュメント化するか、何をドキュメント化するか、そして有用でアクセス可能な知識の蓄えをどのように作るかについての不安が解消されるだろう。

第III部
ナレッジを伝達する

　組織や技術チームにおける**ナレッジマネジメント**が**ドキュメント化**を指すと考える人は多いが、それはナレッジを伝達するために必要なことの一部分に過ぎない。チームや組織の集合的なナレッジ、つまりプロダクトやプロジェクトについてのナレッジを含むすべてのナレッジを、最新に保ち、適切な人々に対して利用可能でアクセスできる状態に管理し、誘導しなければならない。

　第III部では、優れたナレッジ開発とマネジメントの包括的な原則を学ぶ。ナレッジを適切に収集して維持し、人材を活用することで、ナレッジやドキュメントへの投資に対する最高のリターンを得ることができる。

　10章では、ナレッジマネジメントとドキュメントを強化するための抽象的なパターンと原則について説明する。11章では、人材を活用してナレッジ開発とマネジメントを改善するためのパターンと技術を提供する。11章では、ナレッジマネジメントに使用するアーキテクチャの実践をより効果的にするためのパターンと方法を提示し、単なる形式的な作業に終わらせず、その利益を享受できるようにする。

　第III部で紹介するパターン、原則、実践をチーム、部門、組織に適用し、集合的なナレッジを最適化して、生産性と革新性を向上させよう。

10章
ナレッジマネジメントの原則

ソフトウェアアーキテクチャを作成する際には、明示的かつ暗黙的な原則に従う。セキュリティやアーキテクチャの原則、コーディングについてのパターンや原則など、会社には順守しなければならない明示的な原則があるだろう。もしくは Azure、Amazon Web Services（AWS）、Google Cloud Platform（GCP）[†1]から提供される**優れた設計のフレームワーク**に従う場合もある。

その他の原則は暗黙的であり、一様に守られているわけでもなく、よく知られているわけでもない。これらは個々人の経験から得られた教訓であることが多い。

この章では、ナレッジマネジメントとドキュメント化を改善するための原則について述べている。これらの原則を、ぜひ実際の業務で明確に活用してほしい。

10.1　プロジェクトよりもプロダクトを重視する

お気づきかもしれないが、多くの会社がプロジェクトを中心に人員と仕事を編成している。予算はプロジェクトに配分され、ナレッジマネジメントもプロジェクトに基づいている。しかしプロジェクトは一時的であり、複数のプロジェクトによって実現されることも多いプロダクトに比べれば、ずっと短命である。

プロジェクトが終了したとき、そのプロジェクトに関連するすべてのナレッジはどうなるだろうか。ドキュメントが**プロジェクト**ごとに整理されている場合、そのナレッジは見つけにくくなり、簡単に忘れられたり、失われたりすることが多い。しかし、ドキュメントが**プロダクト**ごとに整理されていれば、そのナレッジは簡単に見つけ出せ、他のプロジェクトで参照したり再利用したりできる。これが**プロジェクト志向**と**プロダクト志向**の大きな違いである。

10.1.1　プロジェクト志向

プロダクトや機能の初期開発段階では、高レベルの要件、ドメイン分析、アーキテクチャ決定記録（ADR）、その他重要なナレッジを含む多くの成果物を収集することになる。

[†1] Azure（https://oreil.ly/DfBrq）、AWS（https://oreil.ly/-1k0j）、GCP（https://oreil.ly/V3tY3）のフレームワークは、クラウドのベストプラクティスに基づいてアーキテクチャを一貫して評価することを可能にし、クラウドプロバイダーによって維持管理されている。

このプロダクトの新しいイテレーションのために新しいプロジェクトが作成されたと想像してみてほしい。その後、さらに別のプロジェクトが続く。ナレッジがプロジェクト単位で保存されていると、問題がいくつも発生することになるだろう。

ドキュメントの発見

少なくとも前のプロジェクトのドキュメントを見つける必要がある。ドキュメントの保存状況によって、数分で済むこともあれば数週間かかることもある。

過去のドキュメントが存在するかの確認

新しいプロジェクトに取り組むチームは、過去のプロジェクトのドキュメントが存在するのか、さらには過去のプロジェクト自体が存在するのかを知らないかもしれない。これは特に、プロダクトの 2 つ目のイテレーション以降によくある問題である。

新しいプロジェクトでプロダクトを変更する際、なぜそのような決定がされたのか、元々の要件は何であったのか、CI/CD パイプラインがどのように機能するのか、といった情報がチームにないと想像してみてほしい。こうした情報がないと、新しいプロジェクトは、チームが気づかぬうちに何か（コードであることもあれば、要件であることもある）を壊してしまう可能性が高い。

特定のプロジェクトにのみ関連するナレッジやドキュメントもある。この種の情報もプロダクトの一環として保存しよう。いつそれが役立つかわからないからだ。後から必要になって探し回るのは避けたい。

10.1.2　プロダクト志向

プロダクト志向に切り替え、ナレッジをプロダクトごとに整理することで、ドキュメントを発見しやすくなる。新しいプロジェクトに取り組んでいるチームは、自分たちが取り組んでいるプロダクトに関する過去のドキュメントを見つけやすくなる。

さらに、プロダクトごとにナレッジを整理することの利点が他にもある。

長期的な視点

目先のプロジェクトに留まらず、長期的な展望を描けるようになる。そうすることで、ニーズの変化により対応できるソフトウェア設計が可能になる。プロジェクト志向では主に締め切りを守ることに重きが置かれる。あなた自身が次のプロジェクトに参画することになれば、長期的な計画を立てたことに感謝することになるだろう。

協業と再利用性

特に複数のプロジェクトやチームが同時に 1 つのプロダクトに取り組んでいる場合であっても、協業が推進されて再利用性が向上する。順番に進行するプロジェクトやプロダクトポートフォリオでも同様である。他のプロダクトや事業部門で働いている人々にとっても、ナ

レッジはプロジェクトごとに整理されているよりもプロダクトごとに整理されている方が参照しやすい。

プロジェクト間の一貫性

誰もがプロダクトのことがわかるようになっていると、ベストプラクティスからテンプレートや標準が生まれる。そうするとプロジェクト同士の一貫性が生まれ、別のプロジェクトに異動したときの学習曲線が減少し、ソリューションやツールの再利用によるコストも削減される。

可視性

ナレッジをプロダクトごとに整理することで、プロダクトの全体像を得ることができる。これは、プロジェクト中心のアプローチから得られる瞬間的なスナップショット（あるいは重複した成果物）とは異なる。全体的な視点を持つことで、変更の影響をよりうまく把握し、改善すべき領域を特定することができる。

顧客重視

プロダクトに焦点を合わせると、そのプロダクトを使用する顧客にも焦点が合わせられる。プロジェクトが終了しても顧客のニーズに関するナレッジが失われることはなく、プロダクトに取り組むすべてのプロジェクトやチームに引き継がれる。

継続的改善

プロダクト中心のアプローチは、情報の全体的な性質により、時間をかけてソフトウェアの継続的な改善と進化を促す。改善すべき領域を特定し、段階的な変更を行うことが容易になる。

プロダクトごとにナレッジを整理する方法は、使用可能なツールや会社の規模、その他の要因によって異なる。しかし、重要なのは、一貫性があり、簡単にアクセスできる方法を確立することだ。これにより、関連情報が常に入手可能で最新の状態に保たれ、メンテナンスも容易になる。

ナレッジ成果物をプロダクトごとに整理するからといって、プロジェクトとの紐づきがなくなるわけではない。**図10-1** にプロダクトごとに整理されたナレッジ成果物を示す。これらはプロジェクトによっても参照されるし、必要な場合は複数のプロジェクトによって参照され、成果物の集合体を作り上げることができる。「10.2　テキストより抽象イメージ」では、参照と再利用についてさらに詳しく説明する。

ドキュメントの構造と分類を考える際には、社内のプロダクト ID や ISO 認証からの用語など、組織全体で使用される概念や標準の中で関連するものを統合するべきである。

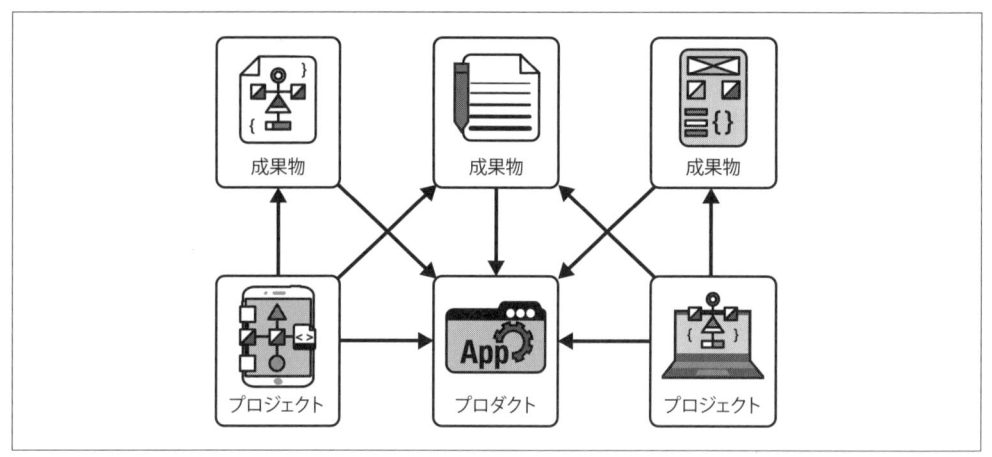

図 10-1　プロダクトごとに整理され、プロジェクトによって参照されるナレッジ成果物

プロダクトごとにナレッジを整理するための方法を提案しよう。

ドキュメントの集中管理

すべてのナレッジが 1 箇所に保存されるように集中管理されたドキュメントポータルを作成し、これをプロダクトごとに整理する。そこに保存できないナレッジがある場合[†2]は、ドキュメントポータルと外部ドキュメントそれぞれからリンクを貼るようにする。

タグ

フォルダは古い仕組みであり、成果物を 1 箇所にまとめるよう強いる。成果物は複数のカテゴリを持つことがあるため、複数のタグを付けることもできる。プロダクトごとに成果物をグループ化するためにタグを追加しよう。その後、プロジェクト名や成果物の種類などの他のタグを追加して、別の方法で成果物をグループ化できる。現在利用可能な多くのナレッジマネジメントシステムではタグを使用することができる。フォルダや階層のみで管理するシステムは避けるべきだ。

フォルダと階層の戦略的な使用

すでにフォルダを使用していたり、タグが使えなかったりする場合は、可能な限りプロダクトごとの整理を抽象的に行って、プロダクトの全体像を把握できるようにする。部門などの別のレベルのフォルダの下にプロダクトを整理しなければならない場合、全体像が失われてしまう。

---

†2　ナレッジベース、リポジトリに保存されたコードのドキュメント、あるいはオンラインで公開されているユーザードキュメントが含まれることがある。

メタデータの使用

メタデータとは、ウェブページ、ドキュメント、画像などの他のデータを説明する情報である。タグは一般的なメタデータの一種だが、できる限り他の種類と併用するべきである。成果物に関連するすべての側面（プロダクト、プロジェクト、成果物の種類、著者など）を説明するためにタグを使用すると、大混乱に陥る可能性がある。これらの情報をキーと値として明示的に示すメタデータがあれば、情報ははるかに明確になる。ナレッジマネジメントアプリケーション、Wiki、ファイルシステム（例えば Confluence、Microsoft SharePoint、Obsidian など）の中には、裏でメタデータを使用するか、メタデータの追加と編集を許可しているものも多い（**例10-1** 参照）。

パースペクティブ駆動のアプローチを使用する

ドキュメントをステークホルダーの関心事に対応する視点に整理する（「10.3 パースペクティブ駆動ドキュメンテーション」を参照）。

例10-1　YAML メタデータ

```
---
product: "My Cool Product"
author: "Kate"
project: "Project Trilby"
type: "requirements"
tags:
- tag1
- tag2
---
```

プロダクトをまたがるプロジェクトに取り組んでいる場合でも、タグやパースペクティブ駆動のアプローチを使用して、**プロダクトを優先させる**ことができる。まずは、関わるプロダクトのナレッジにリンクするプロジェクトダッシュボードを作成するとよい。Confluence のページ、Markdown ドキュメント内のリンク、SharePoint ページ、またはフォルダ内のファイルへのリンクなどがいいだろう。

10.2　テキストより抽象イメージ

ソフトウェアアーキテクチャについてコミュニケーションをとる際は、文章を見せるよりも、詳細を一部抽象化し情報を視覚的に提示する方が効果的だ。たとえすべての情報をテキストにできたとしても、それが最も効果的なコミュニケーション方法とは言えない。視覚表現はすべてのテキスト情報を置き換えることはできないし、そうするべきでもないが、人間は視覚表現とテキストをまったく別の方法で処理するのである。

すべての受け手のニーズに合わせたドキュメントを提供するのは難しい。たとえ受け手の範囲が狭くても、個々人の目的（例えば、ゼロから学ぶことやナレッジをリフレッシュすること）は異なる場合がある。詳細な内容をオプションにして、抽象的な内容とともに提供することが役立つこともある。ドキュメント内容に関するさらなるアドバイスについては、7 章のコラム「技術文書のためのアドバイス」を参照。

10.2.1　箇条書き

　情報によっては箇条書きや番号付きの箇条書きにすると効果的だ。箇条書きは情報を要約するのに役立つ。短く要点を押さえ、重要なアイデアを前面に押し出すことができるのだ。

　読者は、他の内容をざっと見るだけであっても、箇条書きはきちんと読むことがよくある。また箇条書きの周りの段落はきちんと読む傾向がある。箇条書きの周りの余白は読者の目を休め、読み続ける意欲を促進する。これは多くの情報を伝える必要がある場合（例えばホワイトペーパーで）や、読者の興味を引き続けるのに役立つ。

　箇条書きを使用するときのヒントをいくつか紹介する。

- 最も重要なポイントから始めること。もし読者が箇条書きを最後まで読まなかったり、ざっと見ただけだったとしても、最も重要な声明は伝わるようにする。
- 読みやすいように各項目を同じ品詞（名詞、動詞、形容詞など）で終えること。どの品詞でも構わないが、統一することが重要である。
- 順序が重要な場合にのみ番号を使用すること。例えばプロセスの手順やレシピの手順を示す場合や、数を数える場合など。読者は意味がない場合でも数字に意味を見出す。
- 各箇条書きのだいたいの長さを揃えること。ばらつきがあると読み手の気が散る。
- 箇条書きが数文にわたる場合や、最初の文がさらに詳しく説明される場合は、最初の文を強調させること。例えば、太字にすることで、流し読みしている読者の目に留まりやすくなる。
- 箇条書きの各項目を数文に収めること。それ以上になる場合は、要約して短くするか、段落の使用を検討する。
- 箇条書きの項目が 2 つ以上ある場合は、周囲に余白を追加すること。余白があれば目を休められるので、箇条書きが長くなるほど必要になる。
- 項目に対して一貫した大文字小文字、句読点、文法を使用すること。一貫性がないと、読者が情報を理解しにくくなる。
- 箇条書きの入れ子は慎重に扱うこと。視覚的に混乱しやすい。サブリストは以下のルールに従おう。
  - メインの箇条書きと同じルールに従う。
  - メインの箇条書きとは異なる記号や番号付けシステムを使う、または明らかにインデントを入れる。

これらの例を見たいと思うかもしれない。前述の箇条書きをよく見てほしい。最初の文を強調すること（箇条書きの項目が数文にわたる場合、この本の他の箇所では太字とインデントを使用している）を除き、すべてのアドバイスに従っている。

10.2.2 表

表は、多くの段落を使ったテキストで説明する必要がある情報や、図にするのが適当でない情報、または関連のある情報を提示するときに有効だ。また、チャートやグラフの代わりとしても使用できる。単純なテキストの表に制限されず、色やパターンを使ってデータを強調し、メッセージを補強することができる。

情報がすぐに要約できる場合や、説明に長い文章が必要になる場合、表は不適切である。表は繰り返しの情報を表示するのに適している。不規則な（非繰り返しの）内容には段落を使おう。

表が有効な状況は以下の通りである。

- チャートやグラフでは書き切れない詳細なデータを提示する場合
- チャートやグラフでは見ることができない正確な値を示す場合
- 並べて分析したいようなデータポイントを比較する場合
- 一部の読者がチャートやグラフを読み取れない際のアクセシビリティを考慮する場合

ソフトウェアアーキテクチャでの適切な表の使用例を紹介しよう。

要件追跡マトリックス

要件をそれを満たすコンポーネントに結びつける。

コンポーネントインターフェイス仕様

設計コンポーネント間のインターフェイスを文書化する。

パフォーマンス指標レポート

応答時間、リソース利用率などのデータを示す。

テスティングマトリックス

各コンポーネントやサブシステムのテスティングシナリオと結果を文書化する。

ステークホルダー分析マトリックス

ステークホルダーの関心事や懸念事項などを文書化する。

メトリクスのコミュニケーション

グループや複数の単位でメトリクスを表示する。

表を作成する際のヒントを紹介しよう。

- 表の前に文脈を示す導入の文章を入れる。
- 意味のある簡潔な見出しを列に付け、表の内容と視覚的に対比させる（太字や大きなフォントを使用するなど）。必要に応じて行の見出しにも同様の工夫を適応する。
- 各列のデータタイプ（価格や国など）は 1 つだけにする。
- 表のセルは 2 文以内に制限する（より多くの情報を含む場合は箇条書きを検討する）。

 読者がドキュメントにアクセスする方法はさまざまであることを覚えておくこと。通常のコンピュータモニターで簡単に読み取れる表が、タブレットやスマートフォン、ノートパソコンではうまく機能しない場合がある。

10.2.3　視覚的抽象化

視覚表現を使用する理由の一つは、情報を抽象化してメッセージを簡単に理解できるようにするためである。例えば、数値スコアの横に星の評価をつけるような場合だ。

通常、星は 0 から 5 の整数スコアを示すのに使われる（**図 10-2** 参照）が、部分的な星を表示することで浮動小数点スコア（例えば 3.6/5）を示すこともでき、各数字を半分の星として表示することで 10 段階のスコアを示すこともできる。5 つ以上の星を表示するのは効果的ではない。見た目で数値の意味がわかりにくくなるからである。

図 10-2　星 4 つの評価（5 つ中）

 **図 10-2** の星は、非テキストコントラストに関する WCAG ガイドラインに適合するよう設計されている。色付きの星の境界線が空（白）の星よりも太いことに注目してほしい。これは、黄色（または灰色）と白の違いが見えない人がいても、4 つの星がハイライトされていることがわかるようにするためである。詳細については、WCAG 非テキストコントラストガイドラインを参照してほしい（https://oreil.ly/Cs_9V）。

ハービーボール（**図 10-3** 参照）も、スコアや 5 段階評価を視覚的に抽象化するのに使える。一般的に、評価対象が基準をどれだけ満たしているかを示すのに使われ、オプションを評価する際（例えば ADR）に役立つ。ハービーボールの重要な利点は、値を伝えるのに 1 つだけ使用するこ

とができる点である。つまり5つの星よりもテーブルや制約されたスペースに簡単に収まる。ただし、どの色がどのデータを表しているかを判断しづらい可能性があることを心に留めておくこと。意味をより明確にするために、ボールを時計回りに塗りつぶし（**図**10-3 参照）、ハービーボールが組織全体で一貫した形で使用されるようにすること。

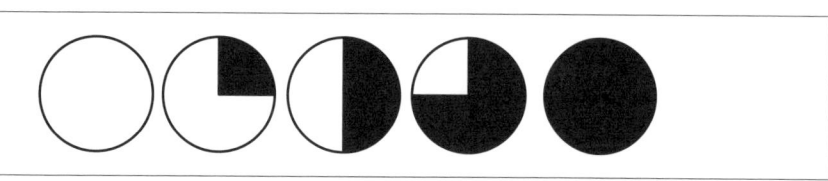

図10-3　ハービーボール

　信号機は、否定、中立、肯定の情報を表す一般的な方法である。赤、黄色、緑の色を使用する場合、実際の信号機と同じ位置に配置する（イギリスとアメリカでは赤が上、緑が下）か、色とともに別の記号（例えば、緑に＋、赤に－）を使用することで、読者が色覚異常であったり、色がグレースケールで表示される場合でも意味が伝わるようにすることが重要である。

10.2.4　ワードクラウド

　ワードクラウドは、テキストを提示する際に使える方法であり、テキストの段落やデータの表よりも効率的にメッセージを伝えることができる。**ワードクラウド**は特定のソースから抽出された単語の集合であり、異なるサイズや色で描かれる。単語が大きく（可能であれば太く）描かれるほど、その単語はソーステキストに頻繁に登場することを示している。ソーステキストは通常、マーケットリサーチからの自由記述の質問などであるが、複数選択形式の質問に対する回答も含まれる場合がある（この場合、単語の目立ち具合は回答が選ばれた回数を示す）。

　ソフトウェアアーキテクチャにおいて、ワードクラウドを最も使用するのはプレゼンテーションであるが、他の文書でも使うことができる。例えば、選択したアーキテクチャ特性を示し、最も重要なものを強調することもできる（詳細は「12.2　アーキテクチャ特性」を参照）。一部のインタラクティブプレゼンテーションソフトウェアでは、受け手が回答を入力し、それをほぼ瞬時にプレゼンテーション画面に表示することで、その場でワードクラウドを作成することも可能である。これは即興でも事前作成でも非常に魅力的で、傾向や重要な単語を簡単に確認することができ、ドキュメントをスキャンする場合にも使える。

　図10-4 は、Wikipedia のタグ（ワード）クラウドの記事（https://oreil.ly/9qWFy）からのテキストを使用して作成された。一般的な単語（例えば、「的」や「な」、「の」など）を取り除くのが普通である。多くのジェネレーターは、色、形、間隔などの表示オプションを提供している[3]。

---

[3]　オンラインで候補を探すときには「ワードクラウドジェネレーター」で検索しよう。

図 10-4　https://simplewordcloud.com で生成されたワードクラウド

インタラクティブなワードクラウドを用いると、要求収集をより魅力的に行えるようになったり、ユーザーやステークホルダーから収集した開放型データを提示できるようになったりする。もし、プロダクトの変更に関してステークホルダーの賛同を得ようとするなら、変更の理由（例えば顧客の苦情の要約）を示すワードクラウドを用いると説得力が増す。

10.2.5　チャート、グラフ、図

　「百聞は一見にしかず」というフレーズを聞いたことがあるだろう。チャート、グラフ、図は情報を要約する素晴らしい方法であり、多くの場合ラベルやタイトルを除けば、補足テキストなしでメッセージを伝えることができる。例えば、明確な傾向を示すグラフと、グラフから受け手に理解してもらいたいことを述べた見出しは、それだけでメッセージを伝えることができる。データの表は正確な数値を示すのに有用だが、チャートやグラフはパターンや傾向を迅速に明確にできる。

　チャートやグラフはデータを比較するのにも優れた選択肢であり、特にすべての比較データを 1 つのチャートに含める場合（例えば折れ線グラフや棒グラフ）に有効である。また、データの表よりも一般的に読みやすく理解しやすい。

10.2.6　その他の抽象化

　効率的にメッセージを伝えることができる、魅力的なコンテンツを作成する他の方法を紹介しよう。

インフォグラフィック

　複雑な情報を分かりやすい形式で要約するために、レポート、マーケティング、デジタルド

キュメントでよく使用される。特にユーザードキュメントをより興味深く、理解しやすくするのに役立つが、アクセシブルなテキストバージョンを添えるべきである。

画像、イラスト、アニメーション

ミームや漫画は、ポイントを説明または強調するため、または目を休めるためによく使用される。

ビデオとオーディオ

テキストとは異なる方法で情報を提示するため、デジタルコンテンツで使用できる。受け手の中には、読書よりもビデオからの方が情報を理解しやすい人もおり、これらの形式は感情を訴えるのにも優れている。

さまざまな方法を使用してコミュニケーションを行った方が、受け手とのコミュニケーションが改善される傾向にある。メッセージがより記憶に残り、魅力的で理解しやすくなるからだ。

グラフィカル、ビデオ、オーディオコンテンツを作成する際は、アクセシビリティに注意すること。視覚障害のある人や、テキストを翻訳する必要がある人、オーディオやファイアウォールの制限でコンテンツにアクセスできない人などに対し、代替形式や代替テキストを作成する必要があるかもしれない。コンテンツはどんな人でも読めて理解できるようにしておこう。

10.3　パースペクティブ駆動ドキュメンテーション

パースペクティブ駆動ドキュメンテーションは、コミュニケーションする相手と理由に焦点を合わせたパターンである。一般的に「パースペクティブ」という言葉は、何かを特定の視点で見る方法として定義される。物事をパースペクティブの中に置くのである。パースペクティブ駆動ドキュメンテーションにおけるパースペクティブとは、特定のステークホルダーの懸念に対処する成果物の集合である。これらのパースペクティブはウェブページ、図、または表で表すことができる（詳細は「10.3.3　パースペクティブを実装する」を参照）。

パースペクティブを定義する方法

パースペクティブを定義するプロセスは、ステークホルダーとパースペクティブの作成者（たとえばアーキテクトやデベロッパー）との共同作業である。パースペクティブはステークホルダーの懸念に対処する必要があるが、ステークホルダーはどの成果物や情報がその懸念に対処できるのかを知らない可能性が高い。

そのため、パースペクティブの作成者はステークホルダーと協力して、テキスト、図、表といった成果物を洗い出し、それらをパースペクティブとして整理・集約していく。

この定義プロセスは、テンプレート、チェックリスト、フォームなどに落とし込むことで、

> さらに洗練させることができる。これらは、ステークホルダーとドキュメントや成果物の書き手との間の腐敗防止層となり、全社的なドキュメントでパースペクティブを作成する基盤となる。

ドキュメントはステークホルダー（開発者、アーキテクト、プロダクトオーナー、プロジェクトマネージャー、セキュリティチーム、DevOps、顧客など）が必要な情報を必要なときに見つけるために存在する。ステークホルダーのニーズや懸念は幅広い。開発者が必要とする情報はプロダクトオーナーとはまったく異なる（また、必要なタイミングも異なる可能性が高い）。一方でプロダクトオーナーも顧客とはまったく別の情報を必要とする。

　長いテキスト文書やスプレッドシート（またはそれに類するもの）に保存される従来のドキュメントでは、ステークホルダーは必要な情報に簡単にアクセスしたり、維持したりすることができない。情報を見つけるのが難しかったり、重複する成果物を維持するのが難しかったりする。Wikiやその他のナレッジマネジメントアプリケーションは、従来のドキュメントよりもマシだが、パースペクティブを使用することでさらに使い勝手がよくなる。

10.3.1　パースペクティブも DRY

　パースペクティブ駆動のドキュメント作成の重要な原則の一つは、DRY（Don't Repeat Yourself）である。特定の成果物が複数のステークホルダーに役立ち、複数のパースペクティブで使用される場合でも、成果物を重複させたくない。ドキュメントの保守性に影響を与えるからだ。

　この原則は、パースペクティブ駆動のドキュメント作成方法や使用するツールに影響を与える。ツールやアプリケーションは、1つの成果物を複数のパースペクティブに埋め込み、オリジナルが更新されるとすべての場所で自動的にその成果物が更新されるようにしておかなければならない。

> アンディ・ハントとデイヴ・トーマスは、DRY の原則を**ナレッジ**の観点から定義しているが、その適用対象はコードである。「すべてのナレッジはシステム内で単一で明確かつ権威ある表現を持たなければならない」[†4]と述べている。この原則は情報の重複を防ぐもので、例えば、よく使われる文字列を変数として定義し、その後必要に応じてその変数を参照することで、文字列を重複させることを避ける。

　ドキュメント作成やナレッジマネジメントにおいて、成果物（図、データの表、テキストの段落など）をページやドキュメントに埋め込む、またはハイパーリンクを使用して参照することで（ただしこれはアクセスしにくい）、成果物の重複を避けることができる。

[†4]　アンドリュー・ハント、デイヴィッド・トーマス著、『新装版 達人プログラマー：職人から名匠への道』（オーム社、2016年）。

 成果物にリンクを作成する際は、一部のシステムやアプリケーションは動的リンクを作成できるが、多くの場合はそのリンクが脆いことに注意しよう。**脆いリンク**は、リンク先の成果物が移動されたり名前が変更されたりすると壊れてしまう。**動的リンク**は、リンクを作成したシステム内で成果物が更新されても機能する。リンクが脆いか動的かは意識するようにしよう。新しいナレッジマネジメントシステムを選択する際には特にそうだ。

　DRY の原則のトレードオフは、成果物のすべてのインスタンスが自動的に更新されることを望まない場合があることだ。成果物が特定の時点を表す「凍結」状態であることを望む場合や、特定のインスタンスについて小さな変更を加えたい場合がある。そのため、成果物が静的なバージョンが必要なのかどうか、その意図が明確にわかる名前を付けたコピーを作成することが重要である。具体的な例としては、特定のソフトウェアリリースに関連する成果物や、特定の標準やライセンスのバージョンに関連する成果物が挙げられる。

10.3.2　フラクタル・パースペクティブ

　パースペクティブ駆動でドキュメントを作成する際の重要な原則がもう一つある。パースペクティブがフラクタル（自己相似形）であるということだ。これは、成果物の中に成果物（例えば図）を埋め込むのと同じように、あるパースペクティブが別のパースペクティブに埋め込めるという意味だ。このため、一連の成果物をパースペクティブとして再利用可能な形でグループ化し、そのパースペクティブを別のパースペクティブに埋め込み、そのパースペクティブをさらに別のパースペクティブに埋め込むことができる（**図10-5** 参照）。さらに、成果物やパースペクティブは複数の他のパースペクティブに埋め込むことができる。DRY の原則を保つためには、すべてのパースペクティブや成果物がコピーではなく、複数のパースペクティブに埋め込まれた同じインスタンスでなければならない。

　効果的なパターンや配置がわかってきたら、パースペクティブのためのテンプレートやチェックリストを作成することを検討しよう。特定の問題（例えば、システムがレスポンシブであること）に対応するために一般的に必要な成果物や特定のステークホルダーに適用される成果物が分かれば、そのナレッジをテンプレートやチェックリストに記録することができる。そうしておけば、次にパースペクティブを作成するときのプロセスを迅速にできる。

　テンプレートは、プロジェクト、プロダクト、プログラム、さらには大規模な企業内の部門や組織単位をまたいで適用可能である。また、ステークホルダーや問題点がわかれば、どの成果物を作成すべきかを決定する際にも役立つ。

図10-5　フラクタルなパースペクティブの説明：複数の成果物と 2 つの他のパースペクティブが 1 つのパースペクティブに埋め込まれている

図のレイヤ化

　図を作成する際には情報をレイヤに分けると良い。draw.io や Visio など、図の作成に使用される多くのアプリケーションはレイヤをサポートしている。

　レイヤは、DRY と単一責任の原則を順守するのに役立つ。レイヤ化されたマスターから複数の成果物を作成し、それぞれ異なるレイヤの組み合わせを表示させることができる。複数の言語でドキュメントを利用できるようにする必要がある場合、各言語のラベルやその他のテキストのためのレイヤを作成することができる。これは優れたプラクティスで、単一責任の原則に従った図をより見やすく作成できるようになる。

　5 章で紹介した単一責任の原則は、コードにおいてクラスの変更理由は 1 つだけであるべきだと述べている。コードの修正が必要な場合、修正が必要な部分だけが変更され、無関係なコードはそのまま残る。この原則に従うことで、無関係な部分にバグやデグレを誤って導入するリスクを減らし、テストも変更された部分に集中させることができる。

　この原則は、ドキュメント用に作成する成果物にも適用できる。アーキテクチャのセキュリティが変更された場合、セキュリティに関連する成果物だけを見つけて更新すればよいので、それらの成果物の特定と更新の時間を大幅に節約できる。

10.3.3 パースペクティブを実装する

ここまで紹介した原則やアイデアを実践する方法について説明しよう。ナレッジマネジメントアプリケーション（例えば Wik、Notion、SharePoint、Confluence、Obsidian、Logseq など）によってサポート状況は大きく異なるが、これらや他の支援アプリケーション（またはカスタムナレッジマネジメントアプリ）で注目すべきいくつかの重要な機能がある。

タグとメタデータ

これらは成果物を整理するための重要な機能であり、特に1つの成果物を多くのパースペクティブで使用する場合に使える。タグは成果物の管理にも役立ち、特定のタイプの成果物や、特定のプロダクトやプロジェクトに属する成果物を簡単に見つけることができる。タグを定義し、成果物にメタデータやタグを追加してそれが属するプロダクトなどを示す。アプリケーションによっては、ページなどのパースペクティブ自体にメタデータを追加して、どの成果物を表示すべきか、どの順序で表示すべきかを定義できるようになっている[5]。

埋め込みと参照

ナレッジを DRY に保ち、パースペクティブを作成するためには、成果物を埋め込む機能が必要である。成果物を Wik やウェブページに埋め込むか、Confluence や SharePoint のような専用ツールを使用してページを作成し、その後成果物を埋め込むことができる。理想的には、埋め込まれた成果物を閲覧するために現在のページやコンテキストを離れる必要がないタイプの埋め込みが望ましい。埋め込みが不可能な場合、成果物にリンクを貼っても良い。リンクに耐久性があるのが理想だが、少なくとも参照は読者がその成果物を見つけて閲覧できるようにするべきである。

フラットな構造

成果物を整理する際、ほとんどの人はある種のフォルダ階層を作成するが、実際には多くの成果物は複数のフォルダに配置する必要がある。タグを使用することで、ファイルの構造をフラットにしておけるし、すべてが1箇所にあるため、常にどこに何があるかがわかる。タグによって必要なものを見つけられれば理想だが、それができない場合でもどこを見ればよいかはわかる。

テンプレートとチェックリスト

最低限、ほとんどのツールでは様々なパースペクティブに対応できるように、定義やチェックリストを含むページやそれに類するものを作成できる機能が一般的に提供されている。このチェックリストやテンプレートの項目には、特定のステークホルダーの関心事に対応するための成果物（またはパースペクティブ）が含まれる。一部のツールでは、視点のレイアウ

---

[5] Obsidian と DataView プラグインを使用することで、ページにメタデータを追加し、パースペクティブを自動生成できるようになる。

ト用テンプレートを作成できることもある。

レイヤ

図やその他の視覚表現を作成するために使用するツールは、レイヤをサポートすべきである。そうすれば、異なる関心事を異なるレイヤに分けることができる。たとえば、セキュリティプロトコルを 1 つのレイヤに、同期・非同期のような通信パターンを別のレイヤに配置する。この配置により、1 つの図ファイルから複数のアセットを作成し、それらを同期した状態に保つことができる。

ナレッジグラフは情報をリンクで結びつけることで情報を見つけやすくする。情報をフォルダに保存すると階層が作られるが、グラフを使うと情報が他の情報にリンクされる。バックリンクによりリンクを双方向にたどることが容易になる。Obsidian (https://obsidian.md) はナレッジグラフの実験に素晴らしいツールである。

アーキテクチャにおけるパースペクティブとビュー

アーキテクチャの他の分野でも「パースペクティブ」や「ビュー」という用語を耳にするかもしれない。これらの用語を聞くことがある場面を挙げておこう。

- The Open Group Architecture Framework（TOGAF）(https://oreil.ly/IXn62) は、エンタープライズアーキテクチャフレームワークの一つで、パースペクティブとビューの概念を含む。これらはパースペクティブ駆動ドキュメンテーションに似ているが、より限定的な概念である。

- SABSA (https://oreil.ly/agq_6) と Zachman (https://oreil.ly/S6A42) のフレームワークにも、レベルやパースペクティブの概念が含まれており、**何を・なぜ・どのように・誰が・どこで・いつ**という分類にわたって各パースペクティブ内でモデルや資産のマトリックスを作成する。これはパースペクティブ駆動のドキュメンテーションに比べてはるかに堅苦しい考え方である。

- Diátaxis フレームワーク (https://diataxis.fr) は、受け手のニーズに基づいてドキュメンテーションを 4 つの象限（チュートリアル、ハウツーガイド、説明、参考資料）に分ける。これらの象限はより抽象的なパースペクティブと見なすことができる。

- 4+1 モデル (https://oreil.ly/IStQP) にも論理、プロセス、開発、物理、シナリオという 4 つのビューの概念がある。これらのビューは特定の受け手のニーズに対処する概念と抽象度のレベルを組み合わせたものだ。4+1 のビューは抽象的なパースペクティブと見なすことができる。

- ニック・ロザンスキとオウェン・ウッズによる『ソフトウェアシステムアーキテクチャ

構築の原理 第 2 版』（SB クリエイティブ、2014 年）のパースペクティブは、セキュリ
ティ、パフォーマンスとスケーラビリティ、可用性と回復力といったアーキテクチャ特
性に近い。

　私はパースペクティブ駆動のドキュメンテーションに「ビュー」ではなく「パースペクティ
ブ」という用語を選んだ。というのも、「ビュー」という用語はソフトウェア開発やアーキ
テクチャにおいて複数の意味を持ちすぎているからである。「パースペクティブ」という用語は、
ステークホルダーの望みやニーズに応えるという意図にも適している。パースペクティブは
個々人に根ざしたものである。

10.4　まとめ

　あなたはナレッジを記録し、伝達し、保存するための抽象度の高い原則を手に入れた。これらの
原則は、あなたの会社や個人のナレッジに適用できる。しかし、これらの原則をナレッジのプロセ
スやドキュメンテーションに適用することはナレッジマネジメントの一面に過ぎない。

　ソフトウェアのすべての根底にあるのは人である。次の章を読めば人こそがナレッジマネジメン
トの中心であり、ナレッジの開発、伝達、記録を改善するうえで非常に重要であることがわかるだ
ろう。

11章
ナレッジと人

ソフトウェアとアーキテクチャの根本には、最終的に「人」が存在する。人がソフトウェアを使用し、ソフトウェアは人を支援し、そして人がソフトウェアを設計、デザイン、コーディングする。したがって、これらのナレッジパターンの中には、人を中心に展開されるものがあるのも不思議ではない。

相棒、チームメンバー、その他の同僚は、会社だけでなくあなたにとっても資産である。仲間たちを賢く活用すれば、ナレッジマネジメント、ドキュメント作成、そしてソフトウェアアーキテクチャ全体を改善できるようになる。

11.1　早期かつ頻繁にフィードバックを得る

多くの人が犯す間違いの一つは、フィードバックを得る前にその仕事に多くの時間と労力を投入することである。労力とお金が無駄になるだけでなく、システムのアーキテクチャ設計にも影響を与える。これは個人にもチームにも当てはまる。

もしあなたがアジャイルの経験やその背景にある理屈を理解しているなら、アジャイルが最速のフィードバックループを実現するために、早期のフィードバックを重視していることを知っているだろう。イテレーティブかつインクリメンタルな変化。大きい失敗を避けるために早期に失敗する。これらの原則は、成果物やドキュメントを作成する際にも同様に従うべきだ。

もしアイデアや設計についてフィードバックを得ていないなら、変更される要件や、現実的にそのアイデアを見直してくれる別の視点を見逃していることになる。**バタフライ効果**を考えてみてほしい。初期の一つの誤った仮定が、アーキテクチャを完全に誤った方向に導いてしまうかもしれない。

フィードバックを得ないことは、**埋没費用の誤謬**に陥ることを意味するかもしれない。人は何かに長く取り組めば取り組むほど、それに変更を加えたくなくなる。それは自分の大切な「作品」だからだ。初期段階でフィードバックを得ていなければ、その後フィードバックを求める可能性が低くなり、設計や図面などにおいて重要な意見を見逃すかもしれない。

埋没費用の誤謬

　埋没費用の誤謬とは、プロジェクトや意思決定において、もはや投資が正当化されない、または成功する可能性が低いという証拠があるにもかかわらず、引き続きリソース（時間、金銭、労力など）を投入し続ける認知バイアスである。このバイアスは、すでにリソースが投入されているため、最初の投資が無駄になることを避けるために、投資を続ける必要があるという信念に根ざしている。投資をやめるにはすでに多くを投資しすぎているのだ。

　技術プロジェクトでは、埋没費用の誤謬はいくつかの形で現れる可能性がある。例えばプロジェクトがもはや実現可能ではなく、想定された価値を提供しないという証拠があるにもかかわらず、会社はすでに当初の予算やタイムラインを超えているプロジェクトを推進し続けることがある。あるいは、単にチームがリソースをすでに投入しているために、もはや効果的でも効率的でもない技術やツールを使用し続ける（あるいは使用を強制される）場合がある。

　アーキテクチャ設計の小さな部分や全体に対してフィードバックを得ることが重要だ。時にアーキテクチャの一部の図や一連の図を作成するのに数日かかることもある。例えば3日間かけて作成した図が、仮定や理解が誤っていたため無駄になったとしたらどうだろう。最悪の場合、一から図を作り直したり、図をもとに作業している開発チームに作業中止を伝えたりすることになるかもしれない。最良のケースでだとしても、図を修正するためにさらに時間と労力を費やす必要があるだろう。

　早期かつ頻繁にフィードバックを得ることが個人やチームにもたらす利益を考慮しよう。

問題やエラーを早期に特定する

　　問題に気が付いてから、判断したり行動したりするまでの時間が長ければ長いほど、その変更にかかるコストは高くなる。問題にかかる修正が多大な費用になる前に特定したい[†1]。**図11-1**はフィードバックを得ることで避けられる状況を示している。

改善や最適化の可能性を特定する

　　さまざまな背景や経験を持つ人々を巻き込むことで、設計に対するより包括的で多様な分析が得られる。フィードバックを得ることで、改善の余地を発見する可能性がフィードバックなしの場合よりも高くなる。

ビジネスのニーズと確実に合致させる

　　ビジネス関係者やビジネスに近い他の人々は、設計が満たすべきビジネスニーズについてフィードバックを提供してくれる。

---

†1　ADRは、大きな決定がなされる前に問題を特定するのに役立つ優れたテクニックだ。

対話を確立する

ステークホルダーは、自分たちの要件がもたらすトレードオフやデメリットについて相談してもらえれば喜ぶだろう。あなたのフィードバックを受けて要件を変更することもあるが、これは早い方が望ましい。

リスクや課題を特定し、適切な行動を取る

リスクは早期に特定された方が良い。早期に発見されれば積極的にリスク軽減が可能になり、さらなるフィードバックを求めて残留リスク（軽減できなかったリスク）を受け入れることができる。

プロジェクトに関与していない仲間からフィードバックを得ることは良いアイデアである。彼らは外部の視点を提供してくれて、ナレッジの呪縛を避け、エコーチェンバーに陥るのを防いでくれる。

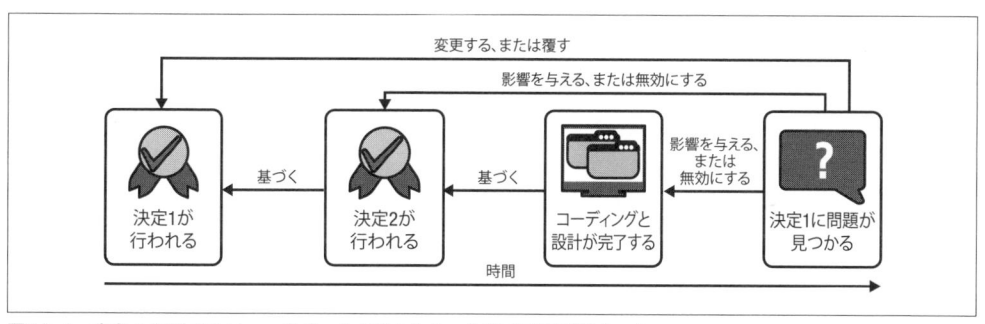

図 11-1　決定 1 に対するフィードバックを得られないと後で変更が高くつく

フィードバックはいつ受けるべきだろうか？　一般的な答えは「早期かつ頻繁に」であるが、具体的なタイミングは状況に依存する。重要なタイミングの一つは、前提条件を文書化している間である（目的は前提条件をすべて文書化していることを確認するためだ）。

前提条件がシステムやプロダクトの設計に影響を与える前に、できるだけ早くその前提条件に対する承認（確認）を得る必要がある。常にこれが可能とは限らないので、もし前提条件に対する承認を得られない場合は、それを明確に文書内で述べておく。前提条件には ID を付与し、参照しやすくしておけば、前提条件が誤りだと判明した場合に変更が必要な箇所を把握することができる。

もしプロダクトや自分の役割に慣れていないのであれば、できるだけ頻繁に技術者や同僚からフィードバックを得よう。そうすれば時間が節約できるし、長期的にはあなたの評判も向上する。フィードバックを求めることで感じるフラストレーションは一時的だが、最終的に完成したものが間違っていたり、コストをかけすぎてしまった場合の悪評は、より長く続くことを覚えておこう。

あなたがベテランであろうが責任者であろうが、仲間や部下、同僚からのフィードバックを求め

るべきでないと考えてはいけない。チームの中で一番若いメンバーであっても、あなたが知らないことを知っていたり、異なる視点を持っていたりする可能性がある。地位が新しいことを得る障害にならないようにすべきだ。

 前提条件やステークホルダーのニーズをどれだけ理解できているのかを振り返ることは、あなたがちゃんと話を聞いていたことを示し、設計と解決策に自信を持たせる。自信がない設計が実現されることは稀だ。

　フィードバックを得る理由やタイミングを理解した今、次に知りたいのは**その方法**だ。フィードバックを明確に求める**必要はなく**、ただ自分が取り組んでいることを他の人に見せるだけでいい。フィードバックを受けたいと思えば、自然と意見はもらえる。しかし経験が浅いメンバーや若手のメンバーは、自分の意見を述べるために背中を押してもらう必要があるかもしれない。その場合は、特に明確に意見を求めることが望ましい。

　フィードバックを得るための方法には多くある。例を紹介しよう。

- 最も簡単な方法は、フィードバックを強要することなく、ただ「どう思う？」と尋ねたり、自分の作業を見せるだけにすることである。
- フィードバックは、プルリクエストや個人またはチームのワークフローのチェックポイントなどの公式なプロセスに組み込むことができる。
- ADR[†2]は、提案された決定事項のドラフトに対するフィードバックを得るための優れたツールである。フィードバックや協議セクションを設けて全員がアドバイスを共有できるようにし、意見を述べる期限を設定することで、誰もが決定とその理由を見てフィードバックを提供できるようになる。
- 既存の会議、スタンドアップ、レビューは、あなたが取り組んでいるものを議題に挙げ、非公式または公式のフィードバックを得るための良い機会である。
- もしあなたの会社に**変更要求**（RFC：request for change）プロセスがあるなら、これはプロダクトやシステムの変更に関するアイデアに対してフィードバックを受ける優れた方法かもしれない。

例

フィードバックはプロセスの一部である

　ポリグロット・メディアにおける開発、アーキテクチャ、テクニカルライティングのチームでは、フィードバックがワークフローに組み込まれている。デザインやドキュメント作成のタスクは、コーディングタスクやユーザーストーリーと同様に小さな論理的な塊に分割される。

---

†2　詳細については、「12.1　アーキテクチャ決定記録（ADR）」を参照。

その結果、成果物やドキュメントの公開とフィードバックのサイクルが迅速かつアジャイルになる。

　各チームメンバーは、チャットツール内の専用レビューチャネルを通じてレビューを依頼でき、短期間内にフィードバックを受けることが期待されている。タスクを完了にする前に、この方法でフィードバックを求めることが奨励されている。

　正式なフィードバックを求めるポイントを挙げよう。

- リポジトリ内でドキュメントに対するプルリクエストが行われたとき、または成果物が準備できたと見なされたとき。同僚からのフィードバック、および必要に応じて開発者やアーキテクトからの技術的なフィードバックが求められる。
- ドキュメントが**プレビュー段階**にあるとき（例えば、ドキュメントのウェブサイトが非本番環境で公開されているとき）。プロダクトオーナーなどのステークホルダーからのフィードバックが求められる。
- ドキュメントと成果物が公開されたあと。顧客、サポートチーム、その他の同僚からフィードバックが得られる。

　ポリグロット・メディアでは、フィードバックは継続的かつアジャイルなプロセスと見なされている。

11.2　負担の共有

　ドキュメント（およびソフトウェアアーキテクチャ自体の一般的なコミュニケーション）の作成と維持は、本当に1人ですべてを行う場合を除いて、基本的に1人だけに任されるべきではない。どの役割も単独で責任を負うことはなく、通常はそれぞれ異なるタイプや要素のドキュメントを担当する。ドキュメントの作成と維持は共有されなければ、効果的で最新の状態に保つことができない。それではどのように負担を共有するか見ていこう。

11.2.1　オープンなフォーマット

　オープンなアプリケーションおよびファイルフォーマットを使用することで、ドキュメントを作成、更新（さらには閲覧）できる人の数を増やすことができる。オープンなフォーマットとアプリケーションを使用することで得られる利点を紹介しよう。

ライセンスにまつわる悩みごとの減少

　ライセンスについて困ってはいないだろうか？　例えば、チーム内で誰がVisioのフルライセンスを必要とするか、誰がAtlassianのアカウントを必要とし、どの権限を要するか（これらのライセンスは非常に高額で、ライセンス管理のさらなるコストも伴う）。使用しているプロダクトのライセンスは必ず確認すること。

エディタのアクセスしやすさの向上

ドキュメントを作成・編集する必要がある人が好みのエディタを使える。多くのオープンな
アプリケーションは、商業利用でも無料で使用できる。非独占的なファイル形式を読み書き
できるアプリは複数存在し、その中には、draw.io のようにブラウザ上で動作するものもあ
るため、ユーザーがインストールする必要がないものもある。

相互運用性の向上

ファイルフォーマットが企業や個人によって所有されておらず、オープンで公にドキュメン
ト化されているため、誰でもそのフォーマットを読み書きできるアプリケーションを開発で
きる。これは成果物を複数のアプリで使用できることを意味する。

ベンダーロックインの削減

すべてのドキュメントを Markdown（または他のプレーンテキスト形式）で保持するこ
と[3]は、テキストエディタを持っている誰でも作成、読み取り、更新ができることを意味す
る。人によっては多くのアプリケーションオプションを持っており、オープンなフォーマッ
トを読み書きできる。これは Word、Notion、または他の独占的フォーマットのドキュメン
トには当てはまらない。

商用ソフトウェアをすべて避ける必要はないし、避けることもできなだろうが、耐久性は考慮す
るべきである（例えば、将来的に必要となるドキュメントなど）。オープンなソフトウェアは、商
用よりも将来性がある可能性が高い。ただし、どんなものにもトレードオフは存在し、特に多くの
非独占的およびオープンソースアプリケーションではサポートが不足している場合がある。ツール
を選定する際には、これらのトレードオフを十分に検討する必要がある。

オープンなフォーマット

オープンなソフトウェアやファイルフォーマットは、特定の企業や個人の所有や管理下に
ない。オープンなソフトウェアは、通常、オープンソースライセンスの下で開発・配布されて
いる。

オープンなフォーマットは公開されており、誰でもそのフォーマットを読み書きできるソフ
トウェアを作成することができる。オープンなソフトウェアおよびファイルフォーマットの例
を紹介しよう。

Markdown

多くのエディタおよびビルドツールでサポートされているプレーンテキストフォー
マット。

---

† 3　詳細については、「12.3　ドキュメント・アズ・コード」を参照。

AsciiDoc

Asciidoctor や Antora などのツールでフォーマットされた文書に変換できるプレーンテキストフォーマット。

Git

無料でオープンソースの分散バージョン管理システム。

ODF（オープン文書フォーマット）

ワープロ文書、スプレッドシート、プレゼンテーション、およびグラフィックスのためのオープンフォーマット。

draw.io

グラフィックスのためのオープンソースアプリケーションおよびファイルフォーマット。

PNG（ポータブルネットワークグラフィックス）

GIF（グラフィックス交換フォーマット）に対するオープンなラスターグラフィックスの代替。

PDF（ポータブルドキュメントフォーマット）

ソフトウェアやハードウェアに依存せずにテキストとグラフィックスを表示するためのファイルフォーマット。

YAML（YAML Ain't Markup Language）

メタデータおよび設定ファイルのためによく使用される、人間が読みやすいオープンなデータシリアライゼーション言語。

HTML（ハイパーテキストマークアップ言語）

ウェブブラウザで閲覧するために設計された文書のための標準マークアップ言語。

11.2.2　アクセシビリティ

　ドキュメントのフォーマットや記法を選ぶ際には、閲覧、作成、更新をする人すべてが使用できるかどうかを考慮しよう。非独占的フォーマットを選択することに加えて、受け手と著者の理解も考えるべきである。

　UML や ArchiMate のような標準規格は、アクセスを制限する結果になるかもしれない。これらの標準を完全に理解するか、または資格を持っている人の数は少ない[†4]。ドキュメントを維持

[†4] ほとんどの状況において、図作成だけでなく、独自のツールや標準を採用する際にも同じ問題に直面するだろう。

できる人を増やすためには、トレーニングに時間とお金を投資し、新しいメンバーがチームに参加するたびに教育する必要がある（**図11-2** 参照）。

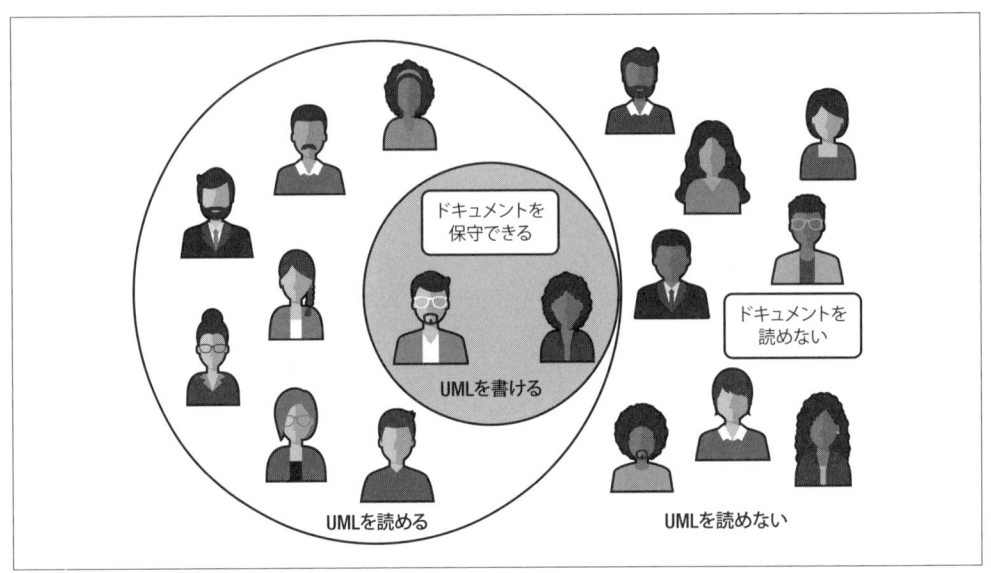

図11-2 表記法やフォーマットの選択は、ドキュメントを理解したり維持したりする人に影響を与える

 Microsoft Word や Google Docs などの商用ツールに対する支払いは、車に燃料を入れるのと同じように、当然のコストと見なされてしまう。これは便利の代償であり、塵も積もれば山となるのだ。
Markdown のように広くサポートされているオープンなフォーマットに移行することは、支払いを止め、利用可能な無数の無料ツールを使い始めることを意味する。お金が節約できて互換性を高められるなどメリットは多い[†5]。

社内で開発したシンプルなカスタム表記法は、誰にとっても理解しやすいものであるべきだ。C4 モデルのような標準は事前知識がない人にもわかりやすいし、簡単にドキュメントを作成し更新できる。シンプルなフローダイアグラムや簡略化されたシーケンスダイアグラムなど、簡単な標準を使用することで、メンテナンスを行う人の範囲を広げることができる。

このフォーマットや標準の選択がすべてのドキュメントに適用されると想像してみてほしい。もし、ドキュメントを作成し、維持する人が全員、HTML や CSS を書く必要があるなどというのは無理難題だ。多くの構文とロジックを覚えるのは難しいだろう。

現時点で Markdown や Asciidoc でドキュメントを書くことを考えてみてほしい。どちらの

---

†5 誰かが Microsoft Word を使い、別の人は LibreOffice Writer のようなアプリケーションを使って同じドキュメントを編集する状況に直面したことがあるなら、Word フォーマットの docx が高い互換性を持たないことを理解しているだろう。

フォーマットもテキストの見た目をかなり制御できるが、理解しやすく、使い方を学ぶのもはるかに簡単である。

 電子メールはナレッジのリポジトリではない。送信者と受信者しかアクセスできないし、検索も難しい。電子メールは通常、人が組織を離れた時に削除され、多くの組織が定期的に古い電子メールを一掃する。ナレッジを電子メールに置いたままにせず、安全で検索可能で、保護され、必要とするすべての人がアクセスできる場所に移動させよう。

11.2.3 コラボレーション

ドキュメントの保守性を向上させるもう一つの方法は、コラボレーションツールを使用することである。Google Docs、Microsoft Teams、Slack、オンラインホワイトボードなどのツールを使うことで、成果物やドキュメントの作成と維持を簡単に共有できる。

このようなツールを使ったコラボレーションは同期的（同時）に行われることもあれば非同期（異なる時間）に行われることもある。どちらの方法も状況に応じて有効なことがある。

成果物の作成や保守を共同で行うことで、複数の人からの意見を一度に得ることができ、開発者がペアプログラミングやアンサンブルプログラミングを行うのと同じように、操作（キーボード、マウス、他の入力デバイスの制御）を交代することもできる。誰もやりたがらないタスクは、一緒に行うようにしよう。

共同作業をすることで、お互いにコーチングしたり教えたりすることもでき、特に新しいチームメンバーにとって有用である。もし現在あなただけが理解しているタスクを誰かに委任しようと考えているなら、共同作業ツールを使うことは素晴らしい選択肢である。参加者がリモートで作業している場合には特にそうだ。

SlackやMicrosoft Teamsなどのコラボレーションツールを使えば、通知したり、催促したりできる。ドキュメントが作成されたり更新されたりしたとき、チャネルやチームに自動で通知されるように設定しておこう[†6]。それだけでもドキュメントが保守されやすくなる。その他にも、変更が行われたこと（新しいリリースなどのコードや、要件などの一部のドキュメント）を自動通知し、チームに下流の影響を確認するよう促すことも重要だ（例：ビジネスアナリストの要件変更がアーキテクトや開発者によるアーキテクチャの変更を必要とするかどうか）。

11.2.4 役割と責任

チームの誰かに特定のドキュメントやコミュニケーションの役割を割り当てることは有効だが、ボトルネック（例えば、数人がほとんどの仕事を担当するなど）や単一障害点（例えば、チームメンバーが病気になったり離れたりする場合）を作らないように注意するべきだ。最低でも各役割には代理を用意しておき、必要な時に引き継いだり支援できるようにすることが重要だ。特定の役割の作業負荷を考慮し、適切な人数を割り当てよう。

---

†6 通知は手動でも行えるが、可能な限りすべてを自動化したい。

ドキュメントに関する役割を作成する方法の一つは、ドキュメントの種類（例えば、要件の記録やEventStormingセッションの出力）によって役割を決めることである。または、ある種類のドキュメントを作成する役割を一人に割り当て、別の種類のドキュメントをレビューする役割を別の人に割り当てることも考えられる。ほとんどのドキュメントの担当は自然とチームや役割によって決まるが、ものによってはスキルや時間がある人がより適していることもある。

 常に他のチームメンバーに引き継ぐ期間があると想定しないこと。ドキュメントとコミュニケーションにおいて、単一障害点（何かを担当する人が1人だけであること）を持たないようにすること。誰がいつ長期病休に入ったり、解雇されたり、自宅待機（gardening leave）[†7]になるかわからないのだ。

11.2.5　さらなるテクニック

ナレッジ共有やランチ＆ラーニングセッションは、チームや組織全体にナレッジを広めるための優れた方法である。このようなセッションは、同じ情報を学ぶことができるドキュメントやその他のリソースを基に行うべきだ（準備の過程でこれらのドキュメントやリソースを作成するのが望ましい）。セッションは配信で行うことも録画することもできるが、配信で行う場合は将来のチームメンバーや従業員が学べる成果物を作成するべきである。セッションにかける準備について、一度きりの学習機会にして浪費すべきではない。このようなセッションは、単にナレッジを共有するだけでなく、共有と学習の文化にも貢献する。

プロダクトやプロジェクトで何度も作成されるも成果物の中には、テンプレートを使用するのが合理的である。テンプレートはパターンに似ている。テンプレートとは、効果が実証されている再利用可能なソリューションである。

テンプレートを使用することには多くの利点がある。一つは、作業負荷を共有しやすくすることである。テンプレートが用意されていれば、プロジェクトに新しく参加する人でも、どこから始めればいいかがわかる。プロダクトやプロジェクトをまたいでテンプレートが共有されると、担当のプロダクトやプロジェクトが変更になったとしても、以前にテンプレートを使用した経験のおかげで迅速にスタートを切れる。

アジャイル形式で働いているかどうかに関わらず、ドキュメントスプリントやドキュメント化とコミュニケーションに専念する時間を確保することも、作業を分担する一つの方法だ。専用の時間を設ければ、普段は忙しい人も、ドキュメントの作成や維持をしない言い訳ができなくなる。ナレッジ共有やコラボレーションセッションと、専用の時間を組み合わせればさらに有効だ。このようなセッションが、普段は行われない場合は特に効果的である。

---

†7　「gardening leave」とは、主にイギリスで広く使われている用語で、従業員が与えられた期間の終了まで仕事を停止され、給与が全額支払われる期間を指す。会社は通常、従業員が組織に悪影響を与える可能性がある場合や、競合他社を支援する恐れがあると判断した場合にこの措置を取る。

チームのメンバーがソフトウェアアーキテクチャやプロダクトについてのコミュニケーションやドキュメント作成を共有し、委任できるようにしたいのであれば、ドキュメント作成に対して積極的に取り組む必要がある。負担を分担し、ドキュメント作成とコミュニケーションを協力的な取り組みにすることが重要だ。

11.3 ジャストインタイムアーキテクチャ

You aren't gonna need it（YAGNI） とは、コーディングの原則の一つで、現在必要な機能だけを開発し、将来のニーズを予測して無駄な機能を追加しないようにするものだ[†8]。この原則は、ナレッジマネジメントやドキュメント作成にも適用すべき考え方である。

YAGNI は予測が当たらない可能性があり、今の努力が無駄になったり、将来変更が必要になる時に問題を生じる可能性があるという考えに基づいている。

今回もう一つの原則として取り上げるのは、ソフトウェアアーキテクチャに関するもので、YAGNI と相性が良い「アーキテクチャの決定をできるだけ先延ばしにする」という考え方だ。これを YAGNI と組み合わせると、**ジャストインタイムのアーキテクチャ**とドキュメント作成が生まれる。つまり、将来必要になると考えるものではなく、今必要だとわかっているものだけを決定し、ドキュメント化するということだ。

このジャストインタイムパターンに従うことには、ウォーターフォール、アジャイル、またはその中間の環境で作業しているかに関わらず、以下のような利点がある。

無駄の削減

アーキテクチャやドキュメントをジャストインタイムで作成することで、その時点で入手可能なすべてのナレッジをもとに、明確な目的を持って作成することができる。一方で先回りして成果物を作成すると、状況の変化により修正が必要になる可能性が高い。修正された成果物に基づいて別の決定や成果物、実際のコーディングや設計が行われている場合、それらも変更する必要が生じる。これは無駄な労力だし、結果的にコストがかかることになる。

より高い機動力と柔軟性

要求は変化するため、**ジャストインタイムアーキテクチャ**パターンを使用することで、要求の変化に迅速に対応できる。作業を通じて、要求や決定に関する最新の情報が得られる。またジャストインタイムシステムを活用することで、過去の成果物の更新が必要な場合でも、その計画は予測ではなくニーズに基づくため、変更が必要な成果物の数は減り、リソースと適応力を確保しやすくなる。

[†8] ただし、YAGNI はベストプラクティスに従わない言い訳にはならない。

リソースの効率的な利用

明日ではなく今必要なものに集中することで、チームの活動に優先順位を付けることができる。技術者かビジネススタッフかを問わず、チームメンバー全員がプロダクトやプロジェクトで現在最も重要なことに集中できる。成果物が可能な限り最新の状態であるとき、無駄になる時間と労力が少なくなり、全員の時間をより効率的に使えるため、調査やPoC、予期せぬ作業に対しても柔軟性が増す。

最新の情報

決定を下したり成果物を作成したりする際に、常に最新の情報とフィードバックを活用できるだけでなく、作成した成果物はすぐに使用されるため、その時点で最新の状態であることが保証される。成果物の作成や決定を遅らせれば、その間にさらに多くの情報を得ることができる。一般的に、ジャストインタイムのプロセスを導入することで、変更が必要な成果物についても、適切に保守できるようになる。

タイムトゥマーケットの改善

ジャストインタイムは、将来重要になる可能性があることではなく、今最も重要なことに全力を注ぐことを意味する。このため、他の無関係な変更に注意をそがれることなく、今重要な変更や機能を迅速にテストしてリリースすることができる。

アジャイルプラクティスとのより良い適合

ジャストインタイムのアーキテクチャはウォーターフォール環境でも使用できるが、アーキテクチャのプロセスをよりアジャイルに適応させることができる。これにより、アーキテクチャやドキュメント作成に関わる人々が、開発チームのアジャイルプロセスにうまく組み込まれ、全体的なアジャイルのフィードバックサイクルが改善される。

明確性の向上

「木を見て森を見ず」というフレーズは、多くのドキュメントに対して適用できる。今（または以前）重要なものだけがドキュメントに含まれているため、必要なものを探すのに時間がかからない。

ドキュメントが誤っている場合や、その維持にコストがかかりすぎる場合、そのドキュメントの総合的な価値はマイナスとなる。

ウォーターフォール環境や定期的なインクリメンタル変更に適していない環境であっても、ジャストインタイムのアーキテクチャを適用することは可能であり、効果的である。コードが書かれる前にシステム全体を設計する必要があるかもしれないが、それでも決定すべき事項や作成すべき成果物に優先順位をつけ、順序立てて進めることができる。これらの作業の合間に、リサーチや概念

実証活動と組み合わせて行うことで、より最新の情報を得ることができるようになる。できる限り決定や作成を後回しにすることで、全員のプロセスが少しずつアジャイルなものになっていくかもしれない。

ジャストインタイムのアーキテクチャと**ジャストロングイナフ**アーキテクチャを組み合わせることもできる。ジャストロングイナフとは目的を果たしたドキュメントや成果物は廃棄し、それらがもう最新のものでないことを明確に示す考え方だ。ジャストロングイナフのアーキテクチャを取り入れることで、もはや役立たないコンテンツの維持に費やす時間を節約し、読者が古い情報を参照するのを防ぐことができる。

もちろん、トレードオフは常に存在する。以下にジャストインタイムアーキテクチャを作成する際に考慮すべき点を挙げる。

すぐに情報を求める人々

すべての情報をできるだけ早く欲しがる人が必ずいる。これらの人々を納得させる行動をとる必要がある。口頭で説明するだけでなく、**ジャストインタイムアーキテクチャ**をできるだけ実践してその利点を示すことだ。彼らがどうしてもと言うなら、**ドラフトや保留中**であることが明確に示された成果物を提供し、その情報をもとに自身の作業を進めるかどうかを決めさせることができる。

未来の予測を求める人々

あなたは常に未来を予測するように求められているかもしれない。「これにどれくらい時間がかかるのか？」、「この日までに必要な情報は手に入るのか？」といった質問が日常的に飛んでくる。アジャイルソフトウェアプロバイダーである Rally は、見積もりを最小限に抑えるチームほど生産性が高いことを示している[†9]。プロジェクトマネージャーは予算を立て、マイルストーンを報告する必要があるが、それらはすべて推測に過ぎない。しかし、**ジャストインタイムのアーキテクチャ**は、長期的にはリソース管理などに役立つ。なぜなら、全員が予期しない作業にも柔軟に対応できるようになるからだ。マイルストーンを決定決定やタスクに分解し、成果物を作成することで、進捗が順調かどうかを判断するための助けとなる。

今は関係ないという理由で重要な情報を失うリスク

現在必要な決定や成果物の作成に集中していると、後になって重要になるかもしれないアイデアや情報を見失いやすい。将来役立つかもしれない情報を記録する場所（例えば、Wikiのページなど）を作成しておくとよい。後に新しい成果物を作成したり、決定を下したりす

[†9]　ジェフ・サザーランド（スクラムの発明者および共同創設者）は「タスクを見積もると遅くなるから、やめなさい。我々はそれを 10 年以上前にやめた。今日では Rally から得た 60,000 のチームの良好なデータがある。タスクを時間単位で見積もるのが最悪だ。見積もりを一切しないことが時間単位の見積もりよりもチームのパフォーマンスを向上させる」と言っている（https://oreil.ly/43kV2）。

る際には、この記録を確認するべきだ。

なぜ決定を後回しにするのか？

アーキテクチャの決定をできるだけ後回しにすることが望ましい理由は以下の通りだ。

柔軟性の向上

　　決定を先延ばしにすることで、変化する要求や状況に容易に対応できる。

学習の向上

　　決定を遅らせることは、学習や実験の時間が増えることを意味する。

リスクの低減

　　不完全あるいは不正確な情報に基づく、間違った決定や最適ではない決定のリスクが低減される。

さらなるコラボレーション

　　情報とアドバイスを集める時間が増えることで、決定に重要な人を始めさまざまな人からの意見が得られる可能性が高まる。

複雑さの低減

　　現在必要なものにのみ集中でき、決定後に変更する必要があるものを再度書き直す必要がなくなるので、複雑さが一般的に低減される。何かを加えるためのリファクタリングは、削除や変更のために書き直すよりも容易である。

効率の向上

　　プロセスが合理化され無駄な労力が減少する。必要以上に早く決定を下すと、その後の変更がその決定に影響を与える可能性が高くなり、結果としてコードや設計の修正が必要になる場合がある。また、要件や情報が変わった場合、そもそもいくつかの決定をする必要がなくなることもある。

11.4　まとめ

　同僚や仲間は、ナレッジやドキュメントを管理する際の重要なリソースだ。この章で学んだ技術やパターンを活用することで、もっとうまく協業できるようになる。抽象度の高い原則を身につけ、人を活かしてサポートを得られるようになった今、次はナレッジマネジメントとドキュメント作成の一般的な実践方法を見ていこう。どうすれば**効果的に**実践できるかを学ぶ時が来た。

12章
効果的なプラクティス

ソフトウェアのアーキテクティングや設計には、さまざまなやり方やテクニックやプラクティスがあるが、方法論に従って成果物を作って終わり、というわけにはいかない。作成する成果物は、全体のアーキテクチャにおいて有効に活用されなければならない。この章のパターンは、これまで説明してきたテクニックを効果的に実践するための助けとなるだろう。

12.1　アーキテクチャ決定記録（ADR）

アーキテクチャ決定記録（ADR）は、アーキテクチャに関する意思決定とその背後にある理由を記録したもので、意思決定のプロセス自体に使用できる。ADR はアーキテクチャに限らず**すべてのステークホルダー**に対して、アーキテクチャに関してどのような意思決定が行われ、その結果どうなったかを伝えるための重要な手段である。プロダクトやプロジェクトのライフサイクルを通して多くの決定が行われるが、これらの決定（またそれを支える理由）を文書化しなければ、容易に忘れられてしまうだろう。

ADR はマイケル・ナイガードによって 2011 年に考案され、彼の入門的なブログ記事（https://oreil.ly/ZTjcC）も ADR の形式で構成されている。彼のオリジナルの ADR テンプレートは現在では拡張されていて、意思決定プロセスや決定内容の記録にも活用されていることが多い。

ADR が役立つ状況をいくつか紹介する。

- プロダクトの初期段階で行なわれた意思決定が、後になって個人やチームの判断で変更される場合がある。最初の決定がどのように、なぜ行われたのかを知らないまま変更すると大きな問題を引き起こす可能性がある。特定の技術が選ばれたのは何らかの要件を満たすためだったかもしれず、それを覆すことはこれらの要件がもはや満たされなくなることを意味する。そしてそのことに気付くのは、多くの時間とお金が無駄になってからかもしれない。

- Thoughtworks 社のビルギッタ・ベッケラーが「モグラ叩き」的決定と呼ぶものがある。これは、同じ決定が何度も繰り返し議論され、そのたびに時間をかけて再調査し、最終的に元の決定が妥当であったことを再確認するという無駄なプロセスを指す。

- オンボーディングの時、新しいチームメンバーはチームがどのように物事を行ってきたか、なぜそうしたのかについて多くの質問をするだろう。現在のチームメンバーは、頭の中にすべての答えがあるわけではなく、何度も説明するために時間を費やしたいとも思わない。

- 誰かが会社を去る時、アーキテクチャに関する意思決定に伴って得た知識やその理由を一緒に持ち去ってしまう。なぜなら、それらはすべてその人の頭の中にあるからである。

どのような決定に ADR が必要か？

次の状況に遭遇したら、あなたは下した決定に対して ADR を作成すべきだ。

- その決定が開発者のソフトウェアの書き方に影響を与える。
- その決定の変更は困難であり、また変更される場合のコストが高い。したがって最善の選択をすること（および将来的に変更される前にそれがなぜ行われたのかを全員が理解すること）が重要である。
- その決定が何度も再検討され、最初の決定に十分な理由があったことを調査するのに時間を無駄にする。
- その決定が新しいチームメンバーからの質問に何度も繰り返し出てくる。
- 他のチームや会社によって下された決定を採用している（その場合でも自分たちの ADR を作成し、その ADR を参照する必要がある）。
- その決定が長期にわたる影響を与える、または複数のコンポーネントやシステムに影響を与える。
- その決定がチーム外に影響を与える（この場合、アドバイスを収集するために「協議」セクションを使用するのが賢明である。「12.1.1 ADR の構造」を参照）。
- その決定が複雑だったり、難解だったりする。
- あなたが非公式に変更を提案している、または変更要求（RFC）を使用している。ADR は（「協議」セクションで）フィードバックを収集するために使用できるし、正式な RFC に置き換えたり、RFC で行われた決定を記録するために使用することができる（RFC が却下された場合、ステータスとして「拒否」を使用できる）。

12.1.1　ADR の構造

ADR の構造については、インターネットで調べればさまざまな意見が見つかるだろう。通常、ADR は各決定ごとに個別のファイルとして構成され、Markdown や Asciidoc で書かれるが、他

の方法（SharePoint のリストや Wiki のページなど）を用いることもできる。使用する保存方法に合わせて ADR テンプレートのスタイルを調整しよう。

　私が提案する ADR の構造を**例12-1** に示す（「9.3.3　論理的思考と論証の活用」の**例9-2**でも示している）。この構造の見出しについては、この後のページで詳述する。「12.1.2　ADR の内容」では、ポリグロット・メディアでの ADR の例を見ることができる。

例12-1　ADR の構造

```
# 識別子とタイトル（決定内容の説明）
## ステータス
草案/決定済み/ADR-XXX により置き換え

## コンテキスト
なぜ決定する必要があるのか。前提、制約、および決定要因。

## 評価基準
この決定をするうえで重要なことは何か？　どのアーキテクチャ特性がこの決定に適用されるのか？　基準とすべき
制約や決定要因は？

## 選択肢
評価基準に照らして考慮された選択肢の概要（通常はスコアやレーティングを用いる）、および評価基準外のト
レードオフ。

## 決定
行われた選択とその理由。

## 影響
決定によるポジティブな影響とネガティブな影響。

## 協議
他の人の意見を聞く場合に記録。協議に先だって行われるが、長くなったり決定自体が不明瞭になったりする可能
性があるため、最後に記録される。
```

タイトルとファイル名

　タイトルとファイル名は識別子で始め、次いで決定内容を続ける（例：001 イベント駆動アーキテクチャを使用）。ファイルと最上段の見出しを実際の決定で命名することで、ADR のリストを読み通すだけでもどのような決定がなされたかを把握できる。そしてさらに情報が必要な場合には、そのファイルを中身を読む。

ステータス

　このセクションでは読者に決定が現在どのような状態にあるかを伝える。ワークフローに合わせてステータスのセットを定義することができるが、ワークフローはシンプルに保つことをお勧めする（**図12-1** を参照）。**図12-2** は必要以上に複雑なので推奨しない。

　決定が最終確定に至っていない場合は、草案のステータスを使用する。決定が最終確定されたときは、次のステータスである決定済みを使用する。

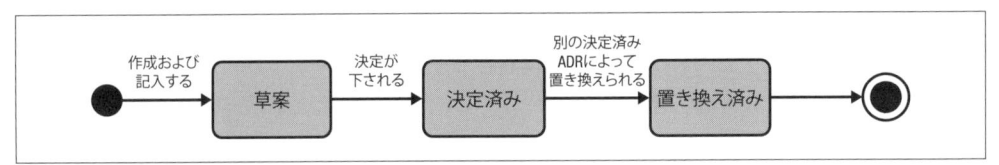

図12-1　ADR のためのシンプルなステータスのセット（推奨）

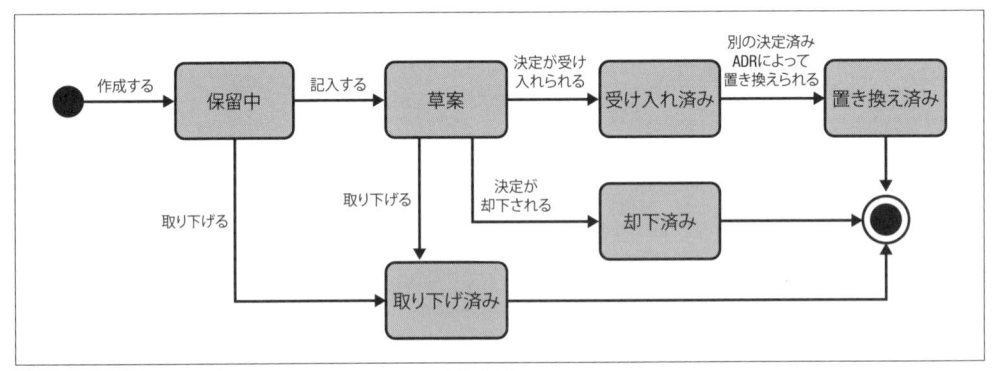

図12-2　ADR のための複雑なステータスのセット（非推奨）

　決定は変更されることもある。変更になった場合でも、元の ADR はステータスを除いて不変（変更されない）であるべきである。なぜなら、意思決定プロセスの履歴を保持することが重要だからだ。たとえば、ADR 021 に「決定済み、ADR 001 を置き換え」というようなステータスが付与された場合は、ADR 001 のステータスを「ADR 021 により置き換え済み」などに変更する必要がある。ステータスが最後に変更された日付も含めた方が良いだろう。

ADR においては**受け入れ済み**や**却下済み**のステータスではなく、**決定済み**のステータスを使用することをお勧めする。決定は常に行われ、多くの場合、はい/いいえの単純な決定ではなく複数の選択肢の中からいずれかを選択するものである。**決定済み**を使えばステータスは簡略化されるし、あらゆる種類の決定に使用できる。実際の決定は ADR の名称と決定の見出しに反映されることになる。

コンテキスト

　このセクションには、多くの他の ADR テンプレートで考慮されたオプションや基準などを追加することが想定されている。**例12-1** では、それらを独立したセクションとして明示的に分けることで、見落とされないように工夫している。多くの ADR でこの重要な情報が欠けているのを目にする。したがってコンテキストセクションは、なぜこの決定が必要なのか、どのような環境で行われるのかに答えるべきだ。ここには、前提条件、制約条件、または決定要因をさらなるコンテキストとして含めよう。

評価基準

　このセクションはよく省略されることがあるが、選択肢がどのように分析・比較されたかを読者が理解するためには重要である。この決定において考慮すべき重要な事項は何か？　もしアーキテクチャ特性を選択している場合（選択していなければ、「12.2　アーキテクチャ特性」を参照）、この決定に影響を与えたアーキテクチャ特性はあなたとステークホルダーが決定を下すための根拠になる。ここで考慮したアーキテクチャ特性は、優先された事項であり、議論の出発点として理にかなっている。

　他の考慮すべき基準には以下が挙げられる。

- 企業（または業務）上の考慮事項（例えば技術の整合性）
- 制約条件（例えば適用される法律、一般データ保護規則《GDPR》、ライセンス、コスト等）
- 特定のセキュリティ上の考慮事項または要件（例えばデータの所在地や保存時の暗号化）
- その他適用される機能要件

選択肢

　このセクションはかなり自明である。この決定を下す際にどの選択肢を検討しているか？　もし全体的なアーキテクチャスタイルについての決定であれば、モジュラーモノリス、イベント駆動、および純粋なマイクロサービスが選択肢に含まれるかもしれない。これらの選択肢を明記し、評価基準を使用して評価する（表を使った例については「12.1.2　ADR の内容」を参照）。スター評価やハービーボールのような視覚的なスコアリングは、意思決定プロセスがうまく抽象化されているので、後で参照するのに都合がいい（視覚的抽象化については「10.2.3　視覚的抽象化」を参照）。

　各選択肢のトレードオフとその利点および欠点も明記するべきである。すべてのトレードオフは評価基準に関係なく明記し、考慮される必要がある。意思決定の過程で、評価基準に影響を与える重要な要素が見つかることもあれば、将来この決定を再検討する際に影響を与えることもあるかもしれない。

決定

　決定セクションでは、決定した内容とその理由を簡潔に述べる。この部分は長く複雑である必要はない。決定に関するほとんどの詳細は他の見出しの下に含まれているからである。

影響

　このセクションは重要である。決定のプラス面とマイナス面の両方を述べる必要がある。ソフトウェアアーキテクチャには万能の解決策は存在しないため、どの決定にも必ず欠点が伴う。マイナス面は、読者に注意すべき点を警告し、あなたがマイナス面を考慮に入れたことを示す。プラス面は、あなたがなぜマイナス面を受け入れるのかを説明する。トレードオフは常に避けられないものである。

協議

　このセクションはオプションであるが、アーキテクチャの決定が単独で行われることはほとんどない。ここはアドバイス（意見ではない）を記す場所である。あなたや貢献者がここにアドバイスを追加することができる。また、ブログ投稿や記事などのリサーチ結果と参考文献、およびそこから導き出された結論などを記載するのが良い。

　ここに協議の記録を残すことで、あなたが情報に基づいた決定を下したことに対する説明責任を果たすことができる。受けたアドバイスすべてに従う必要はない（もちろん、アドバイスの中には矛盾するものもあるかもしれない）が、従わない場合には理由があり、それを決定セクションに記載するべきである。

　協議セクションは意思決定の**最中に**使用されるにもかかわらず、テンプレートの最後にある。このセクションはかなり長くなる可能性があり、テンプレートの前に置いてしまうと他の情報が流れてしまうからだ。

12.1.2　ADR の内容

　ADR を作成する際には、学校で先生に習ったように**説明をしっかりする**ことを忘れないでおくことが重要である。計算したコストをただ述べるだけでなく、計算に使用した数値やその計算方法（たとえば、計算そのものやオンライン計算機へのリンク、使用した日の価格）を含めるべきである。

　読者にあなたの計算結果を単純に伝えるだけではなく、追加で質問される羽目にならないよう、その回答に至るまでの過程についても説明しなければならない。時間の経過とともに状況が変わることを忘れず、新しい入力や価格の変動に対して再計算できるようにしておくことが重要である。

　「説明をしっかりする」ことのトレードオフは、ADR が長くなりやすく、情報が散らかる点である。これを軽減するためには、外部データや計算方法へのリンクを追加するか、選んだ ADR ファイル形式で余分な情報を隠す方法（たとえば、HTML や Markdown の <details> および <summary> タグ）を使用する。

　ADR に記載される詳細の量は、決定の影響範囲に見合ったものであるべきである。重要な決定であるほど量は多くなるが、すべての ADR について、その選択肢が選ばれた理由を理解するために必要な情報を含んでいるか確認しよう。ADR の詳細の量は記録の目的にも依存する。それは単に記録として使用されるものなのか、もしくはコラボレーション、説得、および意思決定のための生きた文書として使用されるものなのか？

> コードや他の文書、図表から ADR を参照するべきである。あなたの文書や図表を読んでいる誰かが、参照した ADR を簡単に見つけられるようにする。設計やコード選択の背後にある理由を説明するのに ADR を使おう。

図12-3 および**図12-4** は、ステークホルダーに影響を与え、決定を下すために使われた ADR の例を示している。この ADR は詳細に記述されており、スコアリングの背後にある理由を示し、協議に関わった人の考えも含まれている。

図12-5 は、将来の参考のために決定を記録する目的である場合に、同じ決定がどのように記録されるかを示している。あなたは ADR の目的に基づいて、何を含めるかを決定する必要がある[1]。

> すべての決定が公開で行われるわけではないが、大半のケースではそうあるべきである。もし、個人やグループが他人と協議せずに決定を行うことが問題となっている場合、ADR は助けになる。ADR は社内の承認プロセスの一部にするべきだ。たとえば予算が承認されるためには、適切な相談を経た ADR を必要とするなど。しかしプロセスがあまりにも官僚主義的すぎると、プロセスを迂回されてしまうので注意が必要だ。

---

[1] ADR のテンプレートは付録や本書のウェブサイト（https://communicationpatternsbook.com）で入手可能で、**図12-3**、**図12-4**、**図12-5** のテキスト版もそこで確認できる。（日本語版の ADR のテンプレートは https://github.com/oreilly-japan/communicationpatterns-jp に掲載している。）

ADR-044 イベント駆動型分散アーキテクチャの使用

ステータス

決定済み、2023-10-04
［ADR-031 サーバーレス関数の使用］を置き換える

コンテキスト

Polyglot Media システムは現在、主にサーバーレス関数からなる分散システムである。モノリシックから分散型サーバーレスアーキテクチャへ移行したのは、ライブシステムの応答性の問題や、機能とバグ修正がコード化され本番環境にデプロイされるまでの長いリードタイムに対処するためだった。

しかし、サーバーレスアーキテクチャでは、応答性やメンテナンス性の問題が必要なレベルで解決されず、機能が他の多くの機能と強く結びついている。

応答性と市場投入までの時間の問題を解決する方法を見つける必要がある。

評価基準

［ADR-032 アーキテクチャ特性の選択］を参照

- **応答性**：顧客はシステムの応答性に不満を感じており、これに対処する必要がある。これは最も重要な基準とされている。
- **メンテナンス性**：サーバーレス関数により、バグ修正や新機能の市場投入までの時間は改善されたが、必要なレベルには達していない。
- **デプロイ容易性**：メンテナンス性とともに、デプロイ容易性もバグ修正や新機能の市場投入までの時間を改善するために重要だ。
- **スケーラビリティ**：顧客からの応答性に関する苦情の多くはピーク時に集中しているため、システムはユーザーの最大ピーク数を影響を与えずに処理できる必要がある。

選択肢

1. マイクロサービス

基準	スコア	根拠
応答性	★★★☆☆ 3/5	［本質的に高パフォーマンスではない］が、ボトルネックでの最適化（例：スケーリング）が可能
メンテナンス性	★★★☆☆ 3/5	依存関係が問題になる可能性があり、多くのデータストアを管理する必要がある
デプロイ容易性	★★★★★ 5/5	変更があった部分のみをデプロイ
スケーラビリティ	★★★★★ 5/5	サービスごとのスケールが可能
合計：16/20		**その他のトレードオフ** - データを［サービスごとに 1 つのデータストア］に分割する必要がある - 構築コストが高くなる傾向がある - 複雑でワークフローの作成が難しい

2. サービスベース

基準	スコア	根拠
応答性	★★★☆☆ 3/5	［本質的に高パフォーマンスではない］が、ボトルネックでの最適化（例：スケーリング）が可能
メンテナンス性	★★★★☆ 4/5	マイクロサービスよりも少ないデータストアで管理可能
デプロイ容易性	★★★★☆ 4/5	変更があった部分のみをデプロイ、共有データストアの変更が他サービスに影響を与えないよう確認が必要
スケーラビリティ	★★★☆☆ 3/5	個別のサービスはスケール可能だが、［キャッシング］を使用しない限り共有データストアのスケールは難しい
合計：14/20		**その他のトレードオフ** - 比較的複雑でワークフローの作成が難しい - マイクロサービスほど進化しやすくない

図12-3　ADR-044 イベント駆動型分散アーキテクチャの使用。その1

3. イベント駆動

基準	スコア	根拠
応答性	★★★★★ 5/5	一般的に［fire-and-forget］であり、イベント処理はスケールや最適化が可能
メンテナンス性	★★★★☆ 4/5	イベント処理とともにサービスやデータストアの管理が必要、イベントによりサービスが分離され各チームで管理可能になる
デプロイ容易性	★★★☆☆ 3/5	イベント処理のデプロイと変更も含めて管理が必要
スケーラビリティ	★★★★★ 5/5	サービスとメッセージ処理の両方をスケール可能
	合計：17/20	**その他のトレードオフ** - ［統合テストが難しくなる場合がある］

決定

意思決定基準に対する総合スコアおよび、最も重要な基準である応答性においてオプション 1 およびオプション 2 のスコアが低かったことから、イベント駆動型アーキテクチャを採用する。

影響

ポジティブな影響

- 現行のサーバーレス機能よりも、全体的な応答性、メンテナンス性、スケーラビリティが向上する。
- 待機中のイベントを処理するために、サービスの追加インスタンスを起動することでイベント処理のスケーラビリティが向上する。
- サービス内での処理において、サービスの追加インスタンスを起動することでスケーラビリティが向上し、サービス内での処理ニーズに対応できる。

ネガティブな影響

- チームまたは個人が新しいスキルや技術（イベントキューなど）を学ぶ必要が出てくるかもしれない。
- イベント管理（キューなど）は、開発とデプロイメントがさらに複雑になる。
- 統合テストおよび DevOps を全面的に見直す必要が生じる。

協議

- **ヴラッド**：マイクロサービスもサービスベースも［本質的に高パフォーマンスではない］ため、私たちが望むほど応答性を高めることはできないでしょう。
- **ニッキ**：私はイベント駆動型アーキテクチャの経験があり、キューを使用していました。キューの長さを監視し、必要に応じてサービスの追加インスタンスを起動して長いキューを処理していました。
- **リビー**：キューとチャネルを使ってイベント処理の優先順位をつけることができます。例えば［救急車パターン］が使えます。
- **マーク**：応答性は顧客の苦情に対応するため、最優先事項であるべきです。
- **リビー**：完全なマイクロサービスの場合、サービス間でデータストアを共有しない必要があります。データをこのように分割するには、かなりの労力が必要でしょう。

図 12-4 ADR-044 イベント駆動型分散アーキテクチャの使用。その 2

ADR-044 イベント駆動型アーキテクチャへの変更

ステータス

決定済み、2023-10-04
[ADR-031 サーバーレス関数の使用]を置き換える

コンテキスト

Polyglot Media システムは現在、主にサーバーレス関数からなる分散システムである。モノリシックから分散型サーバーレスアーキテクチャへ移行したのは、ライブシステムの応答性の問題や、機能とバグ修正がコード化され本番環境にデプロイされるまでの長いリードタイムに対処するためだった。

しかし、サーバーレスアーキテクチャは、応答性やメンテナンス性の問題を必要なレベルで解決しておらず、機能が他の多くの機能と強く結びついている。

応答性と市場投入までの時間の問題を解決する方法を見つける必要がある。

決定

イベント駆動型アーキテクチャを採用することとする。これは、高いスケーラビリティと応答性に基づいている。マイクロサービスおよびサービスベースは、最も重要な基準である応答性を十分にサポートしていない。

影響

ポジティブな影響

- 現行のサーバーレス機能よりも、全体的な応答性、メンテナンス性、スケーラビリティが向上する。
- 待機中のイベントを処理するために、サービスの追加インスタンスを起動することでイベント処理のスケーラビリティが向上する。
- サービス内での処理において、サービスの追加インスタンスを起動することでスケーラビリティが向上し、サービス内での処理ニーズに対応できる。

ネガティブな影響

- チームまたは個人が新しいスキルや技術（イベントキューなど）を学ぶ必要が出てくるかもしれない。
- イベント管理（キューなど）は、開発とデプロイメントにさらなる複雑さを加える。
- 統合テストおよび DevOps を全面的に見直す必要が生じる。

図 12-5　ADR-044 イベント駆動型アーキテクチャへの変更

12.1.3　ADR の保管場所

　ADR の保管場所は重要である。なぜならステークホルダー全員が ADR に関わるにせよ、書かれた内容を読むにせよ、アクセスできる必要があるからだ。このアクセスは開発者やアーキテクトだけのものではない。

　アクセスは許可され、簡単である必要がある。会社内のすべての ADR を集中的に保管する場所を設けることが役立つ場合がある。このアプローチにより、誰もが他人の決定から学べるようになる。

あなたの ADR はプロジェクトやプロダクトのための RAID ログと関連しているが、分離して保管されるべきだ[†2]。RAID ログの D が**決定（decisions）**を意味する場合、このログの部分から ADR が記録されている場所にリンクするべきだ。RAID ログの D が**依存関係（dependencies）**を意味する場合、さらに**決定（decisions）**のために D を追加（RAIDD ログに変更）し、ADR にリンクすることを推奨する。ADR を分離して保管することは、見つけやすくアクセスしやすくするためだ。

　ADR の記入、編集、閲覧を行う人のワークフローに合う保管場所とメカニズム（例えば、Wiki の Markdown で記述するなど）を確保する必要がある。通常コードリポジトリにアクセスする人のために、Readme ファイルで ADR の保管場所へのリンクを検討し、コードと一緒に保管されているドキュメントから特定の ADR を参照することを考慮すると良い。また、コードリポジトリやそこに保管されているドキュメントには、アクセス権限の観点から触れることができない人もいるため、その人たちも簡単に ADR を見つけて編集できるようにするべきだ。

　ADR を保管する上でのもう一つの考慮点はデータの維持管理である。ADR 間および他のドキュメントや資産から ADR へのハイパーリンクを設定する場合、これらのリンクは絶対に切れてはいけない。ADR が移動または名称変更された際に、リンク切れを見つけて修正するプロセスを確立する必要がある。自動でこれを行うツールを使うとなおよい。

プロジェクトが終了しても ADR を失わないようにすること。ADR は特定のプロダクトやシステムのために作成されるものであり、プロダクトに属する特定のプロジェクトのためではない。ADR はプロジェクトではなく、プロダクトに対して保管すべきである（「10.1　プロジェクトよりもプロダクトを重視する」を参照）。

12.1.4　ADR の組織文化

　ADR の作成と維持管理の最終部分は、ADR に関する組織文化を育み、きちんと作成して読んでもらえるようにすることだ。どのようにしてチームや同僚に ADR の作成を開始してもらうのか？ ソフトウェアにおいてすべてのことがそうであるように、最終的には人に帰結する。この質問への答えは 2 つある。1 つが教育、もう 1 つが簡易性だ。

　1 つ目は教育だ。過去の決定と新たな決定について ADR を作成し、そのメリットを示すことが重要だ。口で説明することと、実際に見せることはまったく別のことだ。たとえ彼らがアーキテクトでなくても、ADR が自分にも関係があることを示すことが大切である。

- 他の人が質問をした場合、あなたが書いた ADR を指示して答えを見つけさせることができる。

[†2]　RAID は、使用する人により DAIR と呼ばれることもあり、異なる意味を持つことがある。通常、R はリスク（Risks）、A はアクション（Action）または仮定（Assumptions）、I は問題（Issue）、そして D は決定（Decisions）または依存関係（Dependencies）を意味する。これらすべてを含めるために、一部の人は RAAIDD ログを使用する。

- 変更についての議論が始まった場合、元の決定に関する ADR に言及することで議論の手助けになる。

　2 つ目は簡易性だ。同僚が既に使用しているシステムやアプリケーションを用いて ADR を作成することである。同僚が Visual Studio Code や他の IDE を使用している場合、それを用いて ADR を作成すること。みんなが Notion を使用しているならそれを使うこと。通常のプロセスで ADR を書き、そこに参画し、読むすることを可能な限り簡単にする必要がある。ADR のテンプレートは記入しやすく理解しやすいものであるべきだし、どの部分が必須でどの部分が任意であるかを全員が理解するべきである。

　ADR をチームや会社の文化の一部にするために、次のアプローチを試してみてほしい。

- 週次レビュー会議に決定の討議を追加し、必要に応じて決定に対する ADR を作成する。
- プロダクトに関連する ADR の見直しをオンボーディングプロセスの一部にし、新しいチームメンバーが迅速に理解できるようにする。
- 既存の ADR では答えが見つからない質問があった場合、新しい ADR が必要かどうかを検討する（本章の前出のコラム「どのような決定に ADR が必要か?」参照）。

　行動変化には時間がかかることを心に留めておいてほしい。ADR をチームや会社に導入する際には粘り強く取り組もう。

意思決定に関する神話

　意思決定に関するいくつかの神話を打ち砕くことで、より明確で迅速な意思決定プロセスを作り上げることができる。

神話 1：意思決定は一回性のものである

　意思決定は、ADR や提案を決定されるまで繰り返し、必要に応じて過去の決定を再確認するアジャイルなプロセスであるべきだ。

　決定を先延ばしにすればするほど、その決定を裏付ける情報が増えるが、決定を永遠に先延ばしにすることはできない。新しい情報が出てきたり状況が変わったりして、検討中の決定や既に決まった決定に影響を及ぼすことがある。こういった理由から ADR を使って決定を記録することが非常に有効なのだ。ADR を再確認し、それに含まれる情報や分析を再利用して、新しい決定にかかる労力を節約できるようにしよう。

神話 2：選択肢を増やすことは意思決定にとって良いことである

　選択肢を多く提示したり集めたりすることで最善のものを見つけやすくなると思うかもしれない。しかし、研究によれば、多くの選択肢を与えられると人々は意思決定をしにくくなり、その結果に満足しにくくなる[†3]。すべての選択肢には一長一短があり、そ

れぞれについて評価することは、選択肢が少ない場合よりもはるかに大きな精神的負荷を要する。

可能な限り3つ以下の選択肢でADRや提案を作成し、星評価や表などの抽象化を使用して読者が比較しやすいようにする。

神話3：意思決定は最も上級の人物が行うべきである

最も上位の人物や権威のある人物が、最終的な決定を下すのに最適な人物であるとは限らない。最も専門知識を持つ人物や、結果に最も影響を受ける人物が意思決定の責任者であり、その決定とプロセスを管理するべきである。

意思決定の責任者は、問題領域や可能な解決策を理解し、他の人による調査や協力を用いて自身の知識を強化するべきである。彼らは、意思決定のプロセスを最後まで導く役割を果たす。

神話4：すべての関係者がフィードバックプロセスに関与するべきである

各関係者が決定によって受ける影響はそれぞれ異なる。意思決定の責任者は、その決定の結果を成功に導くうえで重要な関係者が意見を述べる機会を持つこと、そして結果がどうあれ、そこにコミットすることを確実に行うべきである。

一部の関係者は、ADRの草案作成時に協議することに協力し、提案された選択肢の懸念や欠点を特定する手助けをしてくれる。関係者によっては意思決定プロセスに関与する必要はないが、結果は知らされる必要があるかもしれない。

神話5：あらゆる種類のフィードバックを求めるべきである

各関係者に応じて具体的にフィードバックを求めること。一般的なフィードバックは意思決定に役立たないことが多く、関連するフィードバックを見つけるのも難しくなる。関与する関係者に依頼すべきことを挙げる。

- ADRや提案の中で不明瞭な部分があれば教えてもらう
- 必要なら明確にするための質問をする
- 完全に理解していると確信してからフィードバックを提供する

ADRは意思決定前に関係者からの質問に答えるために更新したり、わかりやすくするために更新したりできる。意思決定がされたら、それをすべての関係者に通知する。

神話6：すべての関係者が結果に同意するべきである。

関係者は結果にコミットする必要はあるが、それが最善の解決策だと全員が同意する必要はない。

すべての関係者と協議した後、意思決定を行うのは意思決定の責任者である。意思決定の責任者はその後、すべての関係者にコミットするかどうかを尋ねる必要がある。結果が安全でないと考える関係者はその理由を説明する必要があり、意思決定の責任者は懸

念を解消するためにその関係者と協力しなければならない。関係者は意思決定に賛成か反対かを示すこともできるが、コミットメントが成功の鍵である。

すべての関係者が結果にコミットした時点で、最終決定がされる。その後新しい情報が出てこない限り、意思決定は再検討されない。新しい情報が出てきた場合、新たな意思決定プロセスが開始され、その結果が元の意思決定を上書きする。この場合、元のADR のステータスは「決定済み」から「置き換え済み」に変更される。

神話7：意思決定の責任者は合理的な決定を下すことができる

「8.2.1　バイアスとの闘い」で、誰もが陥りやすいバイアスをいくつか取り上げた。意思決定の責任者は、これらのバイアスの少なくとも一部を軽減するために、関連する関係者からの意見を取り入れる。自分自身および関与する他の人々が持つバイアスを認識することが重要である。これを念頭に置くことは役立つが、バイアスを完全に排除することはできない。

先に述べたように、関係者の合意ではなくコミットを求めることは、グループシンク（集団思考）を軽減する方法である。グループのメンバーが完全なグループ合意を期待していない場合、異論を表明しやすくなり、目前の選択肢を批判的に分析する可能性が高まる。

---

†3　これは「選択のパラドックス」と呼ばれることが多く、バリー・シュワルツによる同名の本（ハーパー・ペレニアル、2004 年）に取り上げられている。

12.2　アーキテクチャ特性

アーキテクチャ特性は、**システム品質属性**や**品質特性**とも呼ばれ、システムやプロダクトの優先事項である。時間をかけて分析し、これらの特性を引き出すことでステークホルダーの優先事項に合ったアーキテクチャを設計できるようになる。アーキテクチャ特性を**効果的に**記録すれば、優先事項を満たすまでの道筋を立てることができるようになる。

 このセクションでは、効果的なアーキテクチャ特性を作成し記録する方法を見ていく。アーキテクチャ特性そのものをより深く探るには、マーク・リチャーズとニール・フォードによる『ソフトウェアアーキテクチャの基礎』（オライリー・ジャパン、2022 年）の 4 章をお勧めする。

アーキテクチャ特性は DDD をはじめとしたさまざまなアプローチで、問題領域を分析する際にも、その問題を解決するアーキテクチャを作成する際にも役に立つ。文書化された要件はアーキテクチャ特性を引き出すための元ネタとして優れており、これには機能要件と非機能要件が含まれる。アーキテクチャ特性は**非機能要件**（ふるまいよりもシステムの運用に関する要件）に関連することも多く、非機能要件を抽象化すればアーキテクチャ特性になるとも言える。

　非機能要件は、経験豊富なアーキテクト、アナリスト、プロジェクトマネージャーであっても、混乱して頭を悩ませることがある。具体的な形がなく、どこから始めればよいのか分かりにくいからだ。アーキテクチャ特性をうまく作れば、プロジェクト、アーキテクチャ、および設計の決定における羅針盤となる。アーキテクチャ特性を通じて、システムやプロダクトの優先事項をすべてのステークホルダーに伝えることができるようになる。つまり、アーキテクチャ特性は意思決定の基盤となるのだ。

　究極のアーキテクチャ特性リストを定義することは不可能である。というのも、多くのソフトウェアアーキテクチャに関することと同様に、最適解はその時の**状況に応じて異なる**からだ。絶対的なリストは存在しないが、自社やプロダクトに合った**ちょうどいい**リストを作成することはできるだろう。状況に合わせてカスタムリストを作成するための例を紹介しよう。

アクセシビリティ
> どのようなユーザーでも、システムをうまく使えること。

可用性
> ユーザーが必要とする時に、システムが利用できること。

設定可能性
> エンドユーザーがソフトウェアの要素を簡単に変更できること。

継続性
> トラブルから復旧できること。

拡張性
> 新しい機能を容易に追加できること。

移植性
> システムが複数のプラットフォームで動作できること。

プライバシー
> システムが適切でない内部および外部ユーザーからデータを守れること。

スケーラビリティ
> ユーザー数が増加しても安定して動作できること。

アーキテクチャ特性リストの例

　アーキテクチャ特性リストについて何を考慮すべきか、さらなるアイデアを得るために、以下のリストを見てみよう。

- Wikipedia（https://oreil.ly/HGqaw）はシステム品質属性のリストを定義している。
- ISO/IEC 25010（https://oreil.ly/Bbl4o）は品質特性のリストを定義している。
- マーク・リチャーズは「Architecture Characteristics Worksheet（アーキテクチャ特性ワークシート）」（https://oreil.ly/wlYHL）でアーキテクチャ特性のリストを定義している。
- マーク・リチャーズとニール・フォードは『ソフトウェアアーキテクチャの基礎』（オライリー・ジャパン）の4章で（部分的な）アーキテクチャ特性のリストを定義している。

　マーク・リチャーズとニール・フォードは、プロダクトやシステムのアーキテクチャ特性を最大7つまでに絞ることを推奨している。プロダクトオーナーは提示されたリストの中からすべてを選択するかもしれないが、すべてのアーキテクチャ特性を満たすことはできないため、優先順位を付ける必要がある。

　会社のアーキテクチャ特性をリストアップするとき、選ばれたそれぞれの意味を全員が明確に理解できるように定義することが重要である。

　幸い一部のアーキテクチャ特性は、常に重要であるため暗黙のものと見なせる。これらは上位7つに入れる必要はないが、プロダクトやシステムにとって重要なので挙げておきたいと考えるなら、リストに含めてもよい。

　暗黙的とみなすことができるアーキテクチャ特性を挙げよう。

実現可能性

　与えられた制約（資金、時間、リソースなど）を考慮して、解決策が可能であること。

保守性

　システムを効率的に保守できること。

セキュリティ

　許可されていない者に対してシステムがアクセスできない状態を保てること。

シンプルさ

　システムがシンプルで入り組んでいないこと。

コストは、**実現可能性**とは別に、暗黙的なアーキテクチャ特性として考慮されるべきである。ほとんどの企業は何らかの形で経費削減を目指しているため、コストは常に重要な考慮事項である。株主が関与している場合は特にそうである。

アーキテクチャ特性を定義することを、アジャイルなプロセスと見なすべきである。アーキテクチャ特性は時間と共に変化する可能性があるからだ。プロダクトのライフサイクルの初期段階では、スケーラビリティは上位7つの優先事項に入らないかもしれないが、利用ユーザーの増加と共に重要性が増すかもしれない。セキュリティの重要性が低くなることは考えにくいが、プロダクトが個人を識別できる情報を保存し始めたり、新しい法律が施行されたりする場合にはさらに重要になるかもしれない。その場合、セキュリティは暗黙的な特性から上位7つに昇格し、設計変更に強い影響を与えるようにすべきだ。

プロダクトやシステムが**初期、成長、最適化**のフェーズを移るたびに、アーキテクチャ特性を再評価し、重要性が変わったかどうかを評価すべきである（**図12-6**を参照）。決められたビジネスマイルストーンがこの再評価の引き金となることもあるだろうし、それとは別に一定の期間ごとに再評価してもいいだろう。

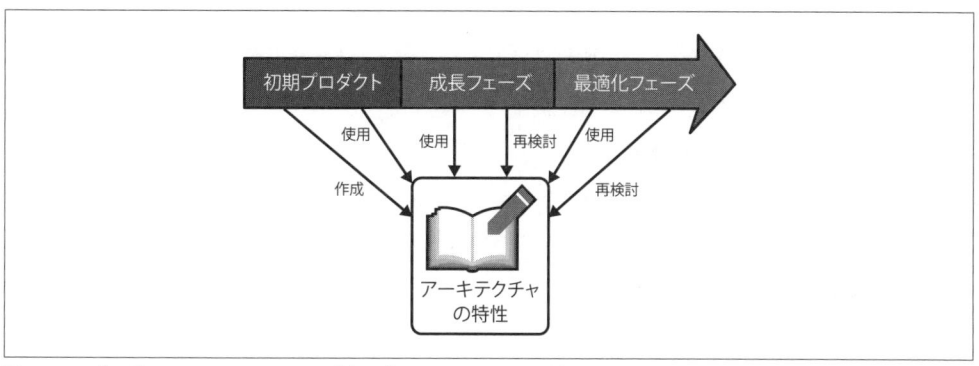

図12-6 プロダクトライフサイクルの進行に伴うアーキテクチャ特性の活用

プロダクトやシステムのためにアーキテクチャ特性を定義したら、それを基にしてシステムのアーキテクチャデザインの他の部分を発展させ、裏付けるべきである。例えば、アーキテクチャ特性をADRの意思決定基準として使用することが挙げられる。

アーキテクチャ特性をどのように記録し、またそこに至る分析をどのように行なったかが、最終的な結果に影響を与える。最低限、上位7つの特性と暗黙的な特性をリストアップすることが必要である。**表12-1**は、効果的なアーキテクチャ特性を表形式で記録する例を示している。

表 12-1　ポリグロット・メディアからの効果的なアーキテクチャ特性の例

ID	特性	適用対象	出典
AC01	監査可能性	メディアサービス	REQ 014 システムはすべてのメディアのアクセスと使用を記録し、分析する
AC02	耐障害性	決済インターフェイス、外部メディアインターフェイス、顧客 API、顧客 UI	REQ 025 および REQ 026
AC03	拡張性	外部メディアインターフェイス	REQ 029 システムに新しい外部メディアソースを簡単に追加できるべきである

効果的にアーキテクチャ特性を記録するには、次のことを試してみよう。

特性が適用されるシステムのエリアを示す

これはシステムの全域である場合もあるが、通常は一部であることが多い。最初は一般的なステートメントとして記述し、特定のサービス、データストア、またはコンポーネントが識別されたときに更新するとよい。

アーキテクチャ特性の出所を記録する

アーキテクチャ特性は要件である場合もあるが（要件には識別子を持たせ、それを参照するのが望ましい）、分析結果やイベントストーミング、業務シナリオセッションで話し合った結果であることもある。その出所以外にもそのアーキテクチャ特性を含める理由があれば、文書化しておくとよい。

各アーキテクチャ特性に識別子を与える

識別子はドキュメントの他の部分で特性を参照するために使用できる。これには、特性が意思決定基準として使用できる ADR や図も含まれる。

考慮されたすべての特性を明示する

考慮されたすべての特性をリストアップするか、アーキテクチャ特性のマスターリストへのリンクを用意する。上位 7 つに近づいた特性も文書化しておくと、後で特性を見直す際に役立つので望ましい。

日付を使用して履歴を記録する

元の日付、最終更新日、および次回の見直し日を含め、特性を参照する全員が、その特性が最新で有効であるかどうかを知ることができるようにする。

トップ 3 の優先順位を決める

選択したアーキテクチャ特性から上位 3 つ（順不同）を決めておくと、意思決定に役立つ。もしこれを行う場合は、ステークホルダーと協力して議論し、選ばれた優先順位とその理由を文書化する。

ADR は、アーキテクチャ特性に関する意思決定を記録する上で効果的な枠組みである[†4]。ADR を使って意思決定を記録している場合、アーキテクチャ特性の選択を記録するためにも使用することができる。アーキテクチャ特性を見直す際に変更があれば、元の ADR を新しいものに置き換えることができる。

12.3　ドキュメント・アズ・コード

ドキュメント・アズ・コードの原則は、技術文書だけではなくすべてのドキュメントに適用できる。ドキュメント・アズ・コードの標準的な定義は、Markdown のようなマークアップ言語を使用し、コードを作成するのと同じ環境や IDE でドキュメントを作成し、それをバージョン管理に保存し、大部分のプロセスを自動化することにある。ドキュメント・アズ・コードは、ドキュメントの自動生成も意味する。

12.3.1　技術文書

コードの近くにあることが自然なドキュメント、例えばコードを書いた人が用意したそのコードのドキュメントなどの場合、ドキュメント・アズ・コードに基づいたプロセスを使用するメリットは数多くある。

ドキュメント文化

ドキュメントが簡単で標準的なワークフローの一部である場合、作成し維持される可能性が格段に高くなる。

精度の向上

ドキュメントをコードと同じ品質管理プロセス（プルリクエスト、コードレビュー、テストなど）にかけると、エラーのリスクが減少する。

より効率的なワークフロー

ドキュメント・アズ・コードをワークフローに統合することで、個別に記述する場合と比べて技術文書プロセスを合理化できる。

保守の容易さ

ドキュメントプロセスに過度な承認などを追加しない限り、技術文書はコードとして保守する方が楽だ。フォーマットはシンプル（Markdown のように）だし、専用のツールも不要だからだ。

柔軟性の向上

Markdown や Asciidoc のようなフォーマットは、専門のツールやパイプラインを使用し

[†4]　ADR については「12.1　アーキテクチャ決定記録（ADR）」を参照。

て、HTML や PDF などのさまざまなフォーマットに簡単かつ自動的に変換できるため、ドキュメントの公開が必要な場合に便利である。

ドキュメントの発見性の向上

ドキュメントがコードと同じ場所、または既知のリポジトリに保存されている場合、必要なものを簡単に見つけることができる。

協業しやすさの向上

バージョン管理にドキュメントを保存すると、複数の人が1つのファイルに変更を加え、それらの変更をすべてマージすることが簡単になる。承認プロセスがあるならそれも自動化しよう。

 なぜ技術文書を作成する必要があるのか？ 参画した開発者のキャッチアップが容易かつ効率的になるだけではなく、外部ユーザーや顧客が必要とすることもあるからだ。ソフトウェアプロダクトや API の文書化の質は、ベンダーを選ぶ際の重要な要素であり、コストやパフォーマンスより重要視されることさえある。

文書化のプロセスは、**図12-7** に示されているステップ（作成、変換、公開）に従うことが一般的だ。作成は IDE やバージョン管理システムのレビュー過程で行われる。検証はレビュー過程の一部として行われるか、パイプライン内で別途行われる。変換（例えば Markdown から HTML へ）はサードパーティのツールを使って手動で行うこともあるし、パイプラインの中で自動的に行われることもある。その後の公開についても手動でもいいし、パイプラインによって自動化してもいいだろう。

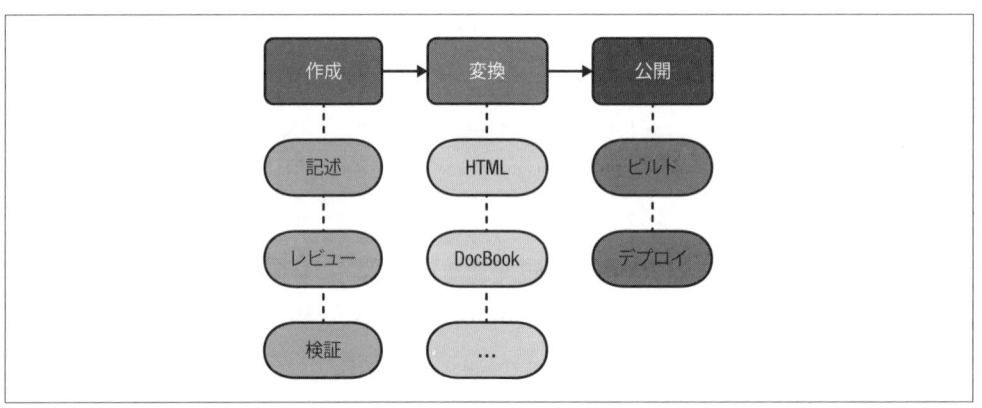

図12-7　ドキュメント・アズ・コードの概要

デプロイ前にレビュー用の文書の**ドラフト**を作成する必要があるかどうかを検討しよう。この選択は、レビューや検証プロセスの厳密さ、変換プロセスの機能（例えば、特定の形式でなければ見映えが悪くなったり壊れたりするかどうか）、そして文書が公開されるかどうかによる。Hugo（https://gohugo.io）のような静的サイトジェネレーターは、ページの**ドラフト**状態やテストビルドにドラフトページを含める機能を活用できるため、変換やデプロイに役立つ。

　自分のプロセスや環境に適した形でドキュメント・アズ・コードを実践するための原則を紹介しよう。

- ドキュメントのソースファイル（Markdown など）はバージョン管理システム（Git など）に保存する。
- ドキュメントは信頼できるレビュアー（開発者やテクニカルライターなど）によってレビューされる。
- ドキュメントはレビュアーに検証される場合（正確性や妥当性）と、自動的に検証される場合（シンタックスや類似）がある。後者の一例に自動テストが挙げられる。
- ドキュメント成果物は自動的にビルドされる（例えば、文書の HTML バージョン）。
- 成果物はあまり人手を介さずに公開する。

　コードのテスト、ビルド、デプロイを自動化するのと同じシステムを使って、ドキュメント・アズ・コードプロセスを自動化しよう。そうすれば重複がなくなり、時間と労力が節約できる。同じ理由でレビューもコードレビューと同様に扱うべきである。

　ドキュメント・アズ・コードの最も簡単な形は、文書を Markdown ファイルとしてコードと同じリポジトリに含めることである。こうすることでリポジトリをクローンした誰もが文書を利用でき、テキストエディタ、ブラウザ、または Markdown をサポートする任意のアプリケーションで閲覧できる。Git リポジトリを管理するために GitHub を使用している場合、GitHub Pages（https://pages.github.com）を利用することで、選択したスタイルで文書を表示し、簡単にアクセスできる。

　文書をコードとして扱うということは、コードと同じように自動的に実行されるテストを書くことができるということである。（そして、テストコードと同じ場所に含めることで、さらに効率が向上し、ビルドの成功を容易に判断できる）。ほとんどの文書において、リンク切れと可読性の問題のチェックという 2 つのテストは有用だ。

　ドキュメント・アズ・コードに図を追加する際は、Mermaid（https://mermaid.js.org）やPlantUML（https://plantuml.com）のようなテキストベースの図作成ツールを使用しよう。テキストベースのツールを使用して図を作成することで、図をプレーンテキストと同じように比較できるため、バージョン管理が容易になる[†5]。どのツールを使うか決定する際には、生成される出力の種類、変換および公開ツールがそれに対応しているか、そして図作成ツール用の言語の記述がど

[†5]　作図アプリケーションによってはデータをテキストベースの形式で保存する（例えば、draw.io）。

れだけ簡単かを考慮しよう[†6]。

コードと一緒に文書を生成およびデプロイする場合、実用的にするために必要な自動化について考慮しよう。プロダクトの5つのバージョンをサポートする場合、5つのバージョンの文書を維持する必要があるのか？ 文書のみを含むプルリクエストがデプロイパイプラインをブロックする場合、それを自動的に承認するべきか？ 自分の独自の状況を考慮してバランスを見つけよう。

12.3.2　自動生成ドキュメント

　頻繁に変更されるコード（および変数名やメソッド名などコードの詳細に言及するドキュメント）に関するドキュメントは自動生成するのがベストだ。使用する言語や環境に応じて、コードドキュメントを自動生成する方法は数多くある。

　自動生成ドキュメントを持つ API をデプロイする際、ドキュメントを手動で更新する必要がないため、顧客か内部ユーザーかを問わず、エンドユーザー向けのデプロイプロセス全体がはるかに速くなる。また自動生成のおかげで、開発者が（現在のチーム内で誰も詳しくない部分の）コードベースを理解しやすくなることもある。

　ドキュメント生成ツールにはトレードオフと制約がある。ツールが教えてくれるのはコードのことだけだ。ビジネス要件や特定の方法で実装された**理由**、またはされなかった**理由**については教えてくれない。重要なコードも、重要ではないコードや雛形コードと同じ優先順位になってしまう。生成ツールによっては、適切なコメントや設定を使ってこれらの制約を最小限に抑えることができるが、一般的には自動生成されたコードだけでは十分な技術ドキュメントにはならない。

　生成ツールの中にはコードの**静的解析**（プログラムを実行せずにソースコードを検査する）を使うものもあるが、コメントやインラインドキュメントを必要とするものもある。ツールを選択する際にはこれを考慮に入れるべきである。コードに何も追加しなくてもドキュメントニーズを満たすツールを見つけることができるなら、それは現在および将来のコードすべてにコメントを付ける必要があるツールよりも好ましい。コメントが欠けている場合、そのコードはドキュメントから漏れることになる。コードレビューやプルリクエストにチェックを追加してコメントを確実に入れるようにするか、適合性を自動でチェックする機能を作って不備を防ごう。

　ツールを選択する際には、受け手を念頭に置くべきである。彼らは何を必要としているのか？ なぜこのドキュメントを作成しているのか？ 自動生成コードの受け手は技術者であるはずだ。そうでなければ、別の方法でドキュメントを作成することを検討しよう。自動生成されたドキュメントにはコードのことしか書かれておらず、ドキュメント化されているコードや API を使用する必要がある開発者のために最適化されている。

---

†6　例えば、PlantUML は独自のドメイン固有言語を持ち、Mermaid は「Markdown 風のテキスト定義」を使用する。

 ケブリン・ヘニーによると「ドキュメントを 5 分読むのを避ければ、6 時間のデバッグが必要になる」[†7]らしい。このドキュメントを最適化し、アクセスしやすくして、その時間が無駄にならないようにしよう。

AI はドキュメント生成の最新の方法の一つである。Visual Studio Code などのツールを使用する場合、AI を使用してコードにドキュメントを追加する拡張機能が見つかるだろう。GitHub Copilot はコード内でコメントドキュメントを生成するまったく新しいツールだ。

 AI を使用してドキュメントやその他を生成する場合は、結果を慎重に確認すべきである。AI ツールは標準的な自動ドキュメント生成ツールと比べてもまだ初期段階にあり、自信をもって説得力のある出力を生成するが、それは完全に間違っていることがある。

12.3.3 その他のドキュメント

多くのドキュメントが扱うのは、ビジネスに関することや、要件、アーキテクチャ特性、ADR など技術的ではあってもコードとは直接関係のない事柄だ。この種のドキュメントをドキュメント・アズ・コードとして考えようと思うと、多くのトレードオフに行き当たるが、原則を適用しこれらのトレードオフを念頭に置けば、メリットもある。

ビジネスに関連するドキュメントや成果物を書く人は、開発者が使用する IDE の使い方を必ずしも知っているわけではなく、ましてやバージョン管理の細々としたことはまず知らない。ドキュメント作成のプロセスをシンプルにするのは、チームや会社の文化の一部になってほしいからであり、仕事と特に関連のない分野でスキルアップすることを強制しても、その目標は達成されない。つまり開発者ではない人々を開発者の世界に引き込むことなく、原則を適用する必要がある。

 すべてのドキュメントを同じに扱ってはいけない。受け手、書き手、存在理由がそれぞれ異なるからだ。**ドキュメント・アズ・コード**原則を適用することはできるが、ドキュメント作成プロセスは誰が見てもわかるようにしておこう。

すべてのドキュメントはプレーンテキストで書くことができ、Markdown なら技術に詳しくない書き手でも気軽に選択できる。Markdown のための多くの「見たままを得られる」(WYSIWYG) エディタがあり、Microsoft Word と同じように書ける。

技術に詳しくない書き手は、小さなチャンクで書き、フィードバックを受け取り、その後に新しい成果物を現在の成果物に統合するという進め方を覚えよう。これらのプロセスは、バージョン管理を使用せず、プレーンテキストでなかったとしても適用できる。Google Docs や Microsoft Word を使っているなら、コメントを使用してフィードバックを受け取り、ドキュメントの変更を受け入れるかどうか判断すれば良い。

[†7] この台詞を言ったのはケブリン・ヘニーだとされることが多いが、その起源は不明であり、別の人の可能性もある。

　適切なツールを使用すれば、すべてのドキュメントにバージョン管理を適用することができる。技術に詳しくない書き手はコマンドラインを使用したくないだろうが、GitHub Desktop（https://desktop.github.com）や他のバージョニングが内蔵されたツール（例えば GitBook（https://gitbook.com））を使うのであれば、トレーニングはそれほど必要ではないだろう。開発者や技術ライターは、バージョン管理ツールの使い方やコードとしてのドキュメントプロセスについてのメタドキュメントを簡単に作成できる。

　つまり、技術に詳しくない書き手が介入しなくても、ドキュメントの作成と公開の原則を適用することができるのだ。バージョン管理を使用する場合、それは技術ドキュメントのために使用されるパイプラインに似たものになる。バージョン管理を使用しない場合、例えばフォルダ内のファイルに対して実行されるバッチプロセスを設計することができる。

　技術ドキュメント・アズ・コード内の図は、通常 Mermaid（https://mermaid.js.org）や、テキストから図を生成する似たようなツールを使用して作成される。テキストベースの図はバージョン管理に保存するのに適しているが、それが図のバージョン管理をする唯一の方法ではない。技術に詳しくない書き手にとって、図をテキストとして作成することを学ぶのは敷居が高すぎるかもしれない。その代わりに、生成されたファイル（例えば PNG）やドキュメントのテキストファイルと一緒に、元の図のファイルも入れることができる。元ファイルにアクセスできる人（リポジトリ内であれ、単なるフォルダ内であれ）であれば、これらの図を保守できる。たとえば、draw.io のようなフォーマットはテキストとして保存されるため、プレーンテキストと同様に比較することも可能だ。

ドキュメントを執筆している場合、技術ライターに開発者が使用しているのと同じ仕組みを使ってもらえるはずだ。バージョン管理、Asciidoc または Markdown、および Mermaid または同様のツールを学ぶことは、ビジネスアナリストやプロジェクトマネージャーよりも、技術ライターの役割により関係が深く、学習曲線も緩やかである。

ドキュメント・アズ・コードのためのオープンソースツール

以下のオープンソースツールを使ってドキュメントを生成することをお勧めする。

Docusaurus（https://docusaurus.io）
　Markdown ファイルからドキュメントサイトを作成する。

MkDocs（http://www.mkdocs.org）
　プロジェクトのドキュメントを構築する。

Docsify（https://docsify.js.org）
　Markdown ファイルからドキュメントサイトを即座に生成する。

Backstage（**https://backstage.io**）

開発者向けポータルを構築する（元々は Spotify で開発された）。

docToolchain（**http://doctoolchain.org**）

強力な技術ドキュメントを簡単に作成および維持するためのスクリプト集である。

自動ドキュメント生成ツールを挙げる。

Doxygen（**https://doxygen.nl**）

さまざまな人気のあるプログラミング言語からドキュメントを生成する。

Swagger（**https://swagger.io**）

API の開発とドキュメント化のためのオープンソース（およびプロフェッショナル）ツールセットである。

docfx（**https://dotnet.github.io/docfx**）

.Net アセンブリ、XML コードコメント、REST API Swagger ファイル、および Markdown を HTML、JSON、または PDF ファイルに変換する。

phpDocumentor（**https://phpdoc.org**）

UML クラス図を含む PHP プロジェクトのドキュメントを自動生成する。

Slate（**https://github.com/slatedocs/slate**）

レスポンシブな API ドキュメントを生成する。

Magidoc（**https://magidoc.js.org/introduction/welcome**）

GraphQL のための静的ドキュメントサイトジェネレーターである。

そして、ダイアグラム・アズ・コードの作成に役立つツールを挙げる。

Mermaid（**https://mermaid.js.org**）

JavaScript ベースの作図およびチャート作成ツールである。

PlantUML（**https://plantuml.com**）

UML 図だけでなく、他の多くの非 UML 図も作成できる。

GraphViz（**https://graphviz.org**）

構造情報を抽象グラフやネットワークの図として表現する。

> **Kroki（https://kroki.io）**
>
> テキスト記述から図を作成する。

12.4　まとめ

　この章で挙げた内容を既に実践していた読者もいるかもしれないが、本章を読んだ今、それを
もっと効果的に活用し、時間とエネルギーの投資に対して最良のリターンを得られるようになった
だろう。あなたの周りには、ナレッジマネジメントとドキュメントの分野を嫌っており、学んだこ
とを伝えたとしても、実践に消極的な人も多いかもしれない。そんな人にも、どのようにすれば物
事がより良くなるかを「伝える」より「見せる」ようにすれば、より良い働き方に賛同してくれる
はずだ。

　第Ⅲ部で学んだナレッジマネジメントについての内容は、対面、ハイブリッド、完全リモートの
働き方に適用できる。第Ⅳ部では、ハイブリッド、完全リモート、および対面のコミュニケーショ
ンを強化するための多くのパターン、アンチパターン、および手法を紹介する。

第IV部
リモートでのコミュニケーション

　現代における多くのチームは、完全リモートまたはハイブリッドなスタイルで世界中に広がっている。この環境でソフトウェアプロダクトを作成するには、同じ部屋やホワイトボードを共有するグループとはまた別のコミュニケーションパターンが必要である。あなたが同僚、顧客、または他のビジネスチームとコミュニケーションするとき、時間、作業パターン、文化、包括性、およびコミュニケーションに使用するチャネルなど、さまざまな要素を考慮する必要がある。

　分散型コミュニケーションは対面と比較すると利点と欠点がある。第IV部で提示するパターンや技法を適用することで、これらの利点を生かし、チームや組織にとって最良の結果を得ることができる。

　詳細に入る前に、次の章で詳細に扱う**同期コミュニケーション**と**非同期コミュニケーション**を定義したい。

- **非同期コミュニケーション**は、受け手がメッセージをすぐに受け取って対応することを前提としていない。この形式のコミュニケーションは、通常、数秒や数分ではなく、数時間から数日以内に完了[†1]することが多い。
- **同期コミュニケーション**は、すべての関係者が同時に利用可能であり、リアルタイムで応答することに依存する。この形式のコミュニケーションは、数秒から数分以内に完了することが多い。

---

†1　完了というのは、メッセージが受信および理解され、必要な応答が送信、受信および理解されることを指している。

13章
リモート・タイム

　同僚、他の企業、顧客とコミュニケーションする際には、相手の時間とその時点での集中力を両方とも考慮する必要がある。リモートで仕事をしている場合でも、オフィスで働いている場合でも、別のタイムゾーンにいる人や異なる勤務時間で働いている人とコミュニケーションしなければいけない場合もあるだろう。

　タイムゾーンをまたいだり、複数の勤務パターンで働くことには利点もあれば欠点もある。例えば、あなたの勤務時間が終わるタイミングで後のタイムゾーンにいるチームに仕事を引き渡せば、翌日まで仕事が放置される心配がない。また、より多様な同僚からより多様なアイデアを得ることができ、ローカルな考えやエコーチェンバーから脱却し、物事を異なる視点で見ることができるようになるだろう。一方で、必要な返答を求めた相手がすでに退勤していたり、会議時間の調整に多大な労力を費やしたりして、苛立ちを感じているかもしれない。

　非同期でも同期でも、定期的なコミュニケーションを目指して、全員の情報が最新に更新された状態に保つべきである。

　この章では、時間や勤務パターン、および自身や他人の集中力と生産性に関する課題を克服するのに役立つパターンを探求する。それにより、リモートおよびハイブリッドコミュニケーションをより効率的に行えるようになるだろう。

13.1　時間を同期する

　1つのタイムゾーン内に完全に収まる国に住んでいる人にとって、国によっては複数のタイムゾーンが存在していることを忘れがちだが、タイムゾーンの配慮は思っている以上に大切だ。企業はますますグローバルな人材プールを活用するようになり、その結果、同じ会社やチームで働く人々の始業時刻と終業時刻が異なるケースが増え続けている。

タイムゾーンの混乱に加えて、日付の混乱も考慮すべきである。アメリカでは、日付を月・日・年の順に指定するのが最も一般的であるが、世界では日・月・年の順が最も一般的である[†1]。場所によっては、2023年10月11日と2023年11月10日が混同される可能性がある。混乱を避けるためには、月を単語や略語で表記する（10-Nov 2023）か、ISO 8601の年・月・日の表記（2023-11-10）を使用する[†2]。

13.1.1　タイムゾーン

複数のタイムゾーンが関わる場合、タイムゾーンと勤務時間の境界をはっきりさせてコミュニケーションすることが重要となる。これらの境界は、休憩の必要性を含めて全員が守る必要がある。スケジュールに問題がある場合はそれについてコミュニケーションするように全員に促すこと。全員が尊重され、話を聞いてもらえると感じることで、より幸せで生産的なチームが誕生するだろう。

スケジュールを立てるときや締め切りについて話し合うとき、すべての当事者が正確に何時を指しているのかを理解する必要がある。タイムゾーンを指定しないと、さまざまな誤解が生じる可能性がある。ある人は自分のタイムゾーンだと考え、別の人はあなたが現在いるタイムゾーンだと考え、さらに別の人はUTC（協定世界時）だと考えるかもしれない。

一部の国では24時間制を使うことが非常に少ない。混乱を避けるために、a.m.とp.m.を指定し、1〜12の時間だけを使って示すこと（例えば、13:00 UTCではなく、1 p.m. UTCとする）をお勧めする。

タイムゾーンがどれほど混乱を招くかについては、**図13-1**を見てほしい。世界には多くのタイムゾーンがあり、その境界は複雑に異なる（経度だけではどのタイムゾーンに属しているかを必ずしも判別できない）。

必ずタイムゾーンを明示し、他の人がタイムゾーンを明示していない場合は確認しよう。たとえ関係者全員が同じタイムゾーンにいるとわかっていてもそうした方がよい。確認することをルールとしておけば、必要な時に忘れる可能性を減らせるだろう。別のタイムゾーンにいる人が議論に参加する時がいつ訪れるかはわからないのだ。

タイムゾーンをまたぐコミュニケーションを改善するためには、自分のタイムゾーンではなく受け手のタイムゾーンを明示する（あるいは両方を含める）。複数のタイムゾーンをまたぐグループとコミュニケーションする際には、それぞれのタイムゾーン（例：午前9時 PST/午後12時 EST/午後5時 GMT）を指定しても、1つの基準タイムゾーン（例：午後5時 UTC）を指定してもよい。

[†1]　各国の日付形式の内訳については、Wikipedia（https://oreil.ly/cRv64）を参照。
[†2]　年・日・月の形式はどこでも使われていないため、年が最初に来る場合、それは年・月・日であると確認できる。

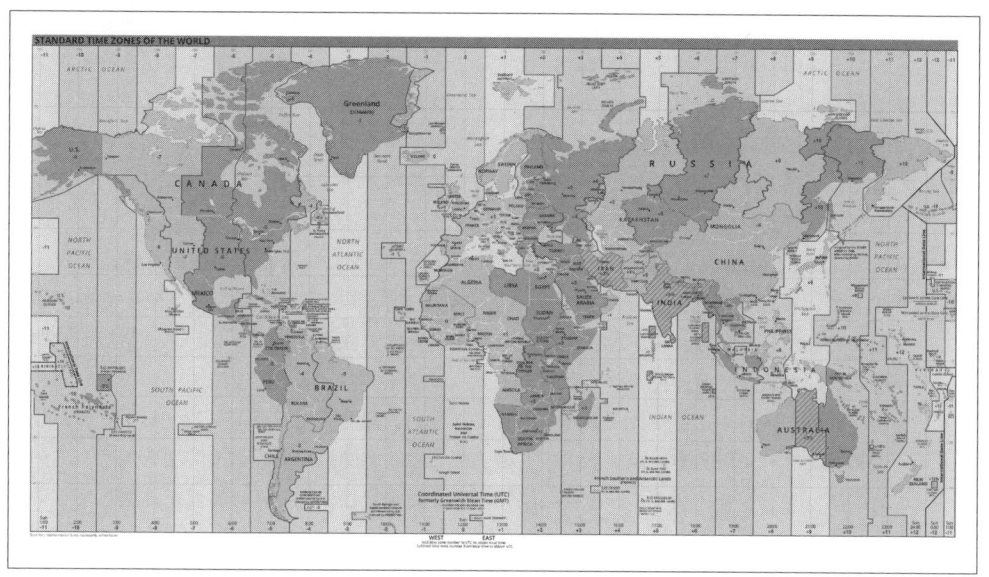

図13-1　現代における正しいタイムゾーンマップ（ウィキメディア、https://oreil.ly/YtkMs）

会社で基準とするタイムゾーンをどこに置くのが最善かを定め、必要に応じて見直そう。UTC（協定世界時）は良い選択肢だ。変更がなく、他のタイムゾーンもよく UTC を基準に表現される（例：EST: UTC-5:00、IST: UTC+5:30）。一部のタイムゾーンでは日光節約時間やサマータイムを採用しており、切り替えのタイミングも必ずしも同じではないため、年に 2 回（サマータイムの開始時と終了時）誤解が生じる可能性があることを留意しよう。

　タイムゾーンを考慮することで、たとえば自分のタイムゾーンが午前 9 時 30 分だからといって、同僚にとっての午前 6 時 30 分にスタンドアップミーティングをスケジューリングしてしまうような事故を避けられる。また、同僚のタイムゾーンが午後 10 時であるときにビデオ通話をスケジュールすることも避けられる。

同僚の勤務時間を確認すること。他のタイムゾーンにいる同僚に対して午前 6 時 30 分は適切でないと思いがちだが、彼らは勤務時間を変更してその時間に働いている可能性もあり、その場合は連絡ができる。決めつけをしないこと。

タイムゾーンを覚えておくうえで役立つテクニックとツールを紹介しよう。

- 他の人のタイムゾーンを自分のカレンダーアプリに追加する。Google カレンダーでは、セカンダリタイムゾーンを追加し、メインのタイムゾーンとセカンダリタイムゾーンのラベルを編集できる。Outlook カレンダーでは、最大で 2 つの追加タイムゾーンを追加し、そのラベルを変更できる。

- World Time Buddy（https://worldtimebuddy.com）は複数のタイムゾーンを追加し、タイムゾーン間の時間や期間を簡単に比較することができるウェブサイトおよびモバイルアプリである。特定の日付を表示することができ、これはタイムゾーンがサマータイムに移行する時期や標準時間に戻る時期のスケジュール調整に役立つ。自分の Google カレンダーを追加して、タイムゾーンを並べてイベントを確認したり、タブを使ってタイムゾーンのグループを作成して簡単に参照したりできる。

- World Clock Meeting Planner（https://oreil.ly/KEy72）は多数の機能を備えたウェブサイトで、複数のタイムゾーンにわたるイベントの開催を支援する。色を使って各タイムゾーンの朝、昼、夕方、夜が示され、週末や祝日を赤で表記する。カレンダー招待や投票を作成して、希望の時間に投票してもらえるようになる。

- 勤務時間外にメール返信や会議案内を出してしまい、意図せず同僚にプレッシャーをかけないために、メール署名や会議リクエストの下部に勤務時間外での返信や参加を期待していない旨のメッセージを追加する。また会議に出れない場合は、代わりの時間を提案してもらうようにする。

- メール署名に自分の勤務時間とタイムゾーンを記載する。こうすることで、他の人がコミュニケーションや会議の設定時にこの情報を利用できる。

- Outlook、Google カレンダー、Slack などのアプリケーションでオフィスアワーを設定し、同僚にも同様の設定を推奨する。これにより、勤務時間外に予定を組もうとすることが少なくなるだろう。

- 同僚のカレンダーで空いている時間を探す際、彼らのカレンダーに勤務時間が設定されていない場合でも、会議リクエストを送る前にそのタイムゾーンが受け入れ可能であることを確認する。

- Teams や Slack などのインスタントメッセージツールは、各ユーザーのステータスを表示する。メッセージを送信する際にはこれに注意し、オンラインでない場合は勤務時間外の返信を期待していない旨を明記する（通知される可能性があるため）。多くのアプリは表示されるステータスやメッセージをカスタマイズできる。自分の状況を設定しておくことで、他の人があなたとのコミュニケーションにおける期待値を調整しやすくなる。

- プロジェクト管理、プロセス、コミュニケーションのためのツールを導入し、それを使って調整する。この場合できるだけ同じツールを使用することが望ましい。コードを書くために別の IDE を使用したり、図を描くために別のアプリを使用したりしても問題ないが、コミュニケーションやチケット、タスク管理のためには、同じアプリを使って調整することが重要である。

アプリケーションやクラウドインフラストラクチャからの自動アラートや他の通知を設定する際には、タイムゾーンと通知の緊急度の両方を考慮する。通知が即時対応を必要としない場合、それを受信者の勤務時間中に送信するようにスケジュールすることで、夜中にたたき起こすようなことを避けることができるだろう。メール通知は共有メールボックスに送ることがで

き、その時オンラインの人がメッセージに対応できる。

特定のタイムゾーンやタイムゾーングループで定期的に会議や通話を行う場合、それらの会議を行うのに最適な時間をメモしておく。これはスケジュール調整に関わるすべての人のための参考資料となり、会議を全員の勤務時間内にスケジュールすることが不可能な場合でも、円滑に仕事を進めるための材料となる。

タイムゾーンが離れている場合は、できるだけ非同期でコミュニケーションすること。しかし、この種のコミュニケーションは万能ではないことを念頭に置こう（「14.2 非同期な思考」を参照）。

13.1.2　共感と妥協

タイムゾーンをまたいで調整する際には共感が非常に重要である。同期的な会議が必要で誰かが不便を強いられている場合に、共感を示して公平性を高める方法を紹介しよう。

- 交代で負担を分け合う。特定の誰かやチームが会議のために遅い時間まで対応した場合、次の会議では別の人やチームが早い時間に対応するようにする。
- 不便を強いられた場合、特に全社的な会議や会社が義務付けた会議においては、補償が行われるべきである。補償の方法としては、時間外手当、代休と補償時間[3]、経費での食事などが含まれる。補償の選択肢を複数用意することは、共感を示し、好意を生むためのもう一つの方法である。
- 会議を録画し、参加できなかった人が自分の勤務時間中に内容を確認できるようにする。
- 出席できない人がいる場合、その人たちが会議で決定された事項に対して意見を反映できるように配慮すること。
- 会議の前後に非同期コミュニケーションを活用し、全員が情報を共有できるようにする。

複数のタイムゾーンにまたがる会議を計画する際、特にタイムゾーンが大きく離れている場合に注意が必要だ。全員が必要なドキュメント、ツール、その他のリソースにアクセスする権限を持っているか、事前に確認しよう。もし誰かがアクセスできない場合、問題を解決するために誰かが長時間待たなければならず、会議自体が遅れる可能性がある。

他人の勤務時間を尊重し、そして自分自身の時間を守るために、メッセージやメールを自動化し受け手の勤務時間に届くようにしよう。こうすることで、通知をオンにしている同僚の邪魔をしてしまったり、勤務時間外の返信を強要したりすることを防げる。

自分の時間を守るために、勤務時間外にログインするのは避けよう。これにより、他の人はあなたの勤務時間を尊重すべきだという良い手本を示すことができる。Outlook と Gmail にはメールのスケジュール機能があり、Teams、Slack、Telegram、Signal ではメッセージのスケジュールが

---

†3　代休と補償時間とは、残業時間を追加の休暇や休暇時間として取得することである。

できる。

13.1.3　分割シフト

タイムゾーンのカバーを助けるために、分割シフトという選択肢がある。別のタイムゾーンで働いている人たちに合わせて少なくとも一部の時間に対応が必要な場合、通常の午前9時から午後5時のスケジュールでは対応できないことがある。

従業員よっては、勤務日を分割シフト制にすることは、タイムゾーンの問題を克服できるかもしれない。多様性を尊重すること、たとえば一部の人は育児など他の責務を持っていることを忘れないことが重要だ。親である従業員は朝に働き、昼は子供を寝かしつけるまで世話をし、夕方に残りの時間を働くことで、他のタイムゾーンの同僚と同時に作業ができることがある。

例えば、アメリカ東海岸に住んで働いているマネージャーがインドにチームを持っていることがある。10時間30分の時差があるため、インドのチームが午後5時30分のとき、アメリカのマネージャーは午前7時である。ほとんどのコミュニケーションは非同期で行うことができるが、この場合、マネージャーは週に1〜2日、午前6時から仕事を始め、インドのチームとの会議を午前6時から7時のアメリカ東部時間にスケジュールすることがある。

分割シフト制で働く際には、分割またはシフトされた日の勤務外時間をカレンダーでブロックすることが重要である。そうすることで、自分の勤務外時間（他のタイムゾーンの人にとっては勤務時間）に会議を入れられてしまうのを防げる。

 他のタイムゾーンにいる人から迅速な返信が必要な場合、相手の勤務時間のできるだけ早い時間に連絡を取るようにすると、メッセージを確認して返信する機会が増える。また、メールを送る際には件名、インスタントメッセージでは冒頭に緊急性を明記することも良い方法である。

タイムゾーンに関係なく、他者とコミュニケーションする際には、相手を尊重し、共感を持ち、包括性を大切にすることが重要である。ワークライフバランスの欠如は健康を害すし、燃え尽き症候群のリスクや、自分自身だけでなく同僚の仕事にも悪影響を与える可能性がある。全員から最高の貢献を引き出すために、明確な境界線を設け、エチケットを確立することが大切だ。そうすることで、チームはよりオープンで多様性に富み、あなた自身と会社にとっての利益につながる。

日光節約時間（DST）／サマータイム

一部の国では日光節約時間（DST：daylight saving time）を採用しており、これにより時間差が変わる。特に混乱を招きやすいのは、カナダやアメリカのように全土で一様にDSTを採用していない国のケースだ。一部の州や地域は年間を通じて同じタイムゾーンに留まる場合もある。さらに複雑なのは、国によって異なる日付で日光節約時間に切り替わることである。

混乱を避ける最も良い方法は、一緒に仕事をする地域がいつ切り替わりを迎えるかを確認し、カレンダーに繰り返しのイベント（「アメリカDST開始」など）として追加することで

ある。このリマインダーが自分を「不在」や「オフィス外」として表示しないよう注意すること。またカレンダーにタイムゾーンを追加し、タイムゾーン比較ツールを使用することも役立つだろう。

アメリカと欧州連合（EU）で働くチームがあるとしよう。多くのアメリカの州は3月の第2日曜日午前2時から11月の第1日曜日午前2時までDSTを採用している。EU、イギリス、ノルウェー、スイスは3月の最終日曜日午前1時UTCから10月の最終日曜日午前1時UTCまでDSTを採用している。したがって、毎年数週間、アメリカの複数のタイムゾーンとEUの複数のタイムゾーンの間で時差が変動する。

他にもイギリスが3月にDSTを採用していない場合、アメリカ東部はイギリスより4時間遅れているが、イギリスがDSTを採用するとアメリカ東部は5時間遅れになるケースもある。また、10月末から11月初めにかけての週でも、2つのタイムゾーンの時差が1時間変わる。

さらに、タイムゾーンだけを頼りに相対的な時間の変化を計算できないことを覚えておこう。ロンドンのチームがユタ州ソルトレイクシティのチームとアリゾナ州フェニックスのチームと連携している場合、アリゾナはDSTを採用していないため、約半年間にわたり、2つのアメリカチームの間で1時間の時差が生じる（**図13-2** 参照）。

過去にDSTを採用していた多くの国々は、今では恒久的な標準時間やまたは恒久的なDSTに移行し、DSTの実施を廃止している。現在DSTを採用している国々も、将来的に停止する可能性があるだろう。

これらの要素はすべて、データストアに時間と日付を保存する際にタイムゾーンを含めるのが最善の方法である理由を示している。

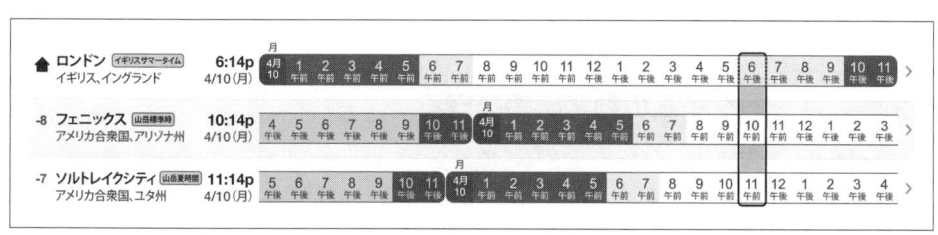

図13-2　ロンドンとソルトレイクシティがDSTを採用しているときのロンドン、フェニックス、ソルトレイクシティ間の相対的な時差（World Time Buddy）

13.2　勤務パターンを尊重する

どのタイムゾーンで働く同僚でも、勤務パターンがあなたとは異なるかもしれない。家族の都合に合わせたり、別のタイムゾーンで働く同僚と調整したり、ビジネスや顧客のニーズに応じるための選択かもしれない。勤務パターンは日々変わることがあり、休暇や祝日の影響を受ける。他の人が自分と同じ時間に対応できると想定してはいけない。

あなたや同僚には仕事以外にさまざまな予定があるだろうし、勤務時間を計画的に変更することもあれば、突然変更しなければならなくなることもある。子供の送迎があれば、午後に定期的に休憩する必要があるかもしれない。また、パートナーの協力や定期的な保育サービスが利用できない場合に、急に休みが必要になることもある。スケジュールの変更を前提に計画を立てておけば、予期しない事態にも失望せずに対応できるだろう。

13.2.1　対応可能な時間を伝える

このセクションで前述したように、メンバー全員が対応できない時間をカレンダーに記載し、カレンダーやメッセージングアプリでオフィスアワーを設定することをお勧めする。詳しく書かずに単に「対応不可」とするだけで十分であり、みんなが快適に感じるだろう。

メールの署名に勤務時間と勤務日の両方を記載しよう。これは自分の対応可能な時間が一般的な勤務時間と異なる場合に非常に便利だ。**例13-1** は、その方法を示している。相手の勤務時間外には返信を期待しない旨を記載することで、あなた自身も勤務時間外に返信をしないという意思を暗に伝えることができる。

例13-1　勤務時間を示すメール署名

> 私とあなたの勤務時間は違うかもしれません。もしあなたの勤務時間外であれば返信をする必要はありません。
> 私の勤務時間（GMT/BST）：
> 月-木：9 a.m. - 3 p.m.、4:30 p.m. - 6:30 p.m.
> 金：10 a.m. - 2 p.m.

一日の中で、仕事以外の理由で忙しくなる可能性が高いタイムゾーンを考慮し、その時間での重要な同期ミーティングやイベントを避けよう。例えば、学校への送迎や、昼食や夕食の準備、また宗教的な活動（特に宗教的な祝日の周辺）のあるタイムゾーンを考慮する。そうすれば、誰かがミーティングを拒否することが減るだろう。

13.2.2　パートタイムの勤務時間を守る

あなたやあなたの同僚の中にはパートタイムで働く人がいるかもしれない。彼らが働いていない時間に重要なミーティングや決定が行われると、パートタイムの従業員は取り残されたと感じたり、出席へのプレッシャーから勤務時間外の労働を強いられていると感じたりするかもしれない。多様性（および差別のない環境）は、成功するビジネスの鍵であり、パートタイム勤務者の意見も必要だ。それを考慮に入れた計画を立てることが重要である。

重要なイベントやミーティングはすべて（少なくとも重要なものは）、パートタイムの従業員の勤務時間内にスケジュールすることを目指そう。その時間外にイベントやミーティングをスケジュールする必要がある場合は、次の点を試みよう。

- 勤務時間外には出席を期待されないことを明確にする。
- 出席を希望する場合は、パートタイムの労働者が要求しなくても代休、残業手当、または同

等の補償を与える。

- ミーティングを録画し、勤務時間内にキャッチアップできるようにする。録画が不可能な場合は重要なポイントと決定事項を慎重に文書化し、欠席者に送信する。
- 意思決定やフィードバックが求められる場合、欠席者が通知され、その勤務時間内で対応できるようにする。

13.2.3　休日の計画

国や地域によって祝日や行事は異なる。どの同僚がいつ働いていないかを知り、また自分がいつ働けないかを伝えることで、ミーティングやイベントのリスケや不参加が減少する。全員がカレンダーに休日を記入することを促し、すべての祝日が反映された共有カレンダーの作成を検討するとよいだろう。

相手が祝日や週末に働いていないと勝手に思い込まないことが重要である。別の国の契約者は、主要なビジネスの祝日に合わせるために自国が祝日でも勤務することがあるかもしれない。顧客対応チームや保守チームが祝日や週末にサービスを提供するのも一般的である。必ず同僚に確認しよう。

忘れないでほしいのは、あなたが働いていないときに他の人は働いているかもしれないことだ。必要な情報や自分が稼働できる時間を伝えておこう。他の国の開発チームの作業が不足したり、質問が未解決のままで、後になって彼らのマネージャーやアーキテクトが休みであることに気づくという事態は避けたいところだ。

祝日と行事

世界的に祝われる祝日もあるが、一部の国や地域だけの祝日もある。以下に、直面するかもしれない例をいくつか挙げる。

- 国の地域によって固有の休日や日の異なる休日がある。
  - イギリスでは地域によって祝日が異なる。例えば、スコットランドでは 8 月の第 1 月曜日が夏季銀行休業日で、イギリスの他の地域では 8 月の最終月曜日が夏季銀行休業日である。北アイルランドはセント・パトリックの日とボイン川の戦いを祝日と定めている。
  - スペインではほとんどの祝日が自治体特有だ。例えば、告解火曜日はエストレマドゥーラ州のみで祝われ、各自治体が異なる時期に国民の日を祝う。
  - カナダでは祝日が州および準州によって異なる。例えば、カナダ全土で聖金曜日が祝われるが、復活祭月曜日はケベック州とノースウェスト準州のみで祝われる。

- 祝日が週末に重なる場合、通常祝日は月曜日または金曜日に移動するが、必ずしもそうなるとは限らない。
- 祝日が設定された日付（例えば 12 月 25 日）にあるもの、設定された曜日（例えば 5 月の最終月曜日）にあるもの、月や他の暦に基づいて変わるもの（例えば聖金曜日とイード・アル＝フィトル[†4]）がある。

同僚全員と協力して、全員の勤務時間を把握しよう。

[†4]　訳注：イスラム教のラマダーン月の終了を祝う大祭

祝日に加えて、個人的な休暇や法定休暇を取得する権利もある。法律で一定の休暇が認められている労働者もいれば、契約上でより多くの休暇が提供される会社もある。例えば、EU では年間 20 日から 30 日の個人休暇が一般的である。

一部の企業では無制限の休暇を設定しているが、その場合でも労働者には仕事を十分にこなすための日数を確保することが求められる。また労働者には産休/育休や養子縁組に伴う休暇などの法定休暇を取得する権利があり、これらは 1 年以上続くこともある。

計画を立てたらすぐに、取得する休暇をカレンダーに記入しておく。承認が必要な場合や、何らかの理由で確定していない場合は「保留」や「未確定」としてマークしておくこともできるが、同僚に不在の日時を事前に知らせるために、この場合も日付は入力しておこう。

年間を通じて多くの人が休暇を取るホットスポット（例えば、祝日、学校の休暇、天気の良い時期など）に注意を払い、それに合わせて計画を立てよう。また地域ごとのパターンも考慮すべきである。例えば、スペインでは大部分の休暇が 8 月に取られるのが一般的である。

メンバー全員に対して、できるだけ早くカレンダーに休暇を入れて将来の計画をオープンに話し合うよう促そう。そうすることで、マイルストーン、締め切り、会議、およびイベントを計画または調整できるようにする。

メールで不在時の自動返信をオンにし、チャットアプリケーションで自分のステータスを設定して、同僚に自分が稼働できないこと、いつ戻るか、そして不在時に誰に連絡すればいいかを知らせる。また、顧客対応をする場合やビジネスパートナーと密に仕事をする場合など、組織外の人にもこの機能を有効にするべきだろう。

13.2.4　地理と文化を考慮する

他の国や地域で働く同僚は、異なる標準勤務時間が設定されていることがある。そして業界によっても異なり、その差はケースバイケースだろう。週の労働時間は法律で定められていることが

あるが、実際の労働時間の期待値は異なるかもしれない。EU の**法令では**労働者は週 48 時間を超えて働くことができないが、個人の意思でそれ以上働くことも可能である。

　世界の多くの地域において典型的なフルタイムの労働は週 40 時間（1 日 8 時間を 5 日間）であるが、現代の多くの雇用主は、より良いワークライフバランスがビジネスにとって有益であると考え、週 37.5 時間や 35 時間以下の労働時間を期待している[†5]。また一部の地域では週休 3 日制が人気を集めている。これは会社によって捉え方が異なるが、他人の勤務時間を考える際の要素の一つである。

　開始時間と終了時間も、国や地域によって異なるスケジュールの要素である。標準的な 1 日の労働時間は午前 9 時から午後 5 時までだが、スペインでは午前 8 時半から午後 1 時半まで、そして午後 4 時半から午後 8 時までだ。間にシエスタの休憩があり、最も暑いタイムゾーンを避けて働く。自宅で働く人は、オフィスで働く人よりも時間を多様に変えることが多い。

　同僚の働き方を理解することは、効果的なスケジューリングと非同期コミュニケーションに関する適切な期待値の設定の鍵となる。文化の違いを学ぶなど理解を深めるための時間を取ることで、長期的には時間を節約し、フラストレーションを減らすことができる（そして幸福度もあがる）。実は共通の労働時間が思ったよりも多いことに気づくかもしれない。

労働と異文化

　国や文化が異なるチームや個人と働く場合、期待値やプロセスについて明確にしておく必要がある。働き方に加えて、文化の違いがこれらの実践に影響を与える可能性がある。

　テスト駆動開発（TDD）を使用することや、テストのために一定のコードカバレッジを持つことを期待する場合、最初からこれを明示しよう。ファクトリメソッド、DRY など、他のプラクティスやパターンについても明確に述べておくこと。

　プロジェクトにおいて法律や規格に従うことが期待されている場合、それを同僚に伝えよう。同僚は GDPR、HIPPA、OWASP、NIST などの規格を認識していないかもしれないからだ。

　文化によっては、指示や設計を文字通りに忠実に守ることが一般的で、それが必ずしもあなたの意図と一致するとは限らない。具体例やプロトタイプコードを含めた場合、それに正確に従うべきかどうかを明示することが重要である。一方で、別の文化では、設計を出発点とし独自のアプローチをとることがある。どの程度設計に従う必要があるかを、しっかりと伝える必要があるだろう。

　プラクティスと期待値を文書化して、ローカルとリモートの同僚両方に共有し確認しよう。作業をやり直したり、後から出てきた問題に対処するのはコストがかさむかもしれない。

[†5]　勤務時間を短縮して、従業員の福利厚生要件などの法律を回避することは避けるべきである。不当な扱いはせず、従業員により良いワークライフバランスとフルタイムの福利厚生を提供すれば、従業員はより満足し、生産性も向上するだろう。

13.2.5　実際の労働能力を認識する

　一緒に仕事をしている人それぞれがどれくらいの時間活動できるかを理解することが重要であり、1日の全勤務時間が意味のある仕事に費やされるわけではないことを考慮すること（会議、メール、タイムシートの記入などのタスクが与える影響は、思うよりも大きい）。

　スプリントのタスクを時間で見積もる場合、そのスプリントで稼働する開発者がどのくらいの時間を開発に充てられるか知る必要がある。1日8時間フルに使えることを前提にしないように。1日のうちで開発に充てられる時間を計算し、それをもとに見積もるためにコミュニケーションしよう。

効率的に会議を予約する

　顧客やビジネスパートナーと仕事をする際には、相手があなたの空き状況に基づいて会議を予約できるサービスを利用しよう。これにより、互いに都合の良い時間を見つけるためのやり取りを省くことができる。

　このタイプのサービスには多くのバージョンがあり、Cal.com（https://cal.com）、Easy!Appointments（https://easyappointments.org）、および Microsoft Bookings（https://oreil.ly/7oWj3）などが挙げられる。どれも会議の長さ、会議前後の最小バッファ時間、どれくらい先まで予約できるか、予約可能なタイムゾーン（たとえば、標準的なオフィスアワー内、または木曜日の午前中のみなど）をカスタマイズすることができる。

　たとえば、パートナーのテックリードに、一緒にアーキテクチャの質問を議論するために1時間まで予約できるリンクをわたしたり、顧客にソフトウェアに関する1時間のトレーニングセッションやプロジェクトに関する30分の初回コンサルテーションを予約できるリンクをわたすとよい。

　全員の個人の時間と精神的健康を守るために、勤務時間外では通知をオフにしておくというルールを設定することができる（待機中や契約上の要請がある場合を除く）。このルールは、より健康的なワークライフバランスの前例を作り、昼休みなどの休憩時間を含め全員の境界線を尊重するものである。

 あなたと同じ母国語を持たない人々とコミュニケーションするときは、いつも以上に明確かつ簡潔であることが重要である。誤解や行き違いの説明を避けるために、平易な言葉を使い、成句や文化的な参照を避けるようにする（詳細は「7.1　言葉はシンプルに」を参照）。

13.3　集中力と生産性の向上

　コミュニケーションにおいて、タイムゾーンや勤務時間を考慮するだけでなく、集中力と生産性

も考慮すべきである。これらは人の概日リズムによって変わるが、負荷の累積やワークライフバランスに影響を受けるし、横やりがどのくらい入ったかによっても変わる[†6]。

13.3.1 通知の管理

通知はおそらく最も一般的なコミュニケーションの形態であり、他の多くのコミュニケーションを知らせるために受け取るものだ。しかし、それらは必ずしも有用とは限らないし、生産的なわけでもなく、注意をそらすことがある。

通知をオフにすることは、最も効果的な生産性向上の一つになり得る。重要なことを見逃してしまうのではないかと心配するかもしれないが、それを避けるためのプロセスを設定すればよい。すべてのメール通知に注意を向ける代わりに、1日の中で重要なメールを確認する時間と処理して返信する時間をスケジュールする。

自分の概日リズムや集中力のレベルに合わせて通知をオフにすると仕事がはかどる。メールは比較的集中力を使わない作業なので、集中できないときにスケジュールすることで、集中できるときには集中力を必要とする作業に取り組むことができる。

同じパターンをインスタントメッセージや、割り当てられたタスクなどの他のコミュニケーション形式にも適用できる。即時対応が必要な特定のコミュニケーションがある場合、ほとんどのツールでは通知にフィルターをかけることができる。たとえば、Microsoft Teams では、他の通知がオフの状態でも特定の人からの通知を受け取ることができ、特定のチャットやチームをミュートすることもできる。

通知をオフにしたりカスタマイズすることで、ツールに支配されるのではなく、自分がコミュニケーションツールをコントロールすることができる。

コミュニケーションに使用するツールの数を減らし、どのツールをどのタイプのコミュニケーションに使うべきかを理解することで、チームの精神的負荷を減らすことができる。ツールの管理についての詳細は「15.3 リモートツールとガバナンス」を参照。

13.3.2 タスクの自動化

反復的なコミュニケーションタスクを自動化することは、コミュニケーションをより生産的にするもう一つの方法である。コミュニケーションの際に時間を節約し、集中力が失われる事態を避ける方法をいくつか紹介する。

- よくあるメールやメッセージ（オフィス外にいる場合やその他の都合により対応できないときも含む）に自動返信を設定する。自動返信を使って人々を他の情報源に案内する。例えば、FAQ ページや連絡先。これらの返信を自動化することで、相手が自力で解決できるようにするか、少なくともあなたがいつ助けられるかを知らせることができる。

[†6] 概日リズムは体内時計の周期であり、およそ 24 時間で進行する（寝起きのサイクルなど）。すべての人のリズムが同じわけではなく、たとえば、ある人は他の人よりも早い時間帯に働くことを好むこともある。

- 多くのメールプログラムでは、メールが届いたときに適用できるルールを設定できる。これらのルールを活用して、重要なメールにフラグを立てたり、ニュースレターを別のフォルダに移動して後で確認できるようにすることで、受信トレイの処理を効率化するなど、日々の手間を減らすことができる。

- IFTTT (https://ifttt.com)、Zapier (https://zapier.com)、Microsoft Power Automate (https://oreil.ly/pp-_o) などのサービスを使用することで、多くのコミュニケーションタスクを自動化できる可能性がある。例えば、あるアプリでタスクが割り当てられた際に、別のアプリの ToDo リストに自動的に追加したり、チームのステータスページが更新されていない同僚に対し、自動でリマインダーメールを送ったりすることが可能だ。

- Teams や Slack などのメッセージングアプリでは、メッセージに関するタスクを自動で管理するボットをセットアップすることができる。ボットは、チャットで全員に締め切りや会議が近づいていることをリマインドすることができる。また、「サービス名が Widget のアプリ ID は何ですか？」といった質問にチャット内で答えることも可能である。

- 読まないすべてのメールの購読を解除する。興味を持って多くのニュースレターに登録したものの、結局読まなかったものも多いだろう。また、意図せず多くのメールリストに登録されている場合は各メールに含まれているリンクを使って購読を解除するべきだ。購読の解除が難しい場合は、それらのメールを自動的にゴミ箱や迷惑メールフォルダに振り分けるフィルターを設定する。

読んだメールをすべてフォルダに整理しようとしないこと。そんなことをすれば将来、必要なものを見つけるのが難しくなる。ほとんどの読んだメールはそのまま**アーカイブ**に送られるべきであり、必要なときに取り出せるようにしておく。特に重要なメールだけ、専用のフォルダを作っておく程度で十分だ。また、メールを保存システムとして使用してはいけない。会社が古いメールを削除すると、すべて失ってしまうので、重要な情報は Wiki や個人のメモに移動すること。

13.3.3　相手のリズムに合わせて働くこと

　別のタイムゾーンにいる人や異なる作業パターンの人を待つのは、ストレスがたまることがある。同じ時間に作業している人からの返事を待つときは、さらにイライラしてしまうこともあるだろう。相手の集中力のサイクルを念頭に置くと良い。多くの人は午前遅くが最も集中できて、午後3時ごろに最も集中力が低下し、午後6時ごろまで集中力が上がっていく。

　返事をするのが大変だと分かっている場合、一番集中できる時間帯かその直前に返信するように促すとよい。逆に、あまり考えを要しない返事ならば、集中力の下がる時間帯に促すとよい。

同期型のリモートコミュニケーションは非同期型よりも集中力が必要なので、できる限り会議を非同期の報告ベースに置き換えよう。同期型と非同期型のアプローチの詳細については、14章を参照してほしい。

13.3.4　集中力のリズムに合わせたスケジュール設定

概日リズムを利用するもう一つの方法は、会議のスケジュールを設定する際に使用することだ。集中力の低下する時間帯に問題を議論したり、アイデアを出したりすることは、失敗のもとになる。

タイムゾーンの違いにより会議のスケジュールに制約が生じる場合があるが、主要な人物や多くの人が集中できる時間に会議を集中させることで、同期型のコミュニケーションを改善することができる。

あなたや同僚の集中力は、特定のタスクを行っている時間によっても影響を受ける。効果的な会議やイベントを計画する際には、これを考慮するべきだ。会議が 60 分以上続く場合は、少なくとも 45 分ごとに休憩を取るように計画するのが理想的だ。また、別の活動や視覚的な切り替え（例えば、白いスライドや面白いミームを使ったプレゼンテーション）、さらには簡単な運動を取り入れることで、会議の効果を高めることができる。

会議が終わりにさしかかったり、終業時刻が近づいたりすると、集中力は低下しがちだ。この点を考慮して計画しよう。集中力を要する活動は、できる限りアジェンダの早い段階か、休憩後に予定するべきだ。

アジェンダには、食事の時間（急いで取るファストフードではなく、健康的な食事をするのに十分な時間）を優先し、スケジューリングが参加者の睡眠に悪影響を与えないようにするべきだ。これらすべての考慮をまとめて行うことで、同期型のコミュニケーションの効果を最大化することができる。

さらに、対面での会議では、快適で適切な照明の環境を提供することで、参加者の集中力を高めることができる。良い設備を整え、同僚には机を人間工学に基づいて配置し、リモート会議中に体を動かすよう促そう。

フォーカスタイムを伝える

フォーカスタイムとは、カレンダーに予定を入れて中断されずに作業する時間であり、生産性向上のための優れた手段である。時間を確保するのに最適なのは、最も集中できる時間帯だが、それが難しい場合は最も忙しくない時間に設定しよう。週に 2〜3 回、2 時間のブロックを設定するのは、意外と実行しやすい。

時間の枠を見つけるのに苦労する場合は、1 つは確定枠を確保し、他の枠は仮のものとして「必要なら予約可」とマークしておく。この場合、必要に応じて利用可能にしておくが、ほとんどの人はその時間を予約しない。緊急の事態が発生した場合は、確定枠と仮枠をいつでも交換できる。

この時間中はすべての通知をオフにする。コンピュータの OS には、これを自動的に実行する集中モード設定があるかもしれないし、通知を管理するアプリをインストールすることもできる（少なくともコンピュータをミュートにできる）。使用していないタブやアプリも閉じるべきだ。

フォーカスタイムを他人に伝えるためには、次の方法を試してみてほしい。

- カレンダーで時間を確保し、「忙しい」または「他の場所で作業中」とマークする。
- 時間を「忙しい」として設定すれば、Teams などのメッセージアプリでもステータスが「忙しい」と表示される。そうでなければ、フォーカスセッションの開始時に手動でステータスを設定する。
- フォーカスタイムの理由（相手に頼まれた仕事を進めるため）を説明し、なぜ声を掛けてほしくないのか理解してもらう。

13.4　まとめ

　時間はリモートおよびハイブリッドワークの調整だけでなく、満足度を高めるためにも非常に重要である。時間は取り戻せないし増やすこともできない唯一の資源であることを思えば、どれほど大事かわかるだろう。

　これらの時間に関する技術は、コミュニケーションの原則へとつながっていく。次の章では、非同期および同期コミュニケーションの適切な使い方と、正しい選択が成功にどのように影響を与えるかを学んでいく。

14章
リモートの原則

さまざまなコミュニケーションを使い分けることは、効率的に目標を達成し、成功の可能性を最大限に高めるために不可欠である。フルリモートであれハイブリッドの環境であれ、リモートコミュニケーションの効果を高めるための基本原則とパターンを紹介しよう。

本章では、さまざまな種類の同期・非同期コミュニケーションを、いつどのように使うべきかを探りながら、チームメンバーへの期待や仕事の進め方のワークフローを調整し、どこで働いていても全員が同じ立場で仕事ができるようにする方法について説明する。

14.1　同期のためのミーティング

ミーティングは、ときに仕事の時間を奪うものとして見られがちである。同期的に集まることで極めて生産性が高まる仕事も一部にはあるが、必要ない人が参加していたり、非同期的に行なった方がはるかに効率的な活動に注力している場合は、ミーティングを変更しよう。

ミーティングに招待する人数を最適化するのに苦労しているなら、彼らの1時間の価値とミーティングにどれだけの時間を**使いたいか**を考えてみよう。

14.1.1　同期か非同期か

リモートでの同期コミュニケーションは対面よりもエネルギーを消費する。あなたも実感した経験があるだろうが、スタンフォード大学の研究（本章のコラム「なぜZoom疲れになるのか？」参照）によっても裏付けられている。

同僚と同じ部屋にいるときは、声のトーンやボディランゲージ、表情を簡単に聞いたり見たりできる。無意識にこれらの手がかりを読み取ることで、他の人が何を言っている（または言っていない）のかを理解する。

リモートミーティングだと、通常の会話の流れが乱れ、ボディランゲージや表情が容易には読めなくなる。お互いを理解するために多大な努力が必要となる。

『ファスト＆スロー』でダニエル・カーネマンは、脳がシステム1とシステム2に分かれている

と述べている。**システム 1** は、思考の 98% を担当し、ボディランゲージや表情の読み取りに関わる。一方、**システム 2** が担当するのは思考のわずか 2% で、合理的な判断を下す際に使われる。対面では、システム 1 がボディランゲージや声のトーン、表情に関する素早く簡易な判断（ヒューリスティクス[†1]）を行う。しかし、リモート環境では少なくとも一部の解読をシステム 2 が行う必要があり、これははるかに多くのエネルギーを要する。

　同期的なミーティングやイベントは必要な場合にのみ開催し、可能な限り非同期的にコミュニケーションを取るようにすべきである（「14.2　非同期な思考」を参照）。そうすることで、コミュニケーションと生産性が向上する。

- 全員にとって都合の良い時間を見つけるのは難しい。特に参加者が複数のタイムゾーンにいる場合はなおさらである。非同期的なコミュニケーションでは、皆が自分にとって良い時間にメッセージを処理することができる。
- ミーティングでは多くの時間が無駄になる。というのも、全員がセッション全体に関わっているわけではなく、必要とされているわけでもないからである。10 人のミーティングを 1 時間行うということは、全体で **10 時間**分の労働時間が使われることになる。
- ミーティングや他の同期的なイベントは 1 日の仕事を中断し、ミーティングの開始時や他の仕事に戻る際にはコンテキストの切り替えに時間が奪われることを意味する。
- 同期と非同期のハイブリッドミーティングでは、対面参加者とリモート参加者を平等に扱うのが難しく、対面参加者が場を支配しがちである。
- 同期的なミーティングが録音されない限り、発言された内容は一度きりしか聞けない。例えば、議論の一部が全員または一部の参加者に聞き逃され、それが記録されなければ永久に失われてしまう。非同期的なコミュニケーションは後で参照するためのものである。

同期的アプローチと非同期的アプローチにはいずれも利点と欠点があるが、どちらが最適かはコミュニケーションの目的（およびチームの場所）による。

 コミュニケーションは同期的か非同期的の**どちらかでなければならない**と考えるのはよくある誤解である。両方を組み合わせることが効率的だろう。最終決定においては同期的なミーティングが最善だと判断することもあるが、それまでに非同期的なコミュニケーションを使ってコンテキストと決定の必要性を説明したり、アイデアをブレインストーミングし、選択肢を狭めるための投票を行うことができる。ミーティングの後も、決定事項を文書化し、伝達するために非同期的なコミュニケーションを使用することになるだろう。

通常、同期的なコミュニケーションは以下の目的を達成する場合に効果的である。

- チームビルディングやプロジェクトのキックオフなど、**仲間意識を構築する。**

[†1]　ヒューリスティクスとは「最適とは限らないが、実用的な方法」のことである。

- 問題の解決策やプロダクトの新しいアイデアなどを**考え出す**。

非同期的なコミュニケーションは、以下の目的を達成する場合に効果的なことが多い。

- 日々のスタンドアップ・ミーティングやプロジェクトの進捗報告などの**報告を行う**。
- ADR のドラフトなどに対するフィードバックを**収集する**。
- チームの構造変更などの**情報を伝達する**。

例

ポリグロット・メディアにおける同期ミーティングの見直し

　ポリグロット・メディアのプロダクトオーナーであるサンダーは、開発チームに対するプロダクトの期待と、実際の成果のバランスを取るのに苦労している。開発チームは、作業が絶えず中断され、ミーティングに時間を奪われていると主張する。これでは、どうやってコーディングを進めることができるのだろうか？

　サンダーがチームのカレンダーを確認すると、開発チームの言う通りであることがわかった。同期的なミーティングが週のあちこちに点在し、チームはタスクを頻繁に切り替え、再度集中するために時間を浪費していたのだ。ミーティングの多くは、サンダーやプロジェクトマネージャー（PM）が設定したものである。そこで、サンダーと PM は、ほとんどすべての同期ミーティングを削減、統合、または非同期に変更することにした。月曜日の朝のスタンドアップミーティングだけは同期で残したが、その他の進捗報告はすべてチームのプロジェクト管理ソフトウェアで非同期のアップデートに変更した。さらに、必要に応じてチームが同期ミーティングを設定できる権限も与えられることになった。

　ふりかえりのミーティングは、チームが問題が発生した際に随時設定できる非同期の収集形式と、短い同期ミーティングに変更された。ミーティングが設定されると、サンダーと PM に通知されるため、必要に応じて対応することができる。もし緊急の問題が発生し、チームが集まって議論や修正を行う必要がある場合には、チームが同期ミーティングをスケジュールできるようになっている。

　数週間後、開発チームの満足度は高まり、さらに生産性も向上していた。サンダーもチームの成果が改善されたことを喜び、ポリグロット・メディアの他のプロダクトオーナーや PM たちにこの方法を広め始めた。

14.1.2　ミーティングの改善

　ミーティングの成果を最大限に引き出し、結果を改善するための準備は、ミーティングが始まる前から始まる。以下は、リモートミーティングやハイブリッドミーティングをすべての参加者に

とって最適な体験にするための方法だ。

- ミーティングの目標を慎重に選び、明確にすることで、望む結果を得ることができる。スタンドアップミーティングの目標は、障害を取り除き、問題に対する支援を受け、進捗が順調かどうかを理解することである。ただ単に全員の進捗報告を聞くことが目標ではない。これは一般的な結果の一つだが、非同期の方が簡単に行うことができる。

- すべてのミーティング活動が目標に結びついていることを確認する。各活動と目標の関連を説明したり指摘したりすることで、興味と参加意欲を促すことができる。たとえば、ふりかえりのミーティングで全員の意見を聞くことは、何が問題だったのかを完全に理解し、その出来事を再発防止できるか、また災害復旧をどのように改善できるかという目標に結びついている。

- アジェンダを設定し、タイムスケジュールを含め、できる限りそれに従うようにする。アジェンダがあれば、ミーティングの目標を達成する方法が明確になり、脱線した話題を迅速に終わらせられるようになる。ミーティングの目標に直接関係ないが、後で対処すべき事項については、「カーパーク」や「パーキングロット」などの方法を使って後回しにする[†2]。

- ミーティングを円滑に進めるためのガイドラインを設定し、心理的安全性を確保する。ガイドラインをアジェンダと一緒に送付し、全員が事前に理解している状態にする。たとえば、チームビルディングや新メンバーのオンボーディングを支援するために、通常はビデオをオフにしている参加者に対して、ビデオをオンにするよう指定することがあるかもしれない。他には、話を遮らないことや、ミーティングで話し合った内容を口外しないなどをガイドラインに含められる。

- ミーティングの目標を達成するために、適切な参加者**のみ**を招待していることを確認する。ミーティングで決定を下す必要がある場合、その権限を持つ人が参加する必要がある。技術的な意見が必要な場合は、適切な技術的背景を知る人がそこにいるべきだ。ただし、「念のため」に人を招待しない。代わりに、短時間の招待であったり、メッセージで質問に答えたりしてもらえるかどうか尋ねてみる。

- 誰かがプレゼンをしたりミーティングの一部を進行したりする場合、事前に割り当てられる時間を教えておく。アジェンダの中で時間を確認することに頼らず、明確に時間枠を指定し、適切に準備できるようにする。

- ミーティングの前後に必要な非同期コミュニケーションを計画し、実施する。サポート資料が必要な場合は、アジェンダと一緒にそのリンクを送付し、ミーティング開始前に確認すべきかどうかを明記する。すべての参加者が、リンク先の資料や他の参考資料にアクセスできるように、事前に確認するよう求めることも忘れないようにする。

---

†2　「カーパーク」または「パーキングロット」テクニックは、ミーティングを本題から逸らさないための効果的なツールで、アジェンダに含まれていない話題を一時的に脇に置き、後で議論できるようにするためのものだ。このテクニックにより、参加者は自分の話題が忘れられることなく、後で取り上げられることを知って安心してミーティングのアジェンダに戻ることができる。

- ミーティングでの決定事項やアクションを文書化し、ミーティング後にすべての関連するステークホルダーや参加者に送付する。これにより、出席できなかった人も情報を共有でき、全員が自分の取るべき行動や他の結果について認識できるようにする。
- 参加者のエネルギーを管理するために、45〜60分ごとに休憩を計画し、多くのエネルギー必要とするタスクはミーティングの早い段階か、休憩直後に計画する。

同期的なミーティングの削減

　同期的なミーティングが多すぎると思っていても、実際に数を減らしたり、部分的にでも非同期コミュニケーションに切り替えたりするのは難しいと感じるかもしれない。同期的なミーティングの削減のためには行動変容が必要で、すぐに諦めてはいけない。時間がかかるが少しずつ進めていくことが重要だ。

　行動変容を促すためのアイデアをいくつか紹介しよう。

- ミーティングは、誰かが状況を十分把握できていないと感じたために招集されることが多い。プロジェクト管理アプリやナレッジマネジメントアプリでのステータス更新やプロジェクトのダッシュボードなど、非同期的な手段を導入し、その人にアクセス権を与えることで、その人は他の手段で必要な情報を得られる。そうすることでミーティングをキャンセルしたり、時間を短縮できる。
- ミーティングはウォーターフォール的だ。毎日午前9時にスタンドアップミーティングを行っても、午前10時には状況が変わっているかもしれない。新しい更新情報を共有する場所を導入すべきだ。例えば、プロジェクト管理アプリやナレッジマネジメントアプリなどが考えられる。これが使われるようになれば、スタンドアップミーティングを減らすことができる。非同期の更新はアジャイルに非常に適しており、必要な情報がある時に行われる。残ったミーティングは、双方向のコミュニケーションという本来の目的に最適に使うべきだ。経験の浅いメンバーが多いチームでは、双方向のコミュニケーションがさらに重要になる。
- 非同期コミュニケーションでは、ミーティングに参加できない人が、自分の都合に合わせて情報を追加できる。たとえば、休暇に入る前に必要な情報を提供したり、情報が発生した時点で即座に共有したりできるため、急に病気で欠席した場合にも困らない。
- ミーティングを行わない時間帯や日を試験的に導入することは、人々が仕事に集中するための良い方法だ。ミーティングに使える時間が全体的に減ると、人は生産的ではないと感じるミーティングを拒否したり、ミーティングの時間を短縮したりする傾向が強くなる。必要なミーティングのための時間は十分に確保されるだろう。全員のカレンダーにミーティングのない時間帯を設定し、この集中時間を尊重するよう促すべきだ。
- 必要なミーティングであっても再設計が可能だ。ミーティングの時間を短縮するだけで

も効果があり、あるいはミーティングの一部の内容を前後の非同期コミュニケーションに移すこともできる。ミーティングを早めに終わらせることを試み、参加者にそれが目的であることを伝えるとよい。うまくいけば、カレンダー上のミーティング時間を正式に短縮する。そしてさらに時間を短くもできるかもしれない。

- 依然としてミーティング内容が重要であることを強調しつつ、同期的なミーティング形式が最適な方法ではないことを伝える。非同期コミュニケーションでも同じかそれ以上の成果を得られることを示せば、同期的なミーティングをやめることに前向きになるだろう。

リモートミーティングやハイブリッドミーティング中に以下の実践を取り入れることで、ミーティングや成果を改善できる。

あまり発言していない参加者にオープンエンドの質問を投げかけて促す

同じ部屋にいる人々がミーティングを独占しないようにし、発言しづらいと感じている人からも多様な意見を引き出すことができる。

チャット機能の活用を促す

これは平等な意見提供を促進する方法の一つで、発言する自信がない人や、発言のタイミングがつかめない人でもチャットを使って意見を出すことができる。ただし、チャット機能は、全員が同じ部屋にいると自然に生まれるおしゃべりになってしまうことがあり、それが集中の妨げになる可能性もあるので注意しよう。

チャットと Q&A を監視する

誰かがチャットと Q&A 機能を監視し、重要な内容が見逃されないようにする。

聞こえないことがあれば、誰でも遠慮なく中断するよう促す

ミーティングの冒頭でこの期待を伝え、全員がすべての意見を聞き取り、自分の意見もきちんと聞いてもらえるようにする。

大規模なミーティングではブレイクアウトルームを使って、参加者が小グループで活動に参加できるようにする

大規模なオンラインミーティングでは、一部の人の意見が表に出てこない可能性がある。ブレイクアウトルームを利用することで、同じタスクや異なるタスクに同時に取り組み、成果を統合したり報告し合ったりすることができる。

インタラクティブツールを使用する

投票、ホワイトボードの活用、その他のエクササイズは、積極的な参加を促し、参加者の集中力を維持できる。

できるだけ時間を守る

アジェンダに沿って時間を管理し、脱線しすぎないようにカーパーク（パーキングロット）などのツールを使って軌道修正しつつ、誰も不快にさせないようにする。画面上のカウントダウンタイマーも、時間管理に役立つツールだ。

 時間帯によって、ミーティングが効果的に進むかどうかに影響を与えることがある。タイムゾーンが異なると、全員に最適な時間を見つけられないかもしれないが、思考と決定に基づく活動は通常、日の早い時間に最も効果的に行われる。

さらにリモートミーティングへの貢献を高め、信頼を得るための方法を紹介しよう。

- 声にエネルギーを込めて明るく発声する。子供向けのテレビ司会者のようにする必要はないが、話し方は同僚の注意を引きつける度合いに影響する。
- カメラをオンにし、意図的で誇張されたジェスチャーや表情を使う。リモートは対面より分かりづらいので、ボディランゲージを強調して他者に理解してもらいやすくする。

なぜ Zoom 疲れになるのか？

スタンフォード大学バーチャルヒューマンインタラクション研究所（VHIL）の創設ディレクターであるジェレミー・ベイレンソン教授は、Zoom のようなプラットフォームで数時間を過ごすことの影響を研究している[†3]。ビデオミーティングを使用すべきではないと主張しているのではなく、研究によってビデオミーティングを行う組織のワークフローやインターフェイスが改善されることを望んでいる。

ベイレンソンは、ビデオミーティングが対面のやり取りよりも疲弊する主な理由を4つにまとめている。

至近距離でのアイコンタクトが多すぎて不自然である

常に全員が互いに見つめ合っている状態で、大きな顔が近くに映ると、まるで誰かが自分のプライベートな空間に入り込んでいるように感じる。

自分の姿を常に見続けることは疲れる

自分の姿を見続けることで自己批判が強まるという結論を示した研究を引用している。

ビデオ通話は大幅に動きを制限する

対面や電話では自由に動き回れるが、カメラの画角は狭いので動きが制限される。

認知的負荷が非常に高い

　　対面では無意識にかつ簡単に非言語的なコミュニケーションを読み取れるが、オンラインではサインを送るのも受け取るのも、より努力が必要になる。

これらの問題に対抗するために、ベイレンソンは以下の提案をしている。

- フルスクリーン表示をやめて他人の顔のサイズを小さくする。
- たとえば、ノートパソコンを使用する際に外部キーボードとマウスを使用することで、画面と自分の間の距離を広げる。
- 自分が中心に配置されていることを確認した後、自分の表示をオフにする。
- 外付けカメラを使用し、可能な限り離れた位置に設置して視野を広げ、動き回ることを心がける。
- 絶えず入ってくる視覚的な情報から頭を休めるために、画面から目を逸らす。

†3　ジェレミー・ベイレンソンの「Nonverbal Overload: A Theoretical Argument for the Causes of Zoom Fatigue（非言語的過負荷：Zoom 疲れの原因に関する理論的議論）」（https://doi.org/10.1037/tmb0000030）参照。

14.2　非同期な思考

　非同期コミュニケーションには多くの利点があるが、欠点にも注意すべきである。どんなコミュニケーションにもトレードオフがある。

　コミュニケーションが非同期的どうかは、使用するツールそのものではなく、そのツールをどう使うことを期待するかによって決まる。インスタントメッセージは非同期で行えるが、素早い返信を期待して頻繁にやり取りしている場合、それは同期的なコミュニケーションとなる。

14.2.1　非同期の利点

　非同期コミュニケーションの最も明白な利点は、受け手がメッセージを受け取るタイミング（必要であれば返信するタイミング）を選択できることである。これは返信前に**ゆっくり考える時間がある**ということだ。これにより返信の質は上がる。返信にあたってじっくり考察し、調査する時間があるからだ。

　受け手はメッセージをいつ読むかを自分で選べるため、メッセージが届いた瞬間に中断されることがない。結果的に仕事への集中度が高まり、メッセージへの返信にもより集中できるようになる。このフォーカスタイム中、受け手は取り組んでいる作業に全力を注ぐことができ、仕事に深く集中できる[†4]。

　異なるタイムゾーンにいる同僚とのコミュニケーションも、非同期ならば非常に簡単である。相

†4　詳細は、カル・ニューポートの『大事なことに集中する』（ダイヤモンド社、2016 年）を参照。

手が何時なのかを気にする必要もなく、互いに自由な時間を見つける必要もない。ただし時間差を考慮し、受け手がメッセージに対して行動するタイミングに理不尽な期待をしないようにすることは重要である。

 非同期コミュニケーションを送る際には、素早い返信や、受け手の勤務時間外の返信を期待しないこと。事前に共有された期待やコミュニケーション合意（例えば、勤務時間外は通知をオフにするなど）、そして特定の通知（例えば、メール署名内のメモなど）を通じて行うことができる。

14.2.2　非同期コミュニケーションの障壁

非同期コミュニケーションの問題点を理解せずに実践するのは避けるべきだ。多くの人が同期的なミーティングを生産性の問題の原因だと考えがちだが、非同期コミュニケーションがうまく機能しない場合に発生する実際のコストは見えにくい。

同期的なコミュニケーションと同様に、適切な相手とコミュニケーションを取ることが重要だ。非同期コミュニケーションでも、本来含めるべきでない人を含めてしまう可能性があり、それのせいで混乱を招いたり、相手の時間を無駄にしてしまったりする（そして質問されることであなたの時間も浪費される）。コミュニケーションの目的を達成するために必要な人だけを確実に含めるようにしよう。

オンラインツールは対面コミュニケーションよりも摩擦を引き起こすことがある。オンラインホワイトボードやプロジェクト管理ソフト、インスタントメッセージなどをみんなが使いこなせるようになったとしても、これらのツールは対面コミュニケーションに比べて、精神的なエネルギーの消耗が激しいことを念頭に置いておくべきである。

Slack や Teams でのリモート会話は、オフィスでの対面の会話に相当するだろう。対面であれば、話すこともお互いのボディランゲージを読み取ることもずっと簡単だ。チャットでは、タイプする必要があり（これは話すよりもはるかに面倒なことがある）、ボディランゲージや声のトーンもすべて失われる。タイプされたメッセージは誤解されやすく、それを解読するには、より多くの精神的エネルギーが必要となる。

長い間、インターネットやインスタントメッセージは、絵文字で溢れていたが、リモートワークによって、ビジネスコミュニケーションでも絵文字が重要な役割を果たすようになった。その一因として、書面でのコミュニケーションではボディランゲージや声のトーンが失われることがあげられる。絵文字はコミュニケーションを助けることができるが、全員が同じように解釈するわけではないことに注意が必要だ。もし問題が発生した場合、チーム全員で絵文字辞書を作成するのもいい。こうすれば誤解を避けられるし、非同期でできる優れたチームビルディング活動にもなる。

14.2.3　方向性が重要

コミュニケーションは一般的に一方向（ユニディレクショナル）と双方向（バイディレクショナル）の 2 つに分類される。いずれも、1 人または 1 つのシステムから多へ、1 対 1、多から 1、多か

ら多のパターンがありえる（**図14-1** 参照）。

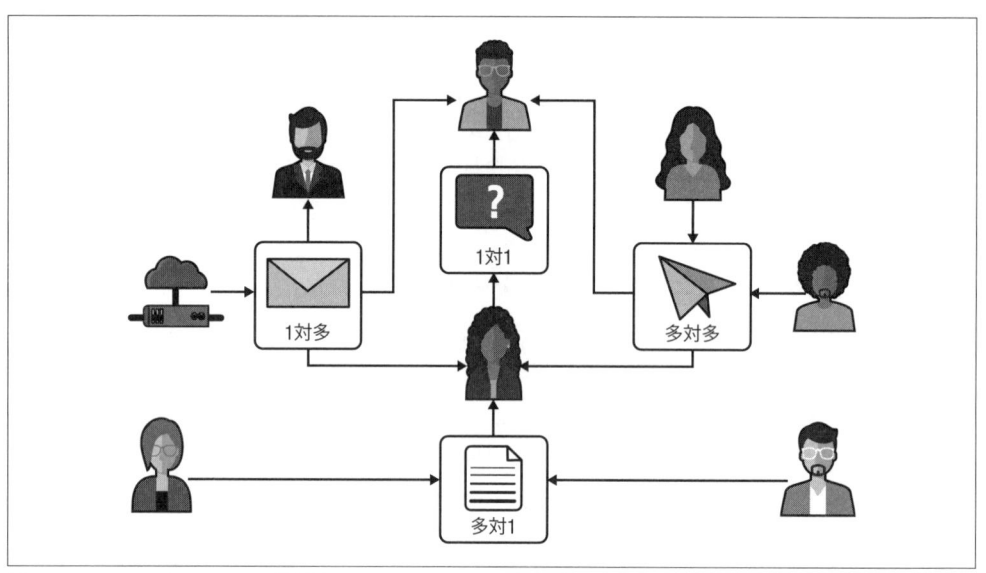

図14-1　コミュニケーションの関係性

　一方向のコミュニケーションには、個人の更新や進捗報告、発表、その他の情報共有が含まれる。通常、一方向のコミュニケーションは非同期でうまくいくが、同期では問題が発生しやすい。たとえば、全社向けのポジティブまたは中立的な発表は、非同期で行うと効果的だ。全員を同時に集めてこの種の発表を行うと、個人が情報を消化する時間がないなどの大きなデメリットが生じる可能性がある。

　チームの進捗報告も、全員の作業を中断させたり時間を調整したりすることを避けるため、非同期で行うのが最適だ。同期的な時間は、作業中のタスクに対する即時フィードバック（双方向のやり取り）を得るために使うべきだ。

　双方向のコミュニケーションでは、メッセージに対しての何らかの反応、たとえば簡単な確認や長文の回答、あるいは成果物などを期待する。双方向のコミュニケーションは、非同期、同期、または両者の組み合わせの中でどれが最適かは状況による。

　例をいくつか紹介しよう。

- フィードバックやコメントが必要な場合、たとえば ADR（アーキテクチャ決定記録）やドキュメントについては、非同期が効果的だ。Google ドキュメントや Microsoft Word、Wiki など、多くのツールにはコメント機能が組み込まれており、ドキュメントへのリンクを共有することで簡単にフィードバックを求められる。相手にアクセス権を与えコメントや編集ができるようにし、勤務時間に基づいた合理的な締め切りを設定して、幅広く多様なフィードバックを得られるようにすることが重要だ。

- 質問に対する回答はなるべく迅速に得たいものであり、後回しにできるような活動ではない。情報が必要な相手が別のタイムゾーンにいたり、異なる勤務パターンを持っている場合は、非同期のコミュニケーションが最適な方法となることが多い。ただし、簡単な質問が頻繁なメッセージのやり取りに発展することがあり、その場合はシンプルに電話やビデオ通話を行なった方が、ずっと早く終わることがある。

- 議論は、もう一つの双方向のコミュニケーションの形であり、非同期でうまく管理しないと収拾がつかなくなることがある。チームメンバー全員が同時に参加できないなど、非同期の議論しか選択できない場合もあるかもしれないが、同期的なミーティングを行なった方が、目標や内容に適しているのではないかということを考慮すべきだ。情報やアイデアを非同期で集めておき、その後、同期的なミーティングを開いて議論するという方法が最も効果的かもしれない。

- プロジェクトのキックオフミーティングでは、チームメンバーがお互いに慣れることが目標であれば、同期的なコミュニケーションの方がいい。ただし、ミーティングの前後に非同期で行えるコミュニケーションがあっても構わない。使用している計画プロセスをサポートするテンプレートや標準を作成すれば、より多くの計画作業を非同期で進めることができる。たとえば、オンラインホワイトボードにアイデアを追加したり、ドキュメントやスプレッドシートを読んだりする事前作業は非同期で行い、ミーティング中にそれらのタスクを待つ時間を削減することができる。

コミュニケーションを完全に非同期で行う場合、全員が意見を出せるように時間を十分に設け、締め切りが近づいた際には、まだ発言していない人を促すことが重要だ。同じ人ばかりが非同期コミュニケーションで主導権を握ってしまうと、多様性やイノベーションが失われやすい。**最も高い給与をもらっている人の意見** (HiPPO：Highest Paid Person's Opinion) や、声の大きい人の意見だけが反映されるのは避けるべきだ。

14.2.4　非同期の方法

非同期でコミュニケーションをとる方法はいくつもある。例をいくつか紹介しよう。

メール

メールは最もよく使用されるコミュニケーション方法の一つであり、企業内およびビジネス間（B2B）やビジネスと顧客（B2C）の取引に用いられることが多い。サプライヤーや外部チームとのやり取りにおいて他の手段がない場合には、メールを使用する。同僚とのコミュニケーションにおいては、テキストでの長文メッセージを送る場合のみメールを用いるのが一般的な最善である。ミーティングの招待も通常はメールで送信される。「対等なメール」の使用に関する詳細は、「15.1　対等なメール」を参照。

インスタントメッセージ

インスタントメッセージには大きく分けて 2 つの形式がある。1 つは Slack や Teams のような「閉じられた環境」のメッセージングツール（多くは他のアプリと連携や拡張が可能）、もう 1 つは WhatsApp や Signal など、シンプルなテキストメッセージのように電話番号に基づくメッセージングアプリだ。専門的な場面では、特定のチーム内や同僚との 1 対 1 のやり取りに便利な「閉じられた環境」のメッセージングツールが使われることが多い。ほとんどのアプリは外部ユーザーを追加できる機能を有しており、外部の開発チームやパートナーとのやり取りに便利だ。複数の人とコミュニケーションを取るために**チャネル**や**チーム**を作成する機能もあり、必要なメンバーだけを含めるのが容易だが、部屋を無限に増やしてしまわないよう管理する必要がある[5]。

ビデオやオーディオの事前録画

ビデオやオーディオの事前録画は、ミーティングやトレーニングセッションなどのライブイベントを記録して後から共有することができるほか、非同期での共有のために特別に作成することも可能だ。ポッドキャスト、ビデオブログ（vlog）、Vimeo や YouTube などのプラットフォームに投稿された事前収録の動画はすべて非同期の手段となる。特にボディランゲージや声のトーンを使って非同期で何かを伝えたいときに、更新された情報の共有や発表に適している。また、同僚や顧客向けに動画やトレーニング資料を作成するのもよい。

フォーラムと Q&A プラットフォーム

これらは社内のプライベートなもの、アクセス制御された外部向けのもの、または公開されたものなど様々である。フォーラムの最も一般的な利用方法の一つは、助けを求めたり、特定のトピックに関するヒントを共有したりすることである。社内では、Microsoft Viva Engage（https://oreil.ly/CVsXc、以前の Yammer）などのツールを使用できる。このツールは、通常仕事に関係のない話題で、組織内でのより非公式なコミュニケーション手段としてよく使われる。このような環境は、リモートワークで問題となる孤独感の軽減や帰属意識の創出に役立つ。Q&A プラットフォームの例としては、技術的な質問と回答が行われる公開プラットフォームである Stack Overflow が挙げられる。会社向けのプライベートな Q&A プラットフォームを設定することもできる（他にもオプションはあるが、Stack Overflow は SaaS 版を提供している）。これにより、会社やプロダクトに特化した情報や機密のプライベート情報を管理できる。これらのプラットフォームの主な利点は、ナレッジが保存され検索可能であること。対してメールやチャットでの質問の回答は容易に紛失される。

プロジェクト管理ツール

これらのツールには、Redmine（https://redmine.org）、Taiga（https://taiga.io）、WeKan

---

[5]　組織全体の従業員数よりも Microsoft Teams のチームの方が多い組織も実在している。

(https://wekan.github.io) などのオープンソースの選択肢や、Asana（https://oreil.ly/uAmm8）と Jira（https://oreil.ly/_OH49）などの有償プロダクトの選択肢がある。これらのツールの最適な用途は、ステータスアップデート、タスクの割り当て、その他プロジェクトやプロダクトに関連するコミュニケーションの管理である。カンバンやスクラムボードを使用する場合、チームはこれらのボード上の項目を更新できるため、全員が自分に都合の良い時間に各項目のステータスを確認できる。

Wiki やナレッジマネジメントシステム

情報は、閲覧権限を持つ人にとってアクセス可能であり、追加や更新権限を持つ人が編集できる状態でなければならない。情報をデジタル文書（スライドやワープロ文書など）に保存するのは効率的ではないが、Wiki やナレッジマネジメントシステムを使えば、必要なアクセスや権限を提供できる。ポリシーやテクノロジーレーダー（「15.3 リモートツールとガバナンス」でさらに詳述）は、この方法で伝達され、必要なときにいつでもアクセスできるようになる。オープンソースの選択肢には AppFlowy（https://appflowy.io）、MediaWiki（https://oreil.ly/XaiXK）、XWiki（https://xwiki.org）、BookStack（https://bookstackapp.com）があり、有償プロダクトの選択肢としては Notion（https://notion.so）、Confluence（https://oreil.ly/Wj8Fz）、Nuclino（https://nuclino.com）がある。これらのツールは、ステータスや進捗状況を非同期で更新するのに適している。更新情報を追加するだけでなく、コメントを付けたり、絵文字でリアクションを送ったりすることも可能だ。

調査と投票

アンケートや投票は見過ごされがちなコミュニケーション手段だが、より構造化された形で情報を得るのに適している。自由記述形式のオープンクエスチョンや、スコア、単一選択、複数選択などの回答が求められるクローズドクエスチョンを組み合わせることができる。特に同期的な議論の場や非同期のチャットで発言しない人から情報を引き出すのに効果的で、回答が匿名であればなおさらだ。また、アンケートや投票は、ステークホルダーからの情報収集や、既存のプロダクトや提案中のプロダクトについて顧客にフィードバックを求める際に活用できる。

ホワイトボードと共同描画ツール

ホワイトボードは物理的なものよりデジタルバージョンの方が使い勝手がいい。デジタルバージョンは事実上無限のスペースを持ち、同時に多くの人が閲覧でき、アイテムを簡単に移動させることができる。一度全員がツールの使用に慣れれば、同期的にも非同期的にも使用できる。draw.io（https://drawio.com）や Excalidraw（https://excalidraw.com）などの描画ツールは、同様に共有して使用できる。これらのツールは、アイデアや情報を収集したり、図の作成やフィードバックを得たり、投票や他のインタラクション（共同モデリングなど）を可能にするために、様々な方法で利用される。

ファイル、フィードバック、コメント

ドキュメントや図に対するフィードバックとコメントを収集することは、非同期のコミュニケーションに適している。ドキュメントや図自体も、同期的または非同期的に共同で作成できる。Google と Microsoft はいずれも、各々のドキュメントツールや類似のプロダクトでこうした機能を提供している。

非効率な非同期コミュニケーションで時間を無駄にしないために、同期的なコミュニケーションに切り替えるルールを策定し、チームで活用することが重要だ。たとえば、メールやインスタントメッセージが 4 回以上やり取りされた場合は、ビデオ通話や音声通話に切り替えて内容を明確にする、といったルールを設けるとよい。

14.2.5　非同期コミュニケーションの強化

非同期コミュニケーションはできる限り自動化することで改善できる。これを実現するためにはいくつかの方法がある。具体的な例を紹介しよう。

- シングルサインオンオプション、セキュリティグループ、または使用するソフトウェアの組み込み権限モデルを使用して、文書やリソースへのアクセスを自動化する。
- 前回の更新情報を使って、ステータスにデフォルト値を設定し、ゼロから登録しなくてもよいようにしよう。
- Power Automate（https://oreil.ly/5StrA）、Zapier（https://zapier.com）、IFTTT（https://ifttt.com）などのツールを使用して、ツール間で情報を自動的に入力する。

同期的に行う必要がある多くの活動は、同期イベントの前後に一部のコミュニケーションを非同期に移すことで改善できる。これを「非同期サンドイッチ」と呼ぶ。非同期活動というパンで、同期活動という中身をはさむのだ[6]。

非同期コミュニケーションの期待値を設定し、対応する方法

非同期コミュニケーションで発生する問題を回避し最小限に抑えるためには、期待値を設定することが重要である。アリ・グリーンとタマラ・サンダーソンは著書『Remote Works』（Berrett-Koehler, 2023）で、このために役立つモデル「4W」を説明している。以下は、その「4 つの W」の概要だ。

---

[6]　これはコーディングの非同期−同期−非同期サンドイッチに似ているが、コードでは 2 番目の非同期要素が最初の非同期要素に対する返信処理であり、ミーティングや事前・事後業務ではそうではない場合がある。

Who（誰）？

- コミュニケーションに含まれるべき人と含まれるべきではない人は誰か？ 不要な情報で人々に負担をかけたり、決定権を持つ人を除外したりしてはいけない。
- 誰が返信の責任を負うのか？ 返信が必要かどうか、必要な場合は誰からか？ 関係者に何が必要か明確に示す。
- 必要な返信が得られるまで、議論や決定が進まないようにする。

What（何）？

- 何を期待しているのか？ 返信を期待している場合、その返信の形式は何か？ コミュニケーションでこれを明確に示す。
- どのツールとワークフローを使用すべきか？ これを明記したコミュニケーションの合意があるか？ ツールとワークフローがコミュニケーションの目標を達成できることを確認する。

When（いつ）？

- 毎回、日付、時間、タイムゾーンを指定する。明日中やできるだけ早くといった表現は、特に勤務時間やタイムゾーンが異なるときには意味がない。
- 受信者の勤務時間やタイムゾーンを考慮して返信の締め切りを設定する。相手に責任を持たせ、コミュニケーションが滞らないようにする。

Wah-wah（あれこれ）！

- 返信がない場合どうなるか？ 締め切りを過ぎた場合に何が起こるかを明示する。
- 返信の理由を明確にする。チーム/解決策/プロジェクトへの影響を明示し、なぜ返信に取り組む必要があるのかを皆が理解できるようにする。例えば「上記の日付と時間までに返信がない場合、変更は不要であるとみなして、そのままクライアントに文書を送ります」とする。

これらの4つのWに、私は5つ目「Why（なぜ）？」を追加する。なぜこのコミュニケーションを送っているのか？ その目標は何か？ 「なぜ」を理解することで、他の4つのWにも答えることができる。「なぜ」を理解することで、以下のことができるようになる。

- 目標を達成するために必要な人を選ぶ（Who）。
- 必要な返信をまとめる（What）。
- 適切な締め切りを決定する（When）。
- 締め切りを逃した場合の影響を理解する（Wah-wah）。

14.3　リモートファーストの働き方

このセクションでは、リモートファーストの働き方について詳しく学ぶ。まずは用語を整理しよう。**リモートファースト**と**リモートフレンドリー**という用語はよく同じ意味で使われるが、アプローチ結果は大きく異なる。

14.3.1　リモートファースト vs リモートフレンドリー

リモートファーストとリモートフレンドリーはどちらもハイブリッドな働き方を指し、組織の従業員がリモートでもオフィスでも働けるという意味だ。リモートファーストのアプローチでは、プロセスや意思決定がリモートワークの最適化を基盤として行われ、すべての従業員が等しく成功の機会を与えられる。ただし、リモートファーストは「フルリモート」や「完全分散型」を意味するわけではないが、同じ原則に基づいている。

リモートフレンドリーのアプローチでは、リモートワークを許可するが、そのための最適化はしない。組織はオフィス中心であり、リモートワークを労働者への福利厚生として見ている。

 リモートファーストが成果を重視するのに対し、リモートフレンドリーは勤務時間を重視することが、重要な違いの一つである。

リモートファーストモデルの特徴は次の通りである。

- リモートワークはサポートを受けられるだけではなく奨励され、マネージャーもリモートで働くことが奨励される。
- 組織のプロセスや決定は、異なるタイムゾーンを考慮に入れたリモートワークの最適化に基づいており、すべてがリモートワークをサポートするように設計されている。
- 非同期コミュニケーションが強調され、重要な決定はこの方法で行われ、伝達される。
- 同期ミーティングは最小限に抑え、内容は記録される。また出席は任意である（一部の人が参加できないことを前提としている）。
- バーチャルなチーム構築の優先度が高く、バーチャルでの絆の形成の難しさが考慮され、これを補うためにより一層の努力が注がれる。
- すべての従業員の声は、どこで働いているかに関係なく平等である。例えば、同期ミーティングのすべての出席者は、リモートで働いているかオフィスにいるかにかかわらず、バーチャルに参加することが求められる。
- すべての従業員はリモートで働いているかオフィスで働いているかにかかわらず、非同期コミュニケーションによって同じ柔軟なスケジュールを持ち、サポートされる。
- 称賛と昇進は、オフィスへの近さではなく貢献に基づいて評価される。
- リモートで働いているかオフィスで働いているかにかかわらず、人、情報、リソースは同等

にアクセス可能である。

- 採用においては、候補者が住んでいる場所に焦点を当てず、その役割と会社に適しているかどうかに基づいて行われる。
- 働いた時間よりも成果が評価される。従業員はオフィスで遅くまで働いているのを見られても上司から評価はされない。重要なのは仕事の成果である。

 従業員のワークライフバランスは、勤務時間外に通知をオフにするなど、組織とマネージャーからの明示的な期待を通じて維持されなければならない。オフィスが自宅にあると、仕事と家庭が曖昧になりやすい。リモートワーカーは燃え尽き症候群から保護される必要がある。

リモートフレンドリーモデルはリモートファーストとは大きく異なり、従来のオフィスベースの働き方を補完する形だ。このモデルでは、リモートワーカーとの協力に関して多くの課題が伴う。

- リモートワークは特定の役割や週に数日許可される形で提供され、リモートワーカーの積極的な採用ではなく、従業員への福利厚生と見なされる。
- 組織はオフィス中心で、通常マネージャーはフルタイムでオフィスに勤務し、リモートで働くことはほとんどない。
- 事業はチームやプロジェクトミーティングなどの同期的なコミュニケーションに大きく依存しており、出席が求められる。
- 同期的なミーティングが行われる際、オフィスにいる人は会議室に集まり、リモートワーカーは仮想的に参加する。
- 重要な決定は同期的かつ対面で行われ、リモートワークをほとんど、あるいはまったく考慮しない。
- 通常、別のタイムゾーンにいるリモートワーカーに対するサポートは提供されない。
- リモートワーカーはオフィス勤務者に比べて低い扱いを受けがちで、リモート勤務者よりもオフィス勤務者が称賛され、昇進しやすい。
- 成果よりも労働時間が重視されており、残業をしていると見られる人々が報酬の有無に関係なく評価される。

14.3.2　リモートファーストのメリット

リモートファーストには多くのメリットがあり、一部の従業員しかリモートワークをしていない組織もその恩恵を受けられる。その一つはオフィススペースや場所に依存しない労働力を採用できる点にある。リモートファーストのメリットには以下のものがあげられる。

長期的な柔軟性

組織はオフィススペースや物理的なインフラも拡張する必要を心配せずに、事業を拡大また

は縮小できる。

事業継続計画

分散型の労働力は、停電、インターネットの切断、天候条件や公共交通機関のストライキなどによって多くの従業員が業務を中断する可能性を減少させる。

人と生産性を最優先

場所、タイムゾーン、勤務パターンに関係なく、人々が最善の仕事をできるようにプロセスやツールを通じてサポートする。誰もがリモート従業員の潜在能力を無駄にせず、効率的に働ける。

より大きな人材プールが利用可能

組織はオフィスの通勤圏内に住む人々に限定されず、場所に関係なく最適な人材を見つけることができる[7]。多くの企業は現在、固定の居住地や国を持たない、いわゆるデジタルノマドを雇用している。

コスト削減

わずかなオフィススペースがあればよく、照明、暖房、冷房も少なくて済む。通勤者向けの交通費補助が不要となり、従業員も通勤コストを削減または排除できる。

カーボンフットプリントの削減

通勤、オフィススペース、照明、暖房、冷房が減ることは、排出量の削減につながる。

従業員の生産性とモチベーションの向上

すべての従業員が自分の価値を感じ、より良いワークライフバランスを享受し、オフィス環境にいないため同期的なコミュニケーションが減少し、割り込みも少なくなることで、仕事への集中度が高まる。

より多く、より良質なドキュメント

非同期コミュニケーションは通常ドキュメント化を促進し、新しいメンバーのオンボーディングを支援するとともに、全員が必要な情報を自分で見つけられるようにする。

個人管理スキルの向上

従業員は非同期コミュニケーションでは数分以内に返信を得られない可能性があることを知っているため、仕事の管理や未来の計画が上達する。

---

[7] 法律やその他の制限により、企業の従業員が住む場所が制限される場合がある。

リモートファーストの利点の一部は、オンプレミスサーバーをクラウドに移行する際の利点と似ている。オフィススペースの増減を気にする必要がない点は、サーバーやサービスをクラウドプロバイダーに移行するのに似ている。分散型のワークフォースは、高可用性と業務継続性を確保するためにクラウドのマルチリージョンやゾーンオプションを使用するのに似ている。

対面での仕事にはリモートワークに比べていくつかのメリットがあるが、これらの利点はリモートファーストまたは完全対面の環境でこそ最大限に活かされる。対面での仕事のメリットの一部は、リモートワークに適応させることも可能だ。

- 仲間意識を築くことやチームビルディングは、対面の方がはるかに簡単だ。リモートファーストやフルリモートの組織では、バーチャルでのチームビルディングやリトリートの資金提供に重点を置く必要がある。
- 対面で働く場合、社会的責任感は自然に形成されるが、リモートでは計画的に構築する必要がある。
- 対面で働く場合、たまたま顔を合わせてした会話が新しいアイデアの創出や問題解決につながることがある。これをリモートで再現するのは非常に難しい。
- 一部の従業員はオフィス環境で働く必要があったり、望んでいたりする。リモートファーストやフルリモートの企業は、従業員の近くに柔軟なワークスペースを用意するか、コワーキングスペースの利用に対する手当を提供する必要がある。
- 対面で働く場合、協力やコミュニケーションはテクノロジーへの依存が少なくなる。オフィスでは技術的な問題が発生しても、同僚同士が直接顔を合わせてコミュニケーションを取ることができる（もっとも、その技術がなければ仕事ができないかもしれないが）。

個人用のユーザーマニュアルや README ファイルは、リモートチームビルディングに効果的なツールである。各チームメンバーのユーザーマニュアルはテンプレートに基づき、チームや他の同僚と非同期的に共有されるべきである。これには、自分の働き方の好みや自己紹介、目標などが含まれる。

14.3.3　リモートファーストへの進化

リモートファースト組織（どこでも組織《anywhere organization》とも言われる）になることは理にかなっている。スケーラビリティ、事業継続性、コスト削減といった短期および長期のビジネス目標を支援しながら、従業員の健康と生産性をサポートできるのだ。よくある何かの導入と同じように、最も難しい部分は文化の変革と、変革の必要性を納得させることである。

求められる変革は、ビジネス面と技術面の両方の要素が組み合わさったものになるだろう。技術の専門家としての視点から見ると、エンタープライズアーキテクチャが重要な役割を果たす（たとえエンタープライズアーキテクトという役職がいなくても）。ビジネスと技術の両方を考慮し、エンタープライズアーキテクチャの視点から変革に取り組むべきである。リモートファーストに進化

する際にエンタープライズアーキテクチャが支援できる方法をいくつか紹介しよう。

インパクト分析

組織のさまざまな側面（例えば、データ、システム、人事、財務）における潜在的な影響を特定する。それを利用して利益とリスクを分析し、これらを有効化または軽減することができる。

ビジネスプロセスモデリング

現在のプロセスをモデリングし、必要な変更を特定し、将来のプロセス状態を設計するのに役立てる。

ギャップ分析

現在の状態から計画された将来の状態やマイルストーンに移行する際に、実装、移行、廃止が必要なものを明らかにする。

ケーパビリティマッピング

リモートワークを効果的かつ優先的に推進するために必要なケーパビリティを見定め、改善したり新たに構築したりするのに役立てる。

イベントストーミング

プロセスモデリングレベルを使用して現状を評価し、計画を立て、リモートファーストに向かって進むことを促進する手法である。

ドメインストーリーテリング

プロセスやシステムの抽象的な現在の状態を引き出し、それらがどのように変わる必要があるかを設計する。

次にリモートファーストを組織やチームに実装するためのビジネスおよびプロセス中心の方法を紹介しよう。これらの方法は、アーキテクチャの設計や実装においても活用できる。

すべての社員がリモートワーカーであると考える

オフィスで働く人は、たまたま同じ場所にいるだけである。

リモートワークのための支援システムを計画し作成する

リモートワーカーが直面する課題を理解する必要がある。リモートワーカー（およびオフィス勤務の同僚）と協力して課題を特定し、その補償を行う。これは期待の変更やソフトウェアやハードウェアツールの提供を含む場合がある。

非同期コミュニケーションを採用する

コミュニケーションの方法や使用するツールに関する期待と合意を設定する（「14.2　非同

期な思考」を参照)。

重要な決定を非同期で行う

重要な意思決定は非同期で行うこと。関係者全員が平等な立場で意見を出せるよう、十分な時間を確保する。そして、これらの意思決定においてはリモートファーストの考え方を基盤とするべきである[8]。

オフィスで働く人にもリモートワークを推奨する

全員が少なくとも時折リモートで働くことで、通常リモートで働く人々への共感が生まれる。

全員に同じ柔軟性を与える

オフィスで働く人もリモートワーカーと同じ柔軟性を持つべきである。リモートワーカーが始業時間と終業時間を選べるなら、オフィスワーカーもそうすべきである。

全社員を平等に扱うが、同じには扱わない

タイムゾーン、個々の状況、障がいなどを考慮し、全員を平等にする。

給与をリモートか否かに合わせて調整する

オフィスで働く社員に提供される福利厚生（例えば無料の昼食、敷地内のジム、交通費補助など）は、リモート社員には役に立たない場合が多い。リモート福利厚生には、コワーキングスペース代、ジム会員費、食料品の経費などが含まれる。他国の従業員に医療保険や年金の福利厚生を提供するのが難しい場合は、それに対する手当が効果的である。

ドキュメンテーションを基本とし、ナレッジマネジメントに時間と資金を投資する

非同期コミュニケーションでは自動的に多くのことが記録されるが、その記録を管理し、アクセスしやすく、かつ効率的なものにする必要がある。ナレッジマネジメントの詳細については、第Ⅲ部を参照。

リモート担当責任者の設置を検討する[9]

リモート担当責任者や同様の役職を社内に設けることで、リモートファーストの導入を促進し、また社外への実践の広報やマーケティングにも役立つ。

従来の KPI や OKR から脱却する

従来の KPI（主要業績評価指標）や OKR（目標と主要な成果）は、通常時間に対するパフォーマンスを測定し、成果よりも働いた時間を重視する傾向がある。これを成果と生産性で管理する方法に変更するべきである。

---

[8] これはリモートファーストに対する考え方であり、リモートワーカーに対する考え方ではないことに注意。

[9] リモート責任者という役職は、もともと AngelList のリモート部門責任者であるアンドレアス・クリンガーによって提案された。

デジタルでのチームビルディングと仲間意識形成活動を計画し実行する

これらの活動にオフィスから参加する場合も、リモートから参加する人と同じ方法で参加するべきである。

リモートワークはより孤独感を高める可能性があることを忘れない

仲間意識は同僚だけから得られるものではなく、社会的な機会を積極的に活用すべきであることをリモート勤務者に伝える必要がある。リモート勤務者がオフィスやお互いを訪問する費用を負担したり、全従業員向けのリトリート、対面でのカンファレンスやトレーニングに参加する費用を提供することでサポートできる。

SaaSツールはどこからでもアクセス可能であり、通常はシングルサインオン（SSO）を使用するため、リモートワークに適している。これによりアクセス管理が簡素化され、オンプレミスやクラウドベースのリソースへの外部アクセスを許可する必要がなくなるため、システムへの攻撃リスクを減らすことができる。

グリーンとサンダーソンは『Remote Works』の中で、「将来的には対面、リモート、ハイブリッドの間に現在私たちが引いている境界線は曖昧になり、すべての知識労働はデジタルファーストになるだろう」と述べている。未来は、デジタルファースト、非同期、そしてグローバルなビジネス世界に向かって進んでいるだろう。

14.4　まとめ

コミュニケーションを成功させるためには、アクセシビリティ（利用しやすさ）とインクルージョン（誰もが参加できること）が欠かせないことがわかっただろう。すべての同僚に公平な場を提供し、特定の受け手を排除しない図表を使うこと（3章参照）によって、作業環境を整えてコミュニケーションを改善することにつながる。

この章では、非同期または同期のコミュニケーションを適切に使うことで、仕事の質を向上させ、同僚とのコミュニケーションを助け、満足度を高める方法を学んだ。前の章では、人々の時間を尊重することが、満足感やワークライフバランスの向上につながることを見た。まさかこの本が「幸福」についての本だとは思わなかったのではないだろうか。

第Ⅳ部の締めくくりでは、メールやプレゼンテーション（最も一般的なコミュニケーション手段の一部）をより効果的に使う方法、そしてリモートコミュニケーションと会社で使用するツールを管理する方法について学ぼう。

15章
リモートチャネル

コミュニケーションの方法を非同期、同期、両方の組み合わせの3つに分類する。特定の状況でどれが最適な方法か見極めるのは容易ではない。それぞれの利点と欠点を知らない場合には特にそうだ。

この章では、メールコミュニケーション、オンラインプレゼンテーションおよび画面共有、そしてリモートチームとハイブリッドチームで使用できるコミュニケーションツールから最高の成果を得る方法について探る。

15.1　対等なメール

多くの人はメールを「必要悪」と考えているが、必ずしもそうではない。**対等なメール**は、メールの送信と返信のプロセスを管理し、メールが引き起こす問題や不平等に対処するためのパターンである。このパターンによって解決できるメールに関する3つの主要な問題を挙げる。

- メールを対処し返信する方法が人によって異なる。
- メールを使うべきかインスタントメッセージを使うべきかなど、コミュニケーション手段の選択がいつも曖昧だ。
- メール自体に期待する内容が書いてなかったり、わかりにくかったりすることが多い。

あなたの会社やチームがメールに対する期待値を設定しているかどうかは定かでないが、常にメールをチェックしている同僚がいる一方で、1日に1回かそれ以下しかチェックしない同僚もいる。また、ニュースレター、通知、リクエスト、タスクなど、さまざまなタイプのコミュニケーションがメール形式で届く。

メールに関する共通の期待値やプロセスが共有されず、尊重もされない場合、確実なコミュニケーションができなくなる。他のコミュニケーション方法より優先してメールを使うべきタイミングや、効果的にメールでコミュニケーションするための基準となる方法を共有する必要がある。

これらの問題は、メールを送る理由に基づいてメールの構造を整理して充実させ、メールの使用方法に対する期待値を設定し、メールメッセージや件名をよりわかりやすくすることで解決で

きる。

15.1.1　メールの利用目的

コミュニケーションに関して、チーム、部署、または会社内で**合意**を形成しておくと、共通の基準を確立できるようになる。それぞれのグループ単位で合意することが有益だろう。取引先の企業ともこの合意を共有して相手も認識できるようにし、お互いに実施できることが望ましい。または、正式なサービスレベル協定を作成するのも良いだろう。

メールの用途を定めよう。例えばプロジェクトの最新情報をステークホルダーに送信したり、社外の人々とコミュニケーションするといったことが挙げられるだろう。コミュニケーション合意書には、メールで行うべきコミュニケーションと別の方法で伝えるべきことを明記しよう。

どのタイプのコミュニケーションをメールで行うかを決定するには、まずチーム、部署、または会社内で行われる典型的なコミュニケーションの種類（およびその理由）をすべて洗い出してリストを作成するとよい。次に、それらが同期または非同期手法のどちらに適しているかを判断し、その判断をもとに、メールやインスタントメッセージ、Wiki ページの更新など、どのコミュニケーションチャネルを使用するかを決める。

15.1.2　メールに対する期待値

メールを使う理由が決定したら、メッセージの緊急度や期待する返信を効率的に伝えるための共通のルールを作成する。その内容を受信者に伝えるにはメールの**件名**が最適だ。

緊急の場合、メールの件名は「［緊急、本日 7 月 24 日午後 1 時（CET）までに返信が必要］テレメトリデータのリクエスト」のようになるだろう。返信不要な情報提供のみの場合には、「［参考］プロジェクト予算の小さな更新」のようにし、特定の受信者 1 人から返信が必要な場合には、「［要返信 – リビー］アーキテクチャ会議の更新」のようにする。

「緊急」というフレーズを使い過ぎないこと。緊急ではないメッセージに「緊急」とマークしていると、実際に緊急なメッセージに対して迅速に反応してもらえなくなる。「オオカミ少年」を思いだそう（https://oreil.ly/hXzgg）。

コミュニケーション合意書に具体例を記し、その合意がオンボーディングの一部であることを確認しよう。そうすることで、新しいチームメンバーは送られたメールを理解し、ルールを適用できる。先ほど挙げた例は誰にとってもわかりやすいため、コミュニケーション合意書を取り交わしていない相手にも送ることができる。

コミュニケーション合意書を最初に作成した後は、2〜4 週間後にまず 1 回、それから問題が発生する都度、そして定期的に（例えば 6〜12 ヶ月ごとに）見直そう。

15.1.3 メールはわかりやすく

メールコミュニケーションで問題が起きるのは、メールを送るのは容易（たとえ複数の受信者に対してでも）だが、メールを読んだからといってすぐに返信するわけではないからだ。

 **対等なメール**パターンを自動メールや通知に適用すれば、受信者に緊急性や求められる対応をはっきりと伝えられる。

求められていることが不明確だと、受信者はいつ何を行うべきかを考えるために時間と精神的エネルギーを費やすことになる。これは、メールスレッドに返信があるたびに（特に2人以上が関与している場合に）何度も発生する。これにこの章の前半で触れた件名の例で一部解決できるが、さらに改善することもできる。少し多めに時間を確保して、頭を使ってメールを書くことで、関わるすべての人、さらには書き手自身も後の時間を何時間も節約できるのだ。

メール本文にも件名の詳細、例えば応答が必要な日付や時間を含める習慣をつけよう。そうすれば、受信者は読み終わった後に件名を見返す必要がなく、返信すべきかを明確にすることができる。

複数の受信者にメールを送る場合、それぞれに対する期待を明確に述べる。受信者が To、Cc、または Bcc フィールドにいるかどうかでこれを判断してくれると期待してはいけない。誰からの応答を期待するか、誰からは期待しないか、そして応答内容として何を期待するかを明示しよう。**例 15-1** を見てほしい。

例 15-1 すべての受信者に対する明確な期待を示すメール

差出人: kim@polyglotmedia.com
宛先: gino@polyglotmedia.com
CC: sander@polyglotmedia.com, elissa@glidani.com
件名: [金曜日までに応答が必要 - ジーノ] キックオフミーティングの計画変更

こんにちは、ジーノ、エリサ、サンダー、

来週の木曜日に予定されているキックオフミーティングを移動する必要があります。エリサは金曜日の午前 10 時〜正午（CET）または午後 2 時〜4 時（CET）を提案しています。

@ジーノ、あなたとチームにとってどちらの時間が都合が良いか、または金曜日が不可能な場合、翌週の月曜日か火曜日のご都合の良い日と時間をこの金曜日の午後 4 時（CET）までに教えてください。

@サンダー、これは参考情報ですが、懸念があれば教えてください。

@エリサ、次週の月曜と火曜のご都合が変わった場合は教えてください。

以上です。よろしくお願いします。

キム

受信者への期待を明確にすることは、メールの宛先に誰を入れて誰を入れないのかを決めるのに

役立つ。メールを受け取ってもメリットがない人を除外することで、双方の時間を節約できる。

　誰かに時間をとってもらう仕事を依頼する場合、どのくらい時間を割く必要があるか（わからなければだいたいの見積もり）を指定するべきだ。

- 誰かに面会を求める場合、期間を指定する。「30分間お会いできますか？」
- アンケートやそれに類するタスクを依頼する場合、見積もりを伝える。「このフォームの記入には5~7分程度かかります」
- 文書などのレビューを依頼する場合、時間の制限を指定する。「アーキテクチャ決定の草案をレビューしてください。30分以上はかけなくて大丈夫です」

　メールは、顧客や会社外の人々とコミュニケーションする唯一の選択肢ではない。多くのツールには、外部ユーザーをチャットやメッセージアプリのチームに追加するなどのB2Bオプションがある。オンラインフォーラムやウェブベースのチャットも顧客とのコミュニケーション手段だ。メッセージの目的に最も適したコミュニケーションチャネルを選択しよう。

15.1.4　メールのコツ

メールでのコミュニケーションを改善するためのコツをいくつか紹介しよう。

要点から始める

　要点から始めることで、メールを全文読まなくても最も重要な点に目を通せる（詳細は「7.3　構造化された書き方」を参照）。

内容を1つのトピックに絞る

　誤解を避けるために、理由や要件ごとにメールを分けて送信する。

ハイパーリンクを使用する

　参照するドキュメント、ウェブページ、その他のリソースにリンクを貼る。リンクがないと、受信者はあなたが言及している内容を見つけるために時間を浪費することになる。

コピーを添付するのではなく、ドキュメントへのリンクを貼る

　ドキュメントをメールに添付するたびに、受信者ごとにコピーが作成される。リンクを唯一の正しい情報源にすることで、混乱を避け、更新されたコピーをマージする必要性を減らすことができる。

デフォルトを「全員に返信」ではなく「返信」に設定する

　メーラーの設定を変更し、「全員に返信」ではなく、「返信」に設定する。これにより、宛先全員に返信するには意識する必要が生じる。通常、返信する必要があるのは送信者だけだ。

送信取り消し機能をオンにする

Gmail や Outlook をはじめ多くのメーラーには、メールの送信を 10 から 20 秒遅延させ、その間に送信を取り消したり変更を加えたりできる機能がある。

礼儀正しく、善意を前提とする

他人にメールを書くときは礼儀正しくする。受け取ったメールが失礼に見えた場合でも、それが善意で送られたもので、誤解であることを前提にしよう。文章は無遠慮や失礼であると思われがちだ。

できるだけ簡潔に

要点をなるべく先に書く。

送信前に校正する

送信する前に少なくともメールをざっと見直す習慣をつけて、簡単に見つけられる間違いを避けよう。

機械的な言葉遣いを避ける

人が書いたメールには、機械的で不自然な言葉が含まれることがあり、受信者に不快感を与えることがある。メールを書くときや、メールやソフトウェアでの自動通知用のテンプレートを作成するときには、次の点を考慮しよう。

個人的なものにする

「あなた」や「私」を使ってメッセージを個人的で理解しやすくする。「そのデザインに注がれた努力は賞賛に値する」と書くのではなく、「あなたはそのデザインに注いだ労力を誇るべきだ」と書こう。

話しているかのように書く

見知った相手と会話していると想像し、そのメッセージを表現するためにどのような言葉を使うか考えよう。「コンテキスト図についてのフィードバックを午後 4 時（IST）までにください」と書くのではなく、「コンテキスト図についてのフィードバックを午後 4 時（IST）までお願いできますか」と書く。

メッセージを確認するために、送信する前に声に出して読むといいだろう。

15.2　オンラインプレゼンテーション

　スライドデッキを使用するか画面共有するかに関わらず、オンラインでのプレゼンテーションは対面でのプレゼンテーションとはまったく異なり、対面よりはるかに難しい場合がある。本節では、オンラインでのプレゼンテーションと画面共有を向上させるためのパターンとテクニックを取り上げる。また、対面のプレゼンテーションをオンラインの受け手向けに変更する方法も紹介する。

15.2.1　受け手を巻き込む

　リモートで受け手を巻き込むのは難しい。受け手の姿が見えないことが多く、反応や感情を測るのが難しいからだ。チャットやQ&A機能を監視し、挙手を見逃さないようにする必要があり、さらに複雑になる。挙手を見逃してしまうと、質問の頻度は対面での質問よりもずっと少なくなるだろう。

　これらの課題に対処するためのテクニックがいくつかある。まず、質問はこちらが受け取りたい方法に合わせるよう受け手に依頼する。質問のタイミングをコントロールしたい場合、Q&Aやチャットを利用するのが一番よい。もしすぐ質問に答える場合は、バーチャルハンドを挙げるとよいかもしれない。可能であれば、他の誰かに質問を監視してもらい、質問を通知したり読み上げたりしてもらうとよい。ただし、Q&Aのみを使用するよう頼んでも、挙手やその他の方法で質問がくることがあるので注意しよう。

　アイコンを画面に出すだけでは誰かに印象を与えたり影響を与えることはできない。カメラをオンにして、受け手とのコミュニケーションを改善しよう。

　質問への対応に加えて、受け手の反応を読み取る必要がある。多くのプレゼンテーションツールには、受け手がリアルタイムで反応できる機能があり、通常は絵文字が使用される。受け手にこれらを使うようお願いし、それに注意を払って、部屋での表情と同様に反応することができる。理解度を測ったり投票を行ったりするために、質問に対する賛成や反対の意思表示を求めることもできる。

　オンラインでのやり取りは、より多くのエネルギーを消耗するのに加え、受け手それぞれが集中を妨げる要因を持っているため、受け手の注意を引き続けるのが難しい。これを解決する方法をいくつか紹介する。

- スライドデッキを使用する場合、対面よりも多くのスライドを使用する。スライドをより速く進めることで注意を保てるようになる。情報を多くのスライドに分散させることには、内容を大きく明確に表し、空間を持たせることで見やすくなるという利点もある（概要については**図15-1**を参照）。スライドは無料なので、必要なだけ追加すればよい。

- メッセージを短いセグメントに分け、視覚的な休憩を挟む。これには、空白のスライドや、写真、ミーム、または漫画などの画像が含まれることがある。1つのテーマに長く集中するのは難しい（平均集中持続時間は 20 分以下）ため、コンテンツを分割することで、オンラインでのやり取りに必要な休息を受け手が得られるようにしよう。
- スライドを表示したり画面を共有したりする際に、利用可能であれば**プレゼンターモード**（ピクチャー・イン・ピクチャー）を使用し、受け手があなたを見ることができるようにする。誇張された表情やジェスチャーを使用し、小さなビューでも見やすくする。表情やジェスチャーを見ることで、受け手があなたを理解しやすくなる。
- 視覚的な休憩に加えて、45〜60 分に 1 度は休憩する。これにより、その後の集中力が向上する。
- ライブレスポンスを使用したワードクラウドを作成や、投票機能などを活用し、受け手に参加を促す。Claper（https://claper.co）や Mentimeter（https://mentimeter.com）のように、この機能を提供するサードパーティのオプションが多数あり、Microsoft Teams や Zoom などのプレゼンテーションツールにはシンプルな投票機能が組み込まれていることが多い。
- プレゼンテーション時間を最小限に抑え、ディスカッション、グループ活動、交流を最大化する。プレゼンテーション前の非同期コミュニケーションにより、イベント中のプレゼンテーション時間を短縮するための情報を提供できる。

 回線の太さや画面サイズは受け手によって異なることを忘れないように。特にビデオなどのメディアを使用している場合はこれを考慮しよう。スライドをデザインする際、多くの受け手は小さなノートパソコンの画面で見ていることを覚えておこう。

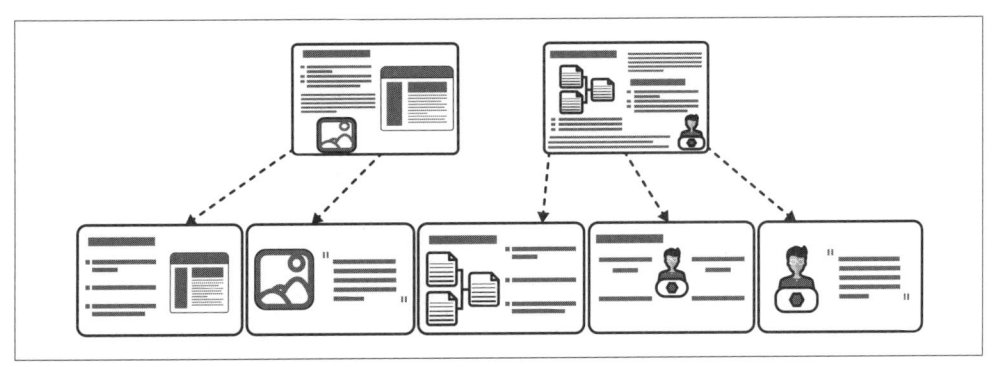

図15-1　スライドデッキを改善するためにスライドを分割する

15.2.2　プレゼンテーションの内容

プレゼンテーションでよくある誤解の一つに、アジェンダスライドが必要だというものがある。

これは「これから話すことを伝え、実際に話し、そして最後に何を話したかを再び伝える」という考えに基づいている。確かにこの流れに従うこともできるが、「これから話すことを伝える」ことが必ずしもアジェンダスライドを意味するわけではなく、それは往々にして退屈で不要なものである。トレーニングコースやワークショップを行う場合には概要を含めることが有効かもしれないが、これに多くの時間を費やすべきではない。ほとんどの場合、取り組んでいる課題に焦点を合わせ、それをどのように解決するかを伝えることに集中するべきである。

　プレゼンテーションを始めるときには、画像を見せたり、大胆な声明や統計を提示したり、ストーリーから始めたりするとよい。これらのテクニックを使用して、主なメッセージや学びのポイントを明らかにすることができる。またそれを最後に繰り返すことでメッセージを強調することもできる。

アーキテクチャレビュー委員会に対してプレゼンテーションを行うときには、このようなテクニックを使用する必要がないと思うかもしれない。しかし、受け手の注意と関心を引き続けることで、メッセージがはるかに効果的に伝わることに気づくだろう。アジェンダスライドではそれは達成できない。

　そしてプレゼンテーションの終了時には、受け手にとって次のステップや取るべき行動を考える必要がある。リモートプレゼンテーションでは、クリックしてほしいリンクを簡単に共有したり、チャットや投票機能を通じてフィードバックやインプットを要請したりすることができるというメリットがある。

　プレゼンテーションの後には、追加の情報やフォローアップアクションなどが含まれる非同期コミュニケーションを送ることができる。これらのテクニックを使用してプレゼンテーションの目標を達成することができる。

スライドデッキ vs スライドメント vs インフォデッキ

　スライドデッキがスライドデッキでなくなるのはいつか？　プレゼンターが話す情報をすべて含むようになったときだ。このようなスライドデッキをプレゼンターが提供する場合、**スライドメント**と呼ばれる。スライドデッキとドキュメントの混ぜ合わせだ。受け手はプレゼンターの話を聞くよりもスライドを読むことに時間を費やし、どちらにも十分な注意を払わない。

　スライドメントが生じるのは、同じスライドデッキがスライドと配布資料の両方として使用される場合や、プレゼンターが資料の内容を十分に把握しておらずスライドから読み上げる必要がある場合だ。しかし、これではプレゼンテーションとしては機能しない。

　一方、**インフォデッキ**は情報を伝えるために特別に作られたスライドデッキであり、プレゼンターと一緒に使用するためのものではない。独立した存在だ。インフォデッキはドキュメントよりも有用で、図を全画面かつ横向きで表示することができ、レイアウトのコントロール

も柔軟にできる。また、マルチメディアを取り入れながら、テキストを減らすことができるので、長文が続くドキュメントよりも読みやすい。インフォデッキを配布する際にはPDFに変換するか、ウェブページ内で配布することが望ましい。より多くの人が簡単にアクセスできるようになるからだ。

　プレゼンターが使うために作成するスライドデッキは、あくまでもプレゼンテーションの視覚的要素と考えるべきである。プレゼンターは音声要素を提供するものであり、一方がなければもう一方は機能せず、両者が揃って初めてプレゼンテーションが成立する。プレゼンターはプレゼンテーション中に時間を管理し、これを利用して注意を引き続け、強調し、メッセージが深く浸透するようにする。

15.2.3　スクリーンシェア

　同僚と協業しているとき、スライドだけでなくさまざまなアプリケーションを共有することで、視覚的に情報を共有できる。完成した作業を発表する際には、全画面およびプレゼンテーションモードで共有することが多い。そうすることで、全員がコンテンツに集中でき、より大きな画面で閲覧しやすくなる。

　フィードバックや協力を求める場合には、編集モードでコンテンツを共有するとよい。これにより、変更を受け入れる姿勢が強調される。全員が内容をしっかり確認できるように、ツールバーを非表示にし、ウィンドウに合わせてコンテンツを調整しよう。

 スクリーンを共有する際には、受け手がカーソルを見づらいと感じる可能性があることを念頭に置いておくべきである。カーソルを使用して画面上の何かを指し示す場合には、ゆっくりと動かし、少なくとも5秒間は動かさないでおくことで、ラグを感じている人の助けになる。また、カーソルを大きくし、明るい色に設定することもできる。

15.3　リモートツールとガバナンス

　リモートワークに必要なツールは、対面で必要なツールとは異なる。ハイブリッドやリモート環境では、使用するツールで物理的な距離の欠如を補わねばならない。

　付箋やホワイトボードといった対面での物理的なツールやリソースには、オンライン上の代替手段が存在する。そしてデジタルホワイトボード上では簡単に項目を移動できるなど、より多くの利点を提供することがある。特にリモートワーク用のツールが、対面での作業にもより適した選択肢になる場合があることを理解することが重要である。

　このセクションでは、リモートツールの使用とガバナンスを強化するためのパターンとテクニックを紹介する。ツールの選定、データ、セキュリティ、効率性を考慮することで、リモートワークやハイブリッドワークを効果的に行えるようになり、業務の質を高めることができる。

15.3.1　選定のテクニック

　世の中には多くの機能が存在し選択肢が沢山あるため、ツールの選定が難しいことがある。通常、ツールがビジネス上、技術的、およびセキュリティといった観点から要件を満たしているかを評価（**MoSCoW 優先順位付け**：必須《must》、推奨《should》、検討《could》、見送り《won't》）し、さらに初期および継続的なコストも考慮する。この状況で役に立つソフトウェアアーキテクチャのテクニックもいくつかある。

　アーキテクチャ特性は、機能要件の優先順位を決めるのに役立ち（必須、推奨、検討を割り当てるなど）、ツールの非機能要件を形成するのにも役立つ（「12.2　アーキテクチャ特性」を参照）。優先順位付けをすることにより、最も適したツールを選択できるようになる。

アーキテクチャ特性をサポートする機能要件と非機能要件は、一般的にそれをサポートしない要件よりも優先順位を高くするべきである。もし上位 3 つのアーキテクチャ特性を選択した場合、それを支える要件は最優先にするべきだ。

　ADR はソフトウェアツールを選択するプロセスを構造化するのに役立つ。ソフトウェアが必要な理由、決定の要因、および仮定または制約を文書化することはすべて、ソフトウェア要件に寄与する。

　ADR の評価基準セクションは、ソフトウェアのすべての要件を文書化し、選択肢セクションにはその評価基準に対する各選択肢のスコアが書かれる。また、最終決定に大きな影響を与える可能性がある各オプションの他のトレードオフ、利点、欠点も記載する。

　一部のツールはスイスアーミーナイフのように多機能を提供する一方で、他のツールは特定の機能に特化しており（しかもそれをうまく実行していることが期待される）、両者のどちらが最適かは明確な答えがない。ただしツールを選ぶ際には、すべての機能を考慮することが賢明である。ある機能は、すでに使用している他のツールと重複するかもしれないし、逆に不足を補うかもしれない。不要な機能については YAGNI（You Aren't Gonna Need It）原則に従うべきだが、重複する機能を持つツールは統合するのが最善の場合もある。

図のスタイルが受け手の感じ方に影響を与えるのと同様に（「6.2　スタイルが伝えるもの」を参照）、選択するツールも受け手のアウトプットに対する見方に影響を与える可能性がある。共有されたデジタルホワイトボードは一時的な資料を含むと見なされがちであり、より重厚なツール（例えば Enterprise Architect《https://oreil.ly/tZ2ed》）は、内容が価値あるものであっても多くの人に敬遠されるかもしれない。

例

文化的適合性を考慮する

　ジーノの開発チームの1つは、全開発チームとポリグロット・メディアのアーキテクトが使用するカスタムドキュメントシステム（PolyDocs）の保守をしている。このチームはPolyDocs に多大な努力を注いでいるが、それにより多くの対立が発生する。他のチームからは「PolyDocs を保守するチームが自分たちのニーズを優先して、他のチームのリクエストを後回しにしている」と思われている。また、ジーノが思っている以上の開発時間がかかり、ビルドエラーやデプロイメントの問題でさらに時間を無駄にしている。

　ジーノはアーキテクトチームのメンバーに意見を求め、結果として PolyDocs が会社に適していないという結論に至った。全体として目的は果たしているが、そのトレードオフとして開発者たちが不満を抱えている。

　問題は技術的な不一致ではなく文化的な対立であり、ジーノとアーキテクチャチームは開発者や他の関係者と協力してドキュメントシステムのアーキテクチャ特性を定義した。次にこのアーキテクチャ特性を ADR の評価基準として使用し、有償オプションを評価する際にステークホルダーからの意見を収集した。

　PolyDocs の代替ツールが導入されたことで、開発チームや他のユーザーの満足度が向上した。オープンソースが選ばれ、開発者は変更を加えたい場合、プロジェクトに自由に貢献できる。ただし、費やす時間については、ジーノの承認が必要となる。

　アーキテクチャチームはソフトウェア調達を評価するためのアーキテクチャ特性のリストに**文化的適合性**を追加した。

15.3.2　リモートツール

　開発者やアーキテクトは、インスタントメッセージ、ドキュメント、Wiki など、多くの種類のツールを使ってリモートで協力して作業する。あまり知られていないものも含め、さまざまな種類のツールと、それがどのように役立つかを紹介しよう。

オンライン作図

　デジタル作図ツールは現在、SaaS やオンライン形式に移行しており、リモート作業に適した協力オプションを提供している。独自の協業機能を提供しているものもあるし、OneDriveや Google Drive のようなファイル共有サービスを利用できるものもある。これらのツールは、ソフトウェアアーキテクチャ図やその他の視覚表現を共同で作成したり、フィードバックを得るために不可欠である。例には、draw.io（https://drawio.com）、Excalidraw（https://excalidraw.com）、および Lucidchart（https://lucidchart.co）がある。

Q&A プラットフォーム

リモート作業においてドキュメントはより一層重要であり、その一つの形として Q&A が
ある。特定の Q&A プラットフォームを使用することで、有用な回答がチャットやメー
ルの中で埋もれることがなくなる。公共版も存在するが、内部ソフトウェアやプロセス
に関連する Q&A や、機密情報を含む場合には、プライベート版が必要である。例には、
Codidact（https://codidact.org）、Question2Answer（https://question2answer.org）、
および Stack Overflow（https://stackoverflow.com）がある。

Wiki とナレッジマネジメント

Wiki やそれに類似したナレッジマネジメント手法は、分散型の作業体制において特に
重要である。非同期的なコミュニケーションは、情報が持続的な形式で送信されるため
（議事録が取られない限り、同期的な会議の議論とは異なり）、自動的にドキュメントを
生成する。これらのツールを使用して、非同期コミュニケーションで得られた情報を整
理し、アクセスしやすくする。プロセスや同期会議をドキュメント化することで、すべ
てが見つけやすく、1 か所にまとめられる。例には、AppFlowy（https://appflowy.io）、
TiddlyWiki（https://tiddlywiki.com）、Obsidian（https://obsidian.md）、XWiki（https:
//xwiki.org）、Notion（https://notion.so）、および Confluence（https://oreil.ly/sNb8P）
がある。

フォーラムおよびソーシャル

プライベートなソーシャルネットワークとフォーラムは、顔を合わせることのない同僚同士
が仲良くなるための良い方法である。通常トピックは、仕事とは関係ないテーマ（スポーツ、
趣味、家族など）や、業務タスクやプロジェクトとは必ずしも関係のない専門的なテーマ（ク
ラウド技術、イベントソーシング、DDD など）に焦点を当てている。これらのツールの例
には、HumHub（https://humhub.com/en）、Viva Engage（https://oreil.ly/REUrA）、
および Whaller（https://whaller.com/en）がある。

ビデオ会議

これらのツールは、バーチャルでの対面会話や会議、スライドのプレゼンテーショ
ンや画面の共有、バーチャル会議でのインタラクティブな要素（投票やブレイクア
ウトルームなど）に日常的に利用される。これらのツールを同期コミュニケーショ
ンに使用する。例には、Jitsi Meet（https://meet.jit.si）、Zoom（https://zoom.us）、
Google Meet（https://meet.google.com）、Skype（https://oreil.ly/1E5lu）、および Teams
（https://oreil.ly/VAzAi）がある。

インスタントメッセージ

チャットアプリケーションは通常、プレーンテキストに加えて、画像やファイルへのリンク
など、他のメディアも個人やグループ間で共有できるようになっている。インスタントメッ

セージは同期的にも非同期的にも利用できるため、これらのツールを使用する際の想定を設定し、共有することが重要である。例には、Mattermost（https://mattermost.com）、Slack（https://slack.com/intl/en-gb）、Teams（https://oreil.ly/VAzAi）、および Google Chat（https://chat.google.com）がある。

メール

メールは、外部通信（顧客や他の企業との通信）、長文の内部通信、およびニュースレターの発行に頻繁に使用されるが、時間を浪費しやすい。「15.1　対等なメール」の「対等なメール」に関するアドバイスに従うこと。例には、Mozilla Thunderbird（https://thunderbird.net/en-GB）、Mailspring（https://getmailspring.com）、Gmail（https://mail.google.com）、および Microsoft Outlook（https://www.outlook.com）がある。

デジタルホワイトボード

オンラインホワイトボードは、手描きの描画にはあまり使用されない（マウスで描画するのは難しいからだろう）が、付箋、画像、アイコンなどを追加したり、それらを移動させて矢印で紐づけしたり、周囲に箱や他の形を描くことで関連を示せる機能がある。標準的なホワイトボードに比べて、オンラインキャンバスのサイズは非常に大きいか、事実上無限であるため、複数のイベントストーミングの視点を 1 つのキャンバスに含めたり、進行状況を表示できるなどの利点がある。また議論の結果は自動的にドキュメント化され、一般的なホワイトボードのように消されることもない。例には、OpenBoard（https://oreil.ly/p8M_8）、Mural（https://mural.co）、Miro（https://miro.com）、および Microsoft Whiteboard（https://oreil.ly/qzbxA）がある。

プロジェクト管理

プロジェクト管理ツールは、Microsoft Project のようなプロダクトが登場した当初から大きな進化を遂げている。ウォーターフォール型の計画は大部分がアジャイル手法に取って代わられており、多くのツールが現在は SaaS として提供されている。これらのツールは、タスクの割り当てやプロジェクトの更新など、非同期コミュニケーションには非常に適している。例には、Redmine（https://redmine.org）、Taiga（https://taiga.io）、Basecamp（https://basecamp.com）、および Jira（https://oreil.ly/VemBL）がある。

ファイル共有

ドキュメントをメールやその他のコミュニケーションに直接添付することは、各受信者ごとに新たなバージョンを作成するというアンチパターンとしてよく知られている。こうなると、変更を全員に通知して更新するのが悪夢のように難しくなる。適切なアクセス権を設定したファイルへのリンクを共有することが推奨されるパターンである。例には、Seafile（https://seafile.com/en/home）、Dropbox（https://dropbox.com）、Google Drive (https://google.com/drive)、および OneDrive（https://onedrive.live.com）がある。

共同編集文書

リモート作業者は、文書、スプレッドシート、スライドデッキなどで共同作業を行ったり、フィードバックを求めたりする必要があるかもしれない。ほとんどのオンライン文書アプリケーションには、文書上で同期的に作業したいときのためにライブコラボレーション機能があるし、非同期コラボレーションのためのコメント機能がある。例には、ONLYOFFICE（https://onlyoffice.com）、以前は Office 365 と呼ばれていた Microsoft 365（https://office.com）、および Docs、Sheets、Slides を提供する Google Drive（https://google.com/drive）がある。

15.3.3　データの氾濫

多くの人にとって、リモートワークへの移行は突然のことで計画されていなかった。業務を継続し孤立作業を避けるため、ツール購入の裁量が多くの人に与えられた結果、リモートワークのためのソフトウェアツールが氾濫することになった。さらに、エントロピーの法則に従って企業内で使用されるアプリケーションは増加していった。混沌から生まれる問題を避けるために、企業内でのソフトウェアの利用は管理されなければならない。

ソフトウェアツールの氾濫がデータの氾濫も意味するということは忘れられがちだ。各ツールには独自のデータが含まれているが、他のツールと共有されるデータや、他のアプリのデータのコピーや類似データ（ユーザーアカウントや業務内の部署リストのようなメタデータ）も含まれている。

図15-2 は、アプリが増えるにつれてデータが氾濫する様子を示している。データを共有できるアプリもあれば、独自のデータを保存するアプリもあるので、データによっては重複することがあるかもしれない。これらの状況と、それぞれの利点やトレードオフについては、これからの説明を読むことで理解できる。

類似したデータや複製されたデータは、いくつかの問題を引き起こす可能性がある。各ソフトウェアツールが独自のユーザー認証と認可を管理する場合、ユーザーは新しいユーザーアカウントを作成する必要があり、パスワード作成に関する適切なルールが順守されないかもしれない。これにより、新しい攻撃経路が生じる。

ユーザーの役割が変更されたり会社を離れたりした場合、使用しているすべてのツールのユーザーアカウントを更新し、権限を削除または変更する必要がある。この過程での見落としは容易に生じる。見落とされたアカウントのパスワードのセキュリティが低いと、ハッキングの絶好の標的となる。

データをコピーすることで、簡単に同期を取れなくする可能性がある。新しい部署が追加されたり、部署が統合されたりすると、業務内の部署リストが更新されないままになる可能性がある。現在動いているのプロジェクトやツールのリストの陳腐化は、さらに早いだろう。

同じデータを使用するツールは複数のデータバージョンを生み出してしまう可能性があるので、

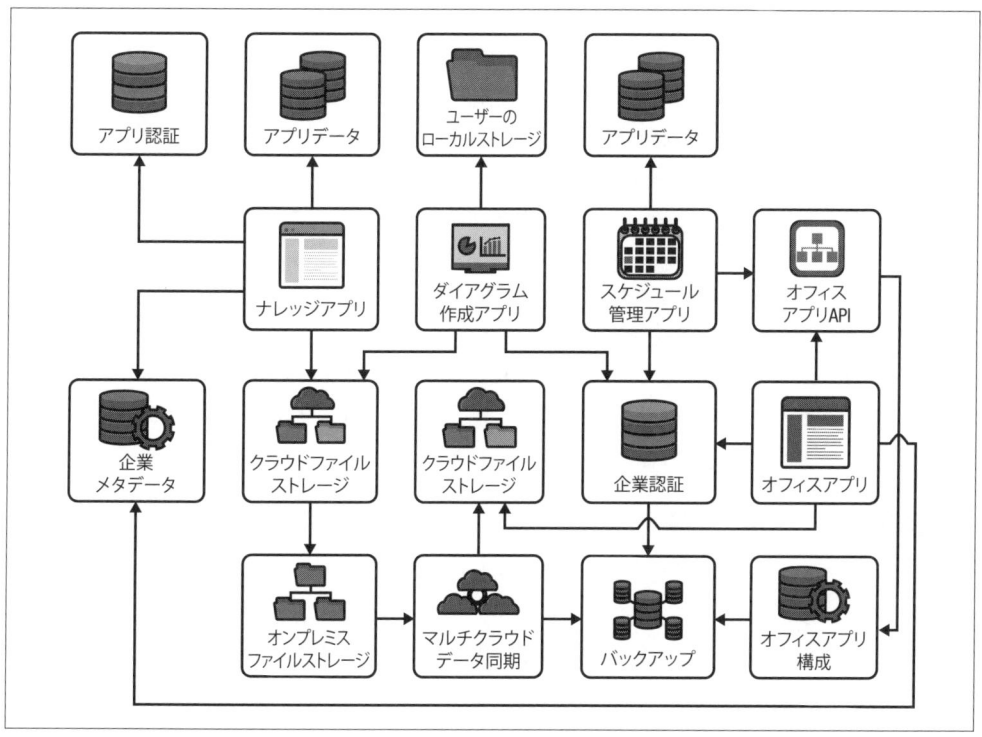

図15-2　データの氾濫と共有

工夫して同期を保つ必要がある。データを使用するツールの数が増えるにつれて、同期や**ゴールデンコピー**（単一の権威ある真実の源またはマスターコピー）を維持することがますます難しくなる。データの同期がAPIや共有データストアを使用して自動化されていても、ツールが増えると複雑さが増し、エラーや他の問題の可能性が高くなる。データの不一致や信頼性の低いデータは企業を麻痺させる可能性がある。

　次に考慮すべきはセキュリティとコンプライアンスである。データは安全に転送されているか？　いつどのように暗号化されているか？　データへのアクセスはどのように制御されているか？　データはどこに保存されているか？　これらはビジネスの知的財産を保護するだけでなく、GDPR、HIPAA、PCI、ISOなどの法規や標準に適合するために重要な問いである。

　個人を特定できる情報が含まれていると、データの保存はさらに複雑になる。データの保存方法（地理的な場所や暗号化を含む）がデータの種類に対応する法規に適合しているかどうか、または特定のソフトウェアツールでそのデータを使用することが許可されているかどうかを判断する必要がある。

15.3.4　セキュリティ

　リモートチームはどこからでもツールやデータにアクセスできる必要がある。これはベンダーが

ホストする SaaS プロダクトへの移行と、オンプレミスまたはクラウドベースのリソースへのアクセスを制御する必要性を意味する。リモートワークのメリットは大きいが、組織への攻撃経路が増加してしまうので、SSO の使用、ベンダーの承認、ライセンスや利用規約の確認などのセキュリティポリシーによって対策する必要がある。

　会社内でソフトウェアツールを管理する際、データセキュリティが唯一の問題ではない。攻撃者は 1 つのソフトウェアアプリケーションを侵害すると、会社のシステムを横断的に移動できる。2021 年 7 月の Netskope クラウドおよび脅威レポート（https://oreil.ly/WAoSI）によると、500 ～2,000 人の従業員を持つ組織は、毎月平均して 800 以上のクラウドアプリを使用しており、その 97 ％がシャドウ IT アプリであると報告している。

　シャドウ IT とは会社が認識したり制御したりしていないソフトウェアのことである。知られているソフトウェアでさえリスクを抱えているが、約 780 個の未知のアプリがマルウェアであったり脆弱性を抱えていたりする可能性があることは、セキュリティにとって悪夢である。

15.3.5　ツールの効率

　ソフトウェアツールが氾濫していると、機能が重複したりまったく同じであったりするツールが社内にいくつもあることになる。部署やチームが独立した環境で作業している場合、それぞれが異なるソフトウェアに投資することがあり得るが、実際には会社内で既に使用されているツールを活用できる場合もある。

　ソフトウェアの機能が重複していない場合でも、後日システム間で連携する必要が生じたときに非互換性が発生する可能性がある。ソフトウェアツールの監視ができていないと、重複するツールを購入したり、他の互換システムに移行するためにお金を無駄にすることになる。

　多くの SaaS やその他のリモートワーク用ソフトウェアツールはユーザーごと、月ごとに料金を請求するため、コストは簡単に膨れ上がる。個別では無害に見えるが、多くのユーザーと多くのツールを抱えることで、毎月何千ドルもの無駄遣いになりかねない。

> ツールが十分に活用されていない場合、不必要だったり重複していたりすることが原因となって、企業は一括購入による割引や全社的なコスト効率の向上というメリットを享受できなくなる。

　多数のソフトウェアツールを使用することは、ユーザーやプロセスの効率も妨げる。従業員は、それぞれのタスクやプロセスでどのソフトウェアを使用すべきか、またどこに情報があるのかを把握する必要があるが、選択肢が多すぎると混乱を招くことになる。

　従業員が新たに触れるツールそれぞれに学習曲線がある。例えば、あるホワイトボードツールに慣れている従業員が会議に参加し、別のツールが使われていることを知った場合、その新しいツールを学び、2 つのツールを切り替えることに対応しなければならない。

　新しいソフトウェアが必要だと思っても、既にそのニーズを満たすソフトウェアが社内にあるかどうかを把握できないと、ソフトウェアを購入してトレーニングしても時間と労力の無駄になって

しまうかもしれない。また、ソフトウェアの管理責任者を特定することも、ツールが多すぎると難しくなる。たとえ責任者がわかっていても、担当者が会社を離れたり役割が変わったりすると、その情報が失われやすい。

　ツールの数が一定以上に達すると、それらが従業員の作業を促進するのではなく、逆に阻害するようになる。この閾値は状況によって異なるが、我々が思っているよりも低いのかもしれない。

15.3.6　ツールガバナンス

　リモートワークが進むにつれ、企業で使用されるソフトウェアツールの数が増加しているが、ガバナンスと管理によってこの状況を混沌から引き戻すことができる。このガバナンスについて、非同期オプションを使ってコミュニケーションを取ったり意思決定を行ったりすることが、分散型の労働力にとって重要である。

　まず現在のツールの状況を監査することが、ソフトウェアツールのガバナンスを始めるうえで重要である。どのアプリが使用されているか、それが何のために使用されているか、誰が使用しているか、何人の人が使用しているか、企業が所有しているライセンスの数、初期および継続的なコスト、ROI が把握されているかを確認すること。

　それでも重要な問題が残る。「なぜこの特定のツールが使用されているのか？」。運が良ければ答えが記録されているが、多くの場合は時間とともに失われている。この情報はツールを保持すべきかどうかを判断する際に役立つ。

　ツール情報を残しておくのも大切だ。例えばライセンスの更新日など、特に更新期間が長い場合には、更新するかどうかを急いで決定する必要がなくなる。また、ベンダーがツールのサポートを終了する時期を知っている場合、その日付も記録しておき、代替品やアップグレードの計画を立てることができる。

　各ツールに関する情報を使用して**アプリケーションポートフォリオ**を作成しよう。ポートフォリオ内のツールは、ビジネスポリシーに照らして評価し、それらが準拠していることを確認する必要がある。これには、HIPAA や GDPR などのセキュリティおよびコンプライアンス、あるいはすべてのデータを保存時および転送時に暗号化するというポリシーが含まれる。**表 15-1** にポリグロット・メディアのアプリケーションポートフォリオ要約の抜粋を示す。必要に応じてより詳細な情報はリンクにすることもできる。

表15-1　ポリグロット・メディアのアプリケーションポートフォリオ要約の抜粋

アプリ名	所有者	ユーザー	ライセンス数	ライセンス消化	更新日	初期費用	年間コスト	利用目的	コンプライアンス
Obsidian	ジーノ（テックリード）	技術部門	50	98%（2023 年 4Q）	2024/7/1	$150	$2,500	[ADRリンク]	適合
draw.io	リビー（リードアーキテクト）	アーキテクト、開発者	フリー/オープンソース	25 ユーザー（2023 年 3Q）	なし	0	0	[ADRリンク]	デスクトップ：適合、ブラウザ：不適合

表15-1　ポリグロット・メディアのアプリケーションポートフォリオ要約の抜粋（続き）

アプリ名	所有者	ユーザー	ライセンス数	ライセンス消化	更新日	初期費用	年間コスト	利用目的	コンプライアンス
Matter most	TBD（2023年4Qまで）	ポリグロット・メディア	エンタープライズ	148 ユーザー（2023 年 4Q）	2024/2/7	$200	$1,750	[ADRリンク]	適合

　ツール間の依存関係もアプリケーションポートフォリオに追加する必要がある。これらは、どのツールを保持するかを検討する際（インパクト分析を作成すること）や、データの系譜およびセキュリティを決定する際に重要である。ビジネスデータフローは、すべてのツールに対してマッピングされ、統合およびその実装を示すべきである（例：API）。

　すべてのツールは、ポリシー、ビジネス目標、それぞれの利点と欠点（例：価格と価格モデル、使用および管理のための労力、トレーニングの提供と学習曲線など）に対して評価されるべきである。他の評価対象となる基準は、そのツールの要件であり、これらは時間と共に変化するかもしれないことを考慮する（例えば、プロダクトのスケーラビリティをプラットフォームが担保しなければいけない場合）。

　ポートフォリオ内のツールを評価し終わったら、統合に移行できる。分析結果を使用して次に挙げる特徴を持つツールを見定めよう。

正当な理由のない重複機能

　これらに対してどのツールを残し、どのツールを移行するかを決定する必要がある。

すでに使用中の別のツールに統合できるもの

　ツールとベンダーの数を減らすことで、結果として攻撃対象領域（セキュリティリスク）が縮小される。コスト削減や管理の負担も軽減できるだろう。

ビジネスのニーズや目標を満たしていないもの

　導入当初はビジネスニーズを満たしていたかもしれないが、現在のビジネスニーズを考慮していない可能性がある。置き換えや段階的廃止の対象とすべきである。

ポリシーや法律に準拠していないもの

　これらのツールは優先的に置き換えや段階的廃止の対象とすべきであり、データの保存場所を変更するなどして準拠できない限り、優先的に対処する必要がある。

ROI（投資収益率）がマイナスであるか、管理する価値がないほど使われていないもの

　段階的に廃止し、必要に応じてユーザーを他のオプションに移行させる。

ユーザー数に対してライセンスが多すぎるもの

　できるだけ早くライセンスレベルを変更し、コストを節約する。

これらの決定を行う際には、次の点も考慮すべきである。

ライセンス数を増やす場合のコスト

ユーザーを1つのツールに統合する場合、各ツールの新しいライセンス数を考慮し、価格を評価する必要がある。

各ツールのライセンスモデル

ライセンスモデルによっては、1つのツールが全体的に非常にコスト効率が良いことが判明するかもしれないし、異なるモデルの2つのツールを使用する方がコスト効率が良い場合もある（例：1つのリポジトリホスティングサービスはリポジトリごとに料金を設定し、別のサービスはユーザーごとに料金を設定する）。

データの移行が可能か、そしてその移行方法

段階的に廃止する予定のツールについて、データの移行方法を確認する。不可能な場合は、手動での移行が必要になるかもしれない。

従業員のスキルセット

従業員がすでに使用方法を知っているツールはどれか？ 移行を考えているツールの学習曲線はどのくらいか？ 利用可能なトレーニングは何があり、そのコストはどのくらいか？

互換性と統合の要件

そのツールは他のツールと統合または互換性が必要か？ これは新しいツールを選択する際や、どのツールを残すかを決定する際の決め手になる場合がある。

その後、保持する予定のツールと市場で入手可能なツールについてさらに分析を行い、次の特徴を持つツールを特定する。

より安価なオプションが利用可能なもの

支払っているライセンスタイプを変更するか、新しいツールに移行することになるかもしれない。

複数のツールを1つの新しいツールに置き換えることで統合できるもの

すでに使っているツールに統合する場合と同様に、攻撃経路や管理コストおよび経費を削減することができる。

より良い代替品があるもの

現在の市場を評価することで、ビジネスニーズや目標により適していたり効率的だったりする代替品が見つかるかもしれない。これらは代替案として検討することができる。

これらの変更を実施する際には、通常段階的なアプローチと**ストラングラーフィグパターン**のようなものが最適である。

 **ストラングラーフィグパターン**（**テセウスの船**とも呼ばれる）は、レガシーシステムの機能を徐々に新しいシステムのコードに置き換えていくことで、最終的にレガシーシステムを新しいシステムに置き換えるために使われる。その新しいシステムが最終的にレガシーシステムを置き換えると、レガシーシステムは廃止されることになる。取り替えや段階的廃止を検討しているツールを、移行対象かどうかを検討しているレガシーシステムの機能として捉えてみるとよいだろう。

ユーザーやデータの移行を段階的に行うことにより、多くの人に影響を与える前に問題を解決することができる。積極的に問題に対処し、報告してくれる人々を**早期利用者**として選ぶべきである。

最終的にソフトウェアツールの全体像がどうなるかを計画することで、上流および下流のサービスやツールの統合といった最適化を考慮することができる。多くのツールには API があり、これを活用してコストパフォーマンスを向上させ、効率を高めることができる。

アプリケーションポートフォリオの監査と管理を実施することは、混乱状態に戻らないための重要なステップである。リモートワーク用のツールであろうとなかろうと、会社で使用するソフトウェアツールのライフサイクルを管理するためのプロセスとポリシーを策定する必要がある。これらのプロセスを補完するためにトレーニングを実施し、全員が現行のツールに関する情報と、新しいツールをポートフォリオに追加するためのプロセスを把握できるようにすべきだ。

実施したプロセスはアプリケーションポートフォリオにフィードバックされ、監査の必要性を下げるのに役立つ（ただし、シャドウ IT を特定するための監査は有効である）。プロセスやポリシーにもライフサイクルを持たせ、必要に応じて見直しと更新を行うべきである。

アプリケーションポートフォリオ、プロセス、ポリシーを伝える方法を紹介しよう。

テクノロジー・レーダー

テクノロジー・レーダーは、ツールや技術を組織内で使用するために分類し、視覚化したものだ。典型的なビジュアルではターゲット（またはレーダー）のように見え、中心に近い技術が使われ、外縁にある技術は保留、禁止、または退役となる。技術やツールはターゲット上の象限に分類される。視覚的な表現に加えて、テキストベースまたは検索可能なバージョンを提供するとアクセスが容易になる。**図15-3** と **図15-4** には、Thoughtworks のテクノロジー・レーダー（https://thoughtworks.com/radar）からのレイアウトが示されている。

技術参照モデル

技術参照モデル（TRM：technical reference model）は、テクノロジー・レーダーに似ているが、ツールを分類して表示する方法が異なる。TOGAF 標準（https://opengroup.org/togaf）に従って TRM を実装するか、自分のニーズにより適した方法で実装することがで

きる。技術やツールは分類法に基づき分類される。これはテクノロジー・レーダーよりもかなり重厚なオプションである。

検索可能でアクセスしやすいアプリケーションカタログ

すべての必要な人がアプリケーションカタログにアクセスできるようにする。ツールを機能や使用目的ごとにタグ付けしておくことで、自分のニーズに合った既存のツールを探す時に役立つ。現在使用されていない機能情報を含めることで、既存のツールを他の用途のために特定することができる。

既存の Wiki およびナレッジマネジメントツール

他の業務や技術情報が記録されている場所でプロセスとポリシーを定義し、説明する。ここからテクノロジー・レーダーのようなツールへのリンクも提供する。

BYOD（Bring your own device）管理

Microsoft Intune のようなツールを使用し、会社が完全に管理していないデバイス上の会社データとセキュリティを制御する。

ポリシーとプロセスを作成する際には、ツールのライフサイクルの取り扱いに関する期待事項と例外を伝えることが重要である。一般的に、既存のツールが満たす新しいニーズが特定された場合、既存のツールの使用が期待される。しかし、例外が発生することもあり、これを許可するためのプロセスが存在するべきである。

例外が許可されているパターンを見つけたら、例外を要求する原因となっているポリシーやソフトウェアの使用を見直す時期かもしれない。

例外が許可された場合、それはアプリケーションポートフォリオに例外として記録されるべきである。これにより、他の人がそのツールを使用するべきか、なぜ既存のツールを使用できなかったかがわかるようになる。ポートフォリオに例外として追加されたツールを使用したいと誰かが思うたびに、毎回許可を得る必要があるかもしれない。

手続きが過剰でもよくないし、アプリケーションポートフォリオにツールを追加するのが簡単すぎてもよくない。両者の間でバランスを取る必要がある。どちらの極端な状況も業務に悪影響を与える。プロセスをできるだけ迅速かつ効率的にし、ポリシーとプロセスの順守を確認する。可能な限り自動化し、それ以外のすべてをセルフサービスにする。

新しいツールをアプリケーションポートフォリオに追加するプロセスがあまりに厳しすぎると、ソフトウェアツールのガバナンスが効かず、シャドウ IT が忍び寄ってくることになる。

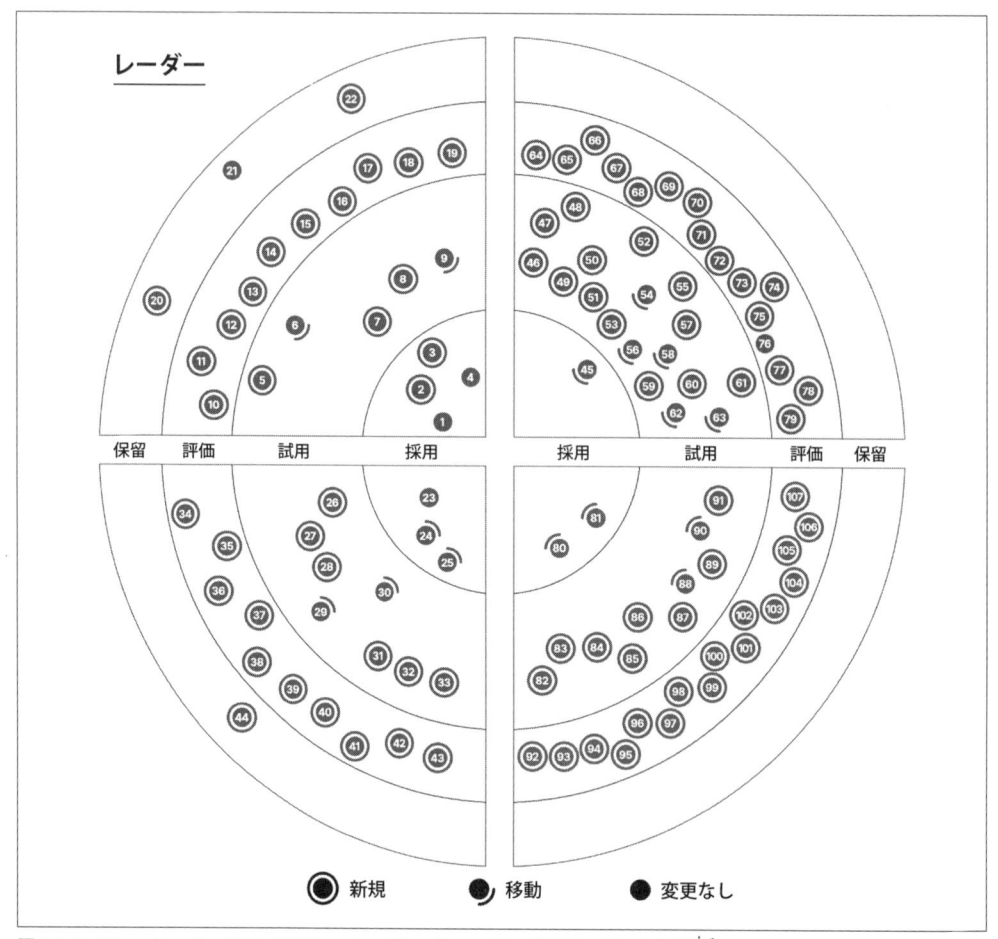

図15-3 Thoughtworks テクノロジー・レーダー（https://oreil.ly/lGru8）の概要[1]

　アプリケーションポートフォリオは、アプリケーションの所有権を追跡するのに使われ、1人が
そのソフトウェアツールに責任を持つことになる。責任者が会社を辞める場合など、責任者変更プ
ロセスをできるだけスムーズにするために、所有権を「App X の責任者」といった役割を作り、そ
の役割を特定の人に割り当てよう。そうすれば、どの職務担当者でも、その役割を簡単に再割り当
てできるようになる。

　ソフトウェアツールの全体的なガバナンスと管理プロセスはアジャイルであるべきだ。監査、分
析、評価、統合、管理はすべて継続的なプロセスであり、定期的に繰り返しレビューする必要があ
る。この継続的なループに加えて、アプリケーションカタログのプロセスとガバナンスも、ライセ
ンスの数が変わったときに更新したり、新しいツールをすべて必要な情報とともに追加したりする
必要がある。

---

†1　"Technology Radar," Thoughtworks, volume 28, 2023, https://oreil.ly/lGru8.

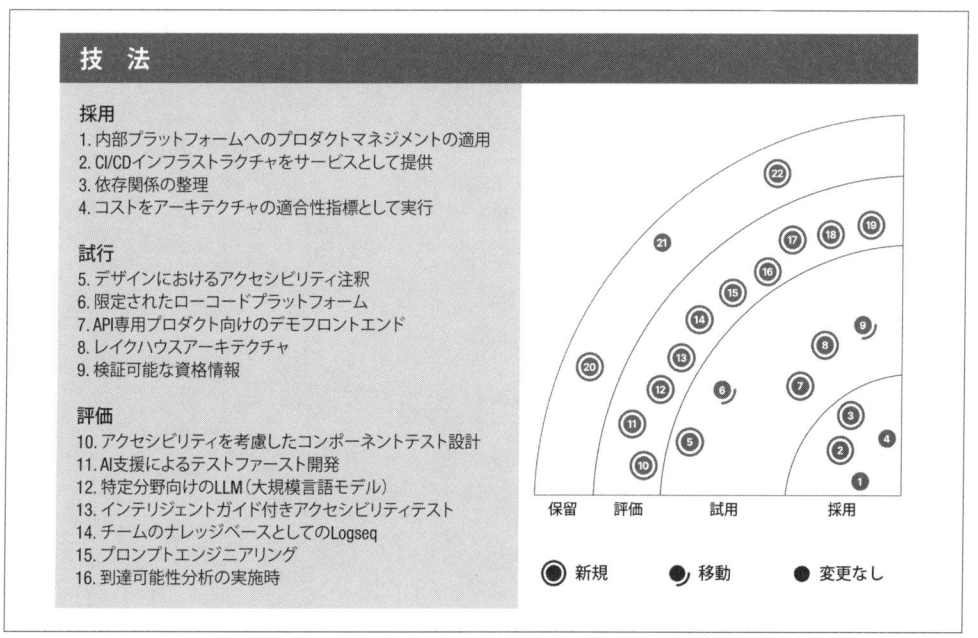

図15-4　Thoughtworks テクノロジーレーダーの技法の象限（https://oreil.ly/IGru8）[2]

　全体として、導入したプロセスでは、アプリケーションポートフォリオのツールの支払いを行っている部署に対して関連情報を提供するようになっているべきだ。そうすることで、ポートフォリオ内のどのツールについても、必要な情報をもとに決定を下すことができる。すべてのツールは、ポートフォリオおよび管理プロセスの中で、その価値を直接的または間接的に証明している必要がある。

15.4　まとめ

　今やメールでのコミュニケーションは改善され（それによって他の人のコミュニケーションも改善されることを願う）、リモートプレゼンテーションを通じてより効果的にコミュニケーションできるようになった。今では、どんなコミュニケーションであっても自分の意図をうまく伝えられるようになっただろう。

　コミュニケーションやその他のツールのガバナンスは、チーム、会社、そしてそれ以上で新しいコミュニケーションフレームワークをまとめるかすがいの役割を果たすべきである。

---

[2]　Thoughtworks, "Technology Radar."

16章
エピローグ

さて、この物語ももうすぐ終わりだ。序文で引用したミシェル・トーマスの言葉を借りるなら、技術分野およびそれを超えた領域において、成功するコミュニケーションの真の重要性を伝えるという目標を達成できたことを願っている。

コミュニケーションは単に誰かに自分の言いたいことを理解させるだけのものではないということがわかっただろう。コミュニケーションとは、関係を築き、信頼を育み、問題を解決し、人々を動機付け、効率を促進し、そして（おそらく最も重要なのは）人々に自分が認められ尊重されていると感じさせることなのだ。

本書では、多岐にわたる分野の教えを集め、それを私自身の考えや経験と混ぜ合わせ、ソフトウェアアーキテクチャおよびビジネスコミュニケーションに適用した。人やチームの多様性には利点があることを述べた。他の人が気付かない新しい理解を見つけたり、つながりを作ったりすることができるという、多様な分野から学ぶことの利点も紹介し、それをこの本で伝えたのだ。

コミュニケーションはどんな仕事にもついて回り、特に技術分野には、おそらく最も多様なコミュニケーションのツールや方法がある。この広範な選択肢には長所も短所もあり、この本で学んだことは、長所を最大限に生かし、短所を軽減するのに役立つだろう。

本書を締めくくるにあたり、コミュニケーションは動的で常に進化するプロセスであることを覚えておいてほしい。私たちの旅はここで終わるかもしれないが、あなたの旅はこれからだ。この本から学んだ教訓をあなたの仕事に応用し、仕事とプライベートでの変革を見守ってほしい。

本書で議論したコミュニケーションパターンを実践し、アンチパターンに注意しよう。そして最も重要なのは実験や探求を恐れないことだ。コミュニケーションに万能なアプローチは存在せず、あなたの独自の経験と文脈があなたの道を決定するのだ。

あなたの知識や旅を他の人と共有してほしい。あなたには独自の視点と経験があり、それが周囲の人々に利益をもたらし、共有することで自身の理解も深まり、ポジティブな波及効果を生み出すのだ。

リフレッシュが必要なときや道に迷ったときには、常に1章の基本に立ち返ってほしい。基本は効果的なコミュニケーションの領域における指針となるだろう。

　あなたの経験、洞察、物語をぜひ共有してほしい。あなたの旅は重要であり、あなたの進展や変革について聞くことは本当に刺激的だ。会話に参画し、コミュニティに貢献し、共に学び続けよう。

コミュニケーションの成功を祈って

ジャッキー・リード

付録A
ADRテンプレート

これらのテンプレートを使用して、ADR（アーキテクチャ決定記録）を構成する。テンプレートは補足ウェブサイト（https://communicationpatternsbook.com）でも入手可能である[†1]。

ADRの構造

各セクションの使用方法については、「12.1.1　ADRの構造」を参照してほしい。テンプレートの使用例については、**図12-3**、**図12-4**、および**図12-5**を参照してほしい。

識別子とタイトル: 行われた決定の声明

ステータス

草案/決定済み/ADR-XXX によって差し替え。

コンテキスト

なぜ決定する必要があるのか。前提、制約、および決定要因。

評価基準

この決定をするうえで重要なことは何か？　どのアーキテクチャ特性がこの決定に適用されるのか？　基準とすべき制約や決定要因は？

選択肢

評価基準に照らして考慮された選択肢の概要（通常はスコアやレーティングを用いる）、および評価基準外のトレードオフ。テンプレートについては、次節の「ADRの選択肢」を参照。

決定

行われた選択とその理由。

[†1]　日本語版のテンプレートは https://github.com/oreilly-japan/communicationpatterns-jp に掲載している。

影響

決定によるポジティブな影響とネガティブな影響。

協議

他の人の意見を聞く場合に記録。協議に先だって行われるが、長くなったり決定自体が不明瞭になったりする可能性があるため、最後に記録される。

ADR の選択肢

ADR の「選択肢」のセクションでは、ADR の選択肢についての表（**表A-1**）を使用する。表の使用例については、**図12-3** と**図12-4** を参照してほしい。**表A-1** の使用方法を示す。

- 検討された選択肢ごとに 1 つの表を作成する。
- 各評価基準に対して行を追加する。
- 5 点満点でスコアを付け、星やハーベイボールを使用して視覚的に表現する。
- 「根拠」にスコアの正当性を記述する。
- 他の選択肢との比較のためにスコアを合計する。
- 評価基準外の他のトレードオフを「その他のトレードオフ」に追加する。

表A-1　ADR の選択肢

基準	スコア	根拠
	☆☆☆☆☆ 0/5	
	☆☆☆☆☆ 0/5	
	☆☆☆☆☆ 0/5	
	☆☆☆☆☆ 0/5	
	合計：0/20	その他のトレードオフ： ・ ・ ・

訳者あとがき

　この本をお手にとっていただきまして、ありがとうございます。本書は Jacqui Read 氏の著作『Communication Patterns: A Guide for Developers and Architects』（O'Reilly Media, 2023）の全訳です。

　「コミュニケーション」と聞いて多くの人がイメージするのは、2 人で向き合って話し合ったり、チャット・メールなどのテキストを通じてやりとりしたりすることだと思いますが、本書の扱っている領域はより広範で、アーキテクトのための図版作成技法からリモート環境でうまく協業するための職場環境作りまで、さまざまなコンテキストが想定されています。さらにそれぞれのコンテキストについて、きわめて抽象的な原則論からかなり具体的なプラクティスまでが語られています。そのため、もしかすると読者はその広がりに圧倒されてしまうかもしれません。的を絞って読みたい人のために、ここでは本書の構成を改めて整理しておきます。

　「第 I 部　視覚的コミュニケーション」で扱われるのは図解のテクニックです。開発者やアーキテクトがソフトウェアについて議論する際には多くの図を描く必要がありますが、意図が伝わるように描くにはコツがありますし、それを体系的に学ぶのは意外と簡単ではありません。本書では「誰のための図なのかを考える（1 章）」、「抽象度を混在させない（1 章）」、「概要から始めて段階的に具体化する（4 章）」、「構造とふるまいをわける（5 章）」など、基礎でありながら大切なことが豊富な例と共に語られています。また、文化の違いや色の見分けが得意ではない人へのきめ細かい配慮があることも本書の特徴であると言えるでしょう。

　第 II 部は「マルチモーダル・コミュニケーション」というタイトルがつけられています。「マルチモーダル」とは、コミュニケーションのさまざまな形式（モード）を指していて、「文章（7 章）」、「言語とジェスチャーなどの非言語（8 章）」さらには「心情と論理の両面から説得力を持たせる方法（9 章）」が語られます。ここでも、紹介されるテクニックは『考える技術・書く技術』のピラミッド原則のようなロジカルなものだけでなく、『ファスト&スロー』で語られるバイアスへの対処に至るまで幅広いものとなっています。

　第 III 部のテーマは「ナレッジ」です。プロダクトについての集合知をどのように集積して残していくかが説明されます。ここでも単純な記述なテクニックに留まらず、そうしたナレッジを持っている人との関わり方についても言及されます。12 章にでてくるアーキテクチャ決定記録（ADR）は本書の価値を大きく高めていると言えるでしょう。ADR の運用は決して容易ではありません

が、挑戦する価値のあるプラクティスだと言えます。

　第Ⅳ部では「リモートでのコミュニケーション」が扱われます。リモートワークはすっかり定着してきましたが、ここでのスコープは単なる在宅勤務だけでなく、時差があるような地域にいる分散チームも含みます。場所も時間も分散したメンバー同士で同期コミュニケーションと非同期コミュニケーションをどう組み合わせるか、そして組織文化をどう育成するかが第Ⅳ部のテーマです。

　各部はそれぞれ独立しているので、興味のあるテーマから読んで大丈夫です。ただ、第Ⅰ部は単に図解のテクニックに留まらず「人に何かを伝える」ための基本が語られますので、この紹介文で興味を引かれた方は一読しておくことをお勧めします。本書で語られている内容をすべて覚えてすべて実践するのは容易ではないと思います。概要をつかみ、できるところから実践しながら、ふとしたときに立ち戻る、そんな読み方が適している本なのではないでしょうか。

　読者の方々が本書から多くの学びを得て、日々のコミュニケーションを改善していく一助になることを訳者一同心から願っています。

2025 年 5 月
宮澤明日香、中西健人、和智右桂

索引

さ行

な行

ま行

わ行

● 著者紹介

Jacqui Read（ジャッキー・リード）

国際的に認められたソリューションアーキテクトおよびエンタープライズアーキテクトであり、ソフトウェアシステムのコーディングやアーキテクチャ設計に関して豊富な実務経験と専門知識をもつ。企業がアーキテクチャの実践を確立・強化し、進化するアーキテクチャを構築し、データと知識から価値を引き出す手助けを専門としている。コンサルティングのほかに、公共および企業向けワークショップを開催しており、アーキテクチャの実践、技術的コミュニケーション、アーキテクチャの決定などについて国際会議で講演も行っている。専門は幅広く、協調的なモデリング、知識管理、ドメイン駆動設計、社会技術アーキテクチャ、そして現代的なエンタープライズアーキテクチャなどがある。仕事以外では、ガーデニングやウクレレの演奏、さらに歌に挑戦することを楽しむ。ウェブサイトは jacquiread.com。

● 訳者紹介

宮澤 明日香（みやざわ あすか）

大学卒業後、エンタテインメント総合商社に入社。情報システム部にて社内の基幹システムリプレイスプロジェクトに参加し、業務整理や要件定義、ユーザー導入などを担当。2022 年、株式会社フルストリームソリューションズに入社。現在はクライアント企業の基幹システムリプレイスプロジェクトにおいて、情報システム部門および事業部門の方々と深く関わりながら業務整理からユーザー導入に至る業務を行っている。訳書に『組織を変える 5 つの対話 —対話を通じてアジャイルな組織文化を創る』（オライリー・ジャパン、2024 年）がある。

中西 健人（なかにし けんと）

大学卒業後、関東を中心にスーパーマーケットを展開する企業に入社。本社情報システム部に 8 年勤務。小売業の IT 保守運用・開発を経験した後、店舗 DX のチームリーダーとして、店舗での IoT 機器導入や社内グループウェアの刷新を実施。2022 年、株式会社フルストリームソリューションズに入社。現在はクライアント企業の基幹システムリプレイスプロジェクトにおいて、主に品質保証プロセスを担当している。訳書に『組織を変える 5 つの対話 —対話を通じてアジャイルな組織文化を創る』（オライリー・ジャパン、2024 年）がある。

和智 右桂（わち ゆうけい）

株式会社フルストリームソリューションズ代表取締役社長。これまで SIer およびエンタテインメント系総合商社で、開発プロセスの標準化やアーキテクチャ設計、大規模システム開発のマネジメントなどに従事。現在は、事業会社のデジタルを活用した業務改革／組織改革をサポートするサービスを展開している。主な訳書に『エリック・エヴァンスのドメイン駆動設計』（翔泳社、2011 年）、『継続的デリバリー』（KADOKAWA、2017 年）、『組織パターン』（翔泳社、2013 年）、『リーダーの作法 —ささいなことをていねいに』（オライリージャパン、2022 年）、『組織を変える 5 つの対話 —対話を通じてアジャイルな組織文化を創る』（オライリー・ジャパン、2024 年）がある。また、著作に『スモール・リーダーシップ —チームを育てながらゴールに導く「協調型」リーダー』（翔泳社、2017 年）がある。

カバーの説明

表紙の動物は、ニッケイアオバト（英名：Cinnamon-headed Green Pigeon、学名：Treron fulvicollis）。この希少な鳥は、インドネシア、マレーシア、ミャンマー、シンガポール、タイの亜熱帯および熱帯のマングローブ林、湿地、湿った低木地帯に生息している。

Cinnamon-headed Green Pigeon という名前はオスに由来しており、緑の羽毛にピンクがかったオレンジから栗色の頭と胸を持っている。メスは緑色の頭と胸を持ち、オスとは特徴が異なる。オスもメスもくちばしは赤と白で、翼の羽には白い縁取りがある。

IUCN によると、執筆時点でニッケイアオバトの個体数は「危機（Vulnerable）」であり、減少傾向にある。オライリーのカバーに登場する動物の多くは絶滅危惧種であり、いずれも世界にとって重要な存在である。

開発者とアーキテクトのためのコミュニケーションガイド
パターンで学ぶ情報伝達術

2025 年 5 月 2 日　初版第 1 刷発行

著　　　者	Jacqui Read（ジャッキー・リード）	
訳　　　者	宮澤 明日香（みやざわ あすか）、中西 健人（なかにし けんと）、	
	和智 右桂（わち ゆうけい）	
発　行　人	ティム・オライリー	
制　　　作	アリエッタ株式会社	
印刷・製本	三美印刷株式会社	
発　行　所	株式会社オライリー・ジャパン	
	〒 160-0002　東京都新宿区四谷坂町 12 番 22 号	
	Tel　（03）3356-5227	
	Fax　（03）3356-5263	
	電子メール　japan@oreilly.co.jp	
発　売　元	株式会社オーム社	
	〒 101-8460　東京都千代田区神田錦町 3-1	
	Tel　（03）3233-0641　（代表）	
	Fax　（03）3233-3440	

Printed in Japan　（ISBN978-4-8144-0105-5）
乱本、落丁の際はお取り替えいたします。